精品课程新形态教材
21 世纪应用型人才培养系列教材
创新型人才培养精品教材

数控铣削编程与加工

主　编　严文杰　邹艳红　林　琳
副主编　杨　波　苏立青　许贞俊
　　　　王　伟　张　侠　李冠楠

哈尔滨工程大学出版社
Harbin Engineering University Press

内容简介

教材从简明实用的角度出发，着重介绍 FANUC 数控系统的工艺、编程、操作与应用，并列举了较多的加工实例，便于快速入门和技巧掌握，主要培养学生实际操作与动手能力。本书主要适用于数控技术、数控维护、模具设计与制造、机电一体化、机械制造等数控加工教学，也可用于机电专业教学及相关技能培训的自学、教学或教参。

图书在版编目（CIP）数据

数控铣削编程与加工 / 严文杰，邹艳红，林琳主编
. —哈尔滨：哈尔滨工程大学出版社，2021. 7（2025. 1 重印）
ISBN 978-7-5661-3160-7

Ⅰ. 数… Ⅱ. ①严… ②邹… ③林… Ⅲ. ①数控机床－铣床－程序设计－教材②数控机床－铣床－金属切削－加工－教材 Ⅳ. ①TG547

中国版本图书馆 CIP 数据核字(2021)第 137657 号

数控铣削编程与加工
SHUKONG XIXIAO BIANCHENG YU JIAGONG

责任编辑 于海燕
封面设计 尤岛设计

出版发行 哈尔滨工程大学出版社
社　　址 哈尔滨市南岗区南通大街 145 号
邮政编号 150001
发行电话 0451-82519328
传　　真 0451-82519699
经　　销 新华书店
印　　刷 北京俊林印刷有限公司
开　　本 787 mm×1 092 mm　1/16
印　　张 15. 5
字　　数 329 千字
版　　次 2021 年 7 月第 1 版
印　　次 2025 年 1 月第 2 次印刷
书　　号 ISBN 978-7-5661-3160-7
定　　价 45. 00 元
http：//www. hrbeupress. com
E-mail：heupress@ hrbeu. edu. en

前　言

党的二十大报告中指出："加强基础学科、新兴学科、交叉学科建设，加快建设中国特色、世界一流的大学和优势学科。"数控技术20世纪中叶出现以来，给机械行业带来了革命性的变化。现在，数控技术已经成为制造业实现自动化、柔性化、集成化生产的基础，是提高产品质量和劳动生产率必不可少的技术手段。先进的数控技术在我国制造业企业中已经得到了较为广泛的应用，而数控设备的使用、工艺、编程等工作还都是紧缺型人才，特别需要既懂一定的理论知识，又具备实际操作技能的高素质应用型人才。

本教材以FANUC系统为例，详细介绍了数控加工工艺设计方法、数控编程常用指令的格式和使用方法、数控铣床和加工中心的基本操作方法等内容。本课程担当着培养学生数控加工理论和实践相结合的重要任务，是实践性很强的课程。编写中力求将教学内容、教学实践平台与生产实际相结合，内容设计与学生能力相结合，社会能力与团队协作相结合。本书针对数控技术专业的编程内容由浅入深、由点到面、由简到繁、从易到难帮助学生更有效地掌握数铣及加工中心编程的相关知识和技术，提升学生的综合技能及应用能力，按照"理论与实践有效融合""易学够用"的原则进行了教材的编写。

本书采用项目化体系，通过任务驱动、任务导入、任务描述、任务实施、任务实践将数控铣床及加工中心编程理论知识与数控加工实践融于一体，打破传统教材的编写框架，以教学教案的方式展开理论描述，导入实例，结合实践，基于学生快速人门和技巧掌握，注重实效性和操作性。

本书适用于机械制造、数控技术等机电类专业教材，可作为其他相近专业自学用书和教师教辅用书，也可作为制造行业从业人员的培训教材和参考书。

由于编写匆忙，错误在所难免，读者在使用过程中，如发现不妥之处，欢迎提出批评和建议。

编　者

目录 CONTENTS

项目一　理论基础知识

学习目标

知识目标

(1) 了解数控技术和数控机床的基本概念、产生、发展及趋势。

(2) 掌握数控机床的结构组成与工作原理。

(3) 掌握数控机床的分类、加工特点及应用。

能力目标

通过本单元的学习，让学生对数控铣床的组成、种类和用途等内容有一个初步认识，让学生了解各类加工中心及卧式加工中心式样及结构。

任务一　数控机床概述

一、数控机床的概念

(一) 数控机床的基本概念

数控（Numerical Control，NC），是指采用由数字和符号构成的数字化信息对机床的运动及其加工过程进行自动控制的技术。数控机床（Numerical Control Machine Tool），是指已装备数控系统的机床。

(二) 数控机床的产生和发展

1946 年世界上第一台电子计算机问世，此后不久出现了将数控技术应用于机械加工的设想。1948 年，美国的一个小型飞机工业承包商帕森斯公司（HarSons Corporation）在制造飞机的框架和直升飞机的螺旋桨叶片时，由于这些零件的形状复杂，材料又多为难加工的合金，传统的机械加工方法无法满足精度要求，也难以提高生产效率，因此，提出利用电子计算机处理加工数据和控制加工轨迹的设想，并得到了美国军方的支持。帕森斯公司与麻省理工学院合作研究，于 1952 年成功研制出一台三坐标联动的立式数控铣床，这也是公认的世界上第一台数控机床。

自此以后，随着计算机电子技术的不断发展，数控系统也不断更新换代，发展至今已经历了两个阶段，共六代系统。

1. 数控（NC）阶段

（1）第一代：1952~1959 年，采用电子管元件构成的专用 NC 系统。

（2）第二代：1959~1964 年，采用晶体管电路的 NC 系统。

（3）第三代：1961~1970 年，采用小、中规模集成电路的 NC 系统。

该阶段的特点：由硬件数字逻辑电路“搭”成专用的计算机作为数控系统，又称普通数控系统或硬件数控系统。

2. 计算机数控系统（CNC）阶段

（1）第四代：1970~1974 年，采用小型计算机的 NC 系统。

（2）第五代：1974~1990 年，采用微处理器的 NC 系统。

（3）第六代：1990 年至今，基于 PC 机的 NC 系统。

该阶段的特点：控制功能大部分由软件技术实现，系统可靠性提高，功能更加灵活和完善，通用性强。

（三）我国数控系统的发展

1958 年我国以高等院校为主导，从电子管数控系统着手开始了数控机床的研制，由清华大学研制出最早的样机；1966 年生产出第一台用于直线—圆弧插补的晶体管数控机床，即第二代数控系统，如图 1-1 所示。

图 1-1　我国第一台电子管数控铣床

二、数控铣床的发展

数控技术问世已有 60 多年的历史，随着计算机科学技术的飞速发展，传统的普通加工设备已难以适应市场对产品多样化的要求，难以适应市场竞争的高效率和高质量的要求。各工业发达国家投入巨资，研究开发现代制造技术，提出了以数控技术为核心的全新制造模式。而数控技术将计算机技术、自动控制技术、信息处理技术、自动检测技术以及网络通信技术有机结合，构成高度信息化、高度柔性化、高度自动化的现代制造系统。

1970 年年初研制成功集成电路数控系统，标志着我国开始进入第三代数控系统的制造阶段，但发展缓慢，数控系统的稳定性和可靠性较差，如图 1–2 所示。数控机床的品种和数量也较少，主要生产数控线切割机床。1980 年后我国引进日本、美国、德国等国家的先进数控系统和直流伺服电机、直流主轴电机等技术，并开始合资批量生产数控机床。通过技术引进、消化吸收和自主研发，大力推动了我国数控机床技术的发展，使我国的数控机床在质量和性能上有了较大的提高。1985 年后我国生产数控机床的品种达到 80 多种，数控设备进入实用阶段，同时数控机床功能部件的专业厂商也逐渐形成规模。1990 年后我国加强了数控系统的自主研发，如图 1–3 所示，并取得了一定成效，国产数控系统开始崭露头角。

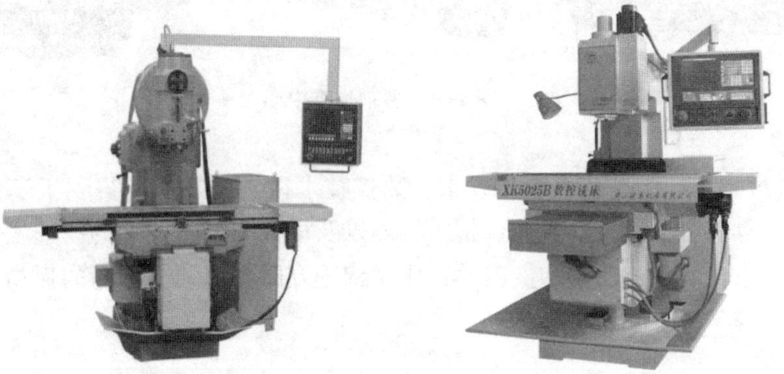

图 1–2　第三代数控机床

图 1–3　1990 年以后的数控机床

随着我国加入 WTO，并逐步成为世界制造业的中心，我国的数控产品在质量、性能、数量、品种等方面都取得了较快发展，但和先进的工业国家相比还存在着一定的差距。在数控机床方面，我国目前仍以生产经济型数控机床为主（占 80%），而高、中档数控机床仍依赖于进口；数控机床的产量远远无法满足国内生产需要，更无法满足出口要求。在数控系统方面，虽然我国已经掌握 5～6 轴联动、图形显示、螺距误差补偿以及高精度伺服系统等多项关键技术，打破了西方对高端数控系统的垄断；但是由于国内数控系统产业化时间较短，整体质量不高，主要还是以开发经济型数控系统为主，高档数控系统 95%为国外进口，图 1-4 所示为我国发展生产的多轴机床。

图 1-4　多轴加工中心

自从 20 世纪中叶数控技术产生以来，数控技术在机械制造业得到了迅猛发展和广泛应用。随着计算机电子、自动控制、精密检测以及机械制造等技术的高速发展，数控设备在加工精度、生产效率、使用功能以及机床结构等方面也得到了不断的提高。当前世界上数控机床的发展主要呈现如下趋势。

1. 高速化

数控系统的高速化主要体现在主轴转速、进给速度以及刀具更换等辅助动作速度的提高，大大缩短了工件加工时间，提高了生产效率。当前数控机床的主轴转速可以达到 100 000 r/min，如果采用电主轴（内装式主轴电机），主轴最高转速可达 200 000 r/min；在分辨率为 0.01 μm 时，进给速度最大可以达到 240 m/min，可以进行复杂型面的精确加工；刀具更换的时间也大大缩短，数控车床的自动回转刀架转位时间一般可达 0.4～0.6 s，加工中心的刀具交换时间普遍可达 3 s，最快可达到 1 s 以内，如图 1-5 所示为德马吉五轴高速加工中心。

图 1-5　德马吉五轴高速加工中心

2. 高精度化

数控机床的精度主要体现在定位精度和重复定位精度两方面。当前的数控机床配置了新型、高速、多功能的数控系统，其分辨率可达到 0.1 μm，部分系统可达到 0.01 μm。另外，伺服系统采用反馈控制技术、高分辨率的位置检测元件、计算机数控的补偿功能等，以保证数控机床的高加工精度。目前数控机床的定位精度可达 0.001 mm，重复定位精度可达 0.000 5 mm。

3. 加工复合化

数控机床正在向着一机多能的趋势发展，即在一台机床上实现多工序、多方法加工。目前已经出现集钻、镗、铣功能于一身的数控机床，例如可以完成钻、镗、铣、扩孔、铰孔、攻螺丝等工序的数控加工中心，以及车削加工中心、钻削、磨削加工中心、电火花加工中心等。近年来又出现了高复合化数控机床，如增加了车削和磨削功能的加工中心等。这样不但可以避免工件多次装夹造成的定位误差，提高加工精度，还可以减少设备台数，节省占地面积和辅助时间，提高工作效率。

4. 结构新型化

在 20 世纪 90 年代，一种完全不同于已有数控机床结构的新型数控机床被开发成功，数控机床技术因此发生重大变革和创新。这种被称为“6 条腿”的加工中心或虚拟轴机床（有的称并联机床），没有任何导轨和滑台，采用能够伸缩的“6 条腿”（伺服轴）支撑并联，并与安装主轴头的上平台和安装工件的下平台相连。它可实现多坐标联动加工，其控制系统结构复杂，加工精度、加工效率较普通加工中心高 2~10 倍。

5. 数控系统智能化

数控系统的智能化包括多个方面，一是为追求加工效率和加工质量方面的智能化；随着人工智能在计算机领域的渗透和发展，数控系统引入了自适应控制（Adaptive Control）、模糊系统和神经网络的控制机理，不但具有自动编程、模糊控制、学习控制、自适应控制、工艺参数自动生成、三维刀具补偿、运动参数动态补偿等功能，而且人机界面极为友好。同时数控系统还具有故障诊断专家系统，其自诊断和故障监控功能更趋完善。此外，伺服系统智能化的主轴交流驱动和智能化进给伺服装置，能自动识别负载和优化调整参数。

6. 数控系统的高可靠性

高可靠性是指数控系统的可靠性要高于被控设备的可靠性一个数量级以上，即 NC 系统与机床的失效比为 1∶10。数控机床的可靠性取决于数控系统各伺服单元的可靠性，为提高可靠性，目前可以采取以下措施：

（1）提高线路集成度。采用大规模或超大规模集成电路、更高集成度的专用电路芯片以及混合式集成电路，以减少元器件的数量。

（2）改善硬件的结构和功能。通过硬件结构的模块化、标准化、通用化及系列化，提高硬件的生产数量和质量。通过硬件功能的软件化以适应各种控制功能的要求。

（3）增强故障自诊断、自恢复和保护功能。数控机床一般具有故障自诊断功能，实现对系统内的硬件、软件和各种外设的故障诊断、报警，自动显示故障部位和类型，以便迅速排除故障。新型的数控机床还具备故障预报、自恢复和保护功能，当发生加工超程、刀具破损、干扰、断电等各种意外时可自动进行保护。

数控系统的可靠性可用平均无故障运行时间（MTBP）来衡量，由于采取了各种有效的措施，现代数控系统的平均无故障运行时间为 70 000~100 000 h，国产数控系统平均无故障时间可达 10 000 h 以上。

任务二　数控机床的结构组成与工作原理

一、数控机床的结构组成

数控机床的种类很多，但任何一种数控机床均主要由输入/输出装置、计算机数控装置（CNC）、伺服系统、辅助控制装置、测量反馈装置以及机床主体等部分组成，如图 1-6 所示。

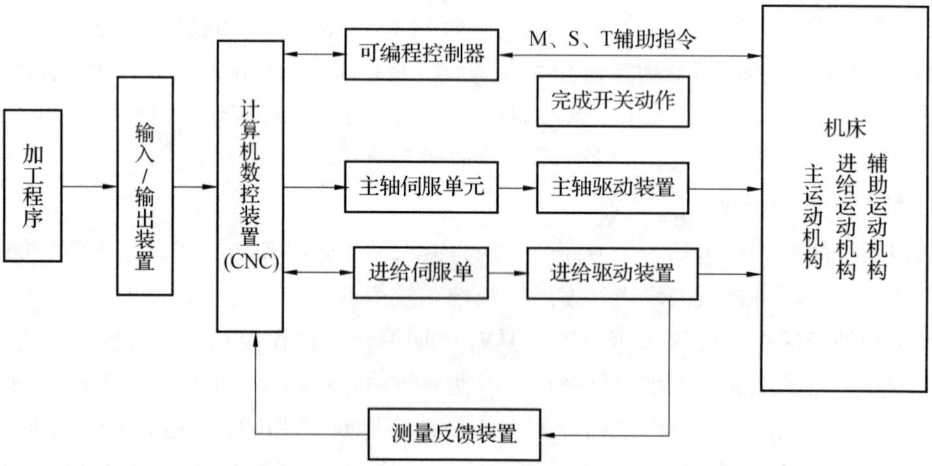

图 1-6　数控机床基本结构

（一）输入/输出装置

输入/输出装置是机床与外部设备的接口。在数控机床上加工工件时，首先应根据零件图纸的要求编写数控加工程序，并通过输入装置传送至计算机数控装置，而 CNC 内存中的数控加工程序也可以通过输出装置传出。

目前，较为常用的加工程序输入方法有两种，一种是手动输入，即通过编辑面板，在 MDT 方式（手动数据输入）或编辑方式下直接将程序输入至 CNC 系统；二是自动输入，较常用的是串行通信的方式（RS~232C 接口），可以实现与上级计算机或其他数控机床之间的信息交互。

（二）计算机数控装置（CNC）

计算机数控装置（CNC）是数控机床的核心，它的主要功能是接收输入装置传送的数字化信息，经过控制软件和逻辑电路进行译码、数据处理和插补运算后，将各种控制命令输出至相应的执行部件（伺服系统和辅助控制装置），从而控制机床自动完成零件的加工。其工作过程如图 1-7 虚线框图中所示。

(1) 译码：将加工程序翻译成便于计算机处理的格式。

(2) 数据处理：包括刀具补偿（长度、半径、磨损补偿）、速度计算和辅助指令的处理。

(3) 插补运算：经插补运算可获得各坐标轴进给速度、进给方向和位移量，并以脉冲信号的方式传输给伺服系统。

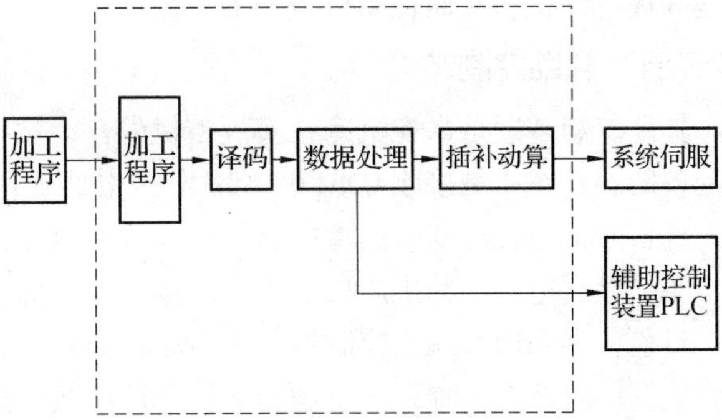

图 1-7　计算机数控装置（CNC）的工作过程

插补是指在工件轮廓的起点和终点之间进行“数据密化”，并求取中间点的过程。在数控加工中，一般已知工件轮廓的起点、终点和轮廓线，如直线的起点、终点，圆弧的起点、终点、圆心或半径。数控系统按一定的算法在轮廓线上计算出若干个接近轮廓的中间点的坐标，并确定刀具在各个坐标点上的进给方向、速度和位移量。由于直线和圆弧是构成零件轮廓的基本几何元素，因此大多数数控系统都具有直线插补和圆弧插补功能，如图 1-8 所示。

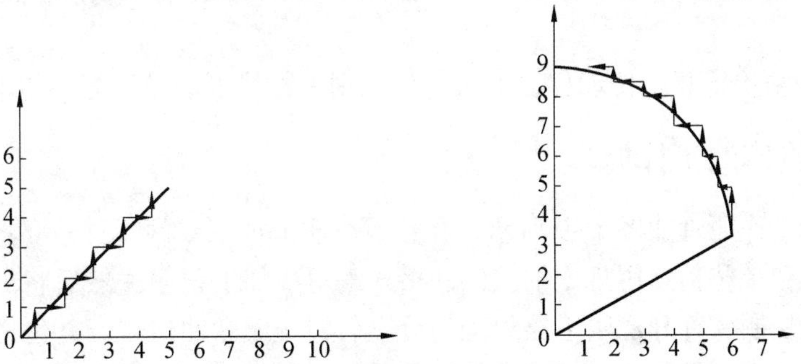

图 1-8　直线插补和圆弧插补

插补运算是整个计算机数控装置（CNC）软件的核心，其速度和精度直接影响数控机床的加工速度和精度。

（三）伺服系统

伺服系统是数控机床的执行机构，它的主要功能是接收 CNC 装置的脉冲信号，经过调解、转换和放大后驱动机床的各个运动部件完成相应的动作。

伺服系统包括主轴伺服系统和进给伺服系统，主轴伺服系统实现零件加工的切削运动，控制机床主轴的转速；进给伺服系统实现零件加工所需的成型运动，控制机床移动部件的位置和速度。

（四）测量反馈装置

闭环和半闭环的数控机床有测量反馈装置，其作用是检测机床各移动部件的位置和速度，并将信号反馈回 CNC 装置，通过对反馈回来的实际值和程序设定值进行比较，发现误差并进行纠正，从而提高机床的加工精度。

（五）辅助控制装置

辅助控制装置是数控机床在实现整机的自动化控制中，为了提高生产效率和加工精度而配备的。其作用是接收 CNC 装置输出的主轴变速、换向和启停信号，选择和交换刀具的刀具指令信号，冷却、润滑的启停，工件和机床部件松开、夹紧、分度台转位等指令信号，驱动相应电器带动机床机械部件、液压气动等辅助装置完成指令规定的动作。

目前，多采用可编程控制器（Programmable Logic Control，PLC）作为数控机床的辅助控制装置。PLC 是一种强化了逻辑运算功能的数字运算系统，具有响应快、性能可靠、易于使用等特点，广泛应用于控制动作复杂或逻辑多变的场合。

（六）机床本体

机床本体由主运动机构、进给运动机构和辅助运动机构组成，其主体结构与普通机床大体一致。与普通机床相比，数控机床的组成有如下几个特点：

（1）采用了高性能的主轴及进给伺服驱动装置，机械传动结构得到简化，传动链较短。

（2）机械结构具有较高的动态特性、动态刚度、阻尼刚度、耐磨性以及抗热变形性能。

（3）较多地采用了高效传动件，如滚珠丝杠副、直线滚动导轨等，传动精度高。

二、数控机床的工作原理

数控机床的工作原理如图 1-9 所示。在数控机床上加工零件，首先要将被加工零件图样上的几何信息和工艺信息用规定的代码和格式编写成加工程序，然后将加工程序输入至数控装置，经过控制软件和逻辑电路处理与计算后转变成脉冲信号，并传送至伺服系统和辅助控制装置，从而驱动机床各运动部件完成零件的加工。

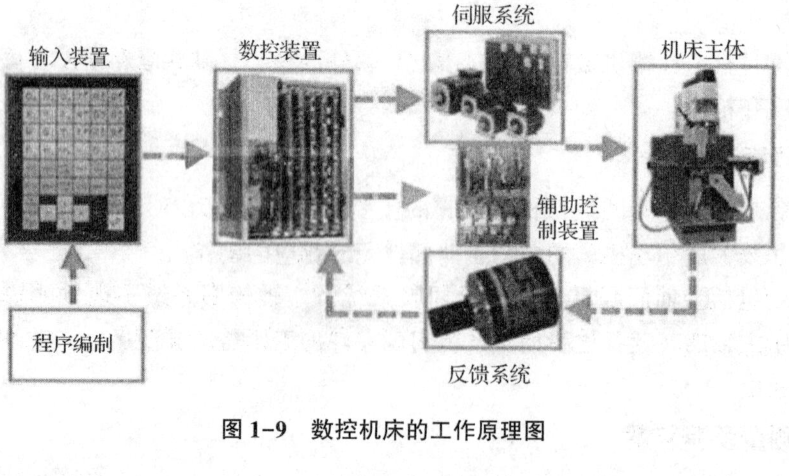

图 1-9　数控机床的工作原理图

任务三　数控机床的分类

数控机床种类繁多，常用的分类方法有以下几种，具体见数控控制流程图，如图 1-10 所示。

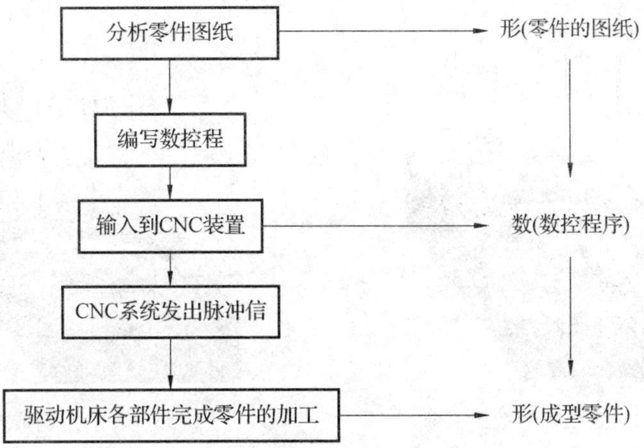

图 1-10　数控控制流程图

一、按照运动控制的特点分类

（一）点位控制数控机床

点位控制数控机床的特点：控制刀具或工作台实现从一点到另一点的精确快速定位，在两点间移动时没有切削加工，不要求轨迹和速度，如图 1-11 所示。在实际生产过程中，为提高生产效率，同时保证较高的定位精度，一般先采用机床设定的最高速度进行定位运动，在接近目标点前进行分级或连续降速，以便低速趋近目标点，从而减少因运动部件的惯性过大而引起定位误差。该类机床多用于平面内孔系的加工，如数控钻床、数控锁床、数控冲床等。

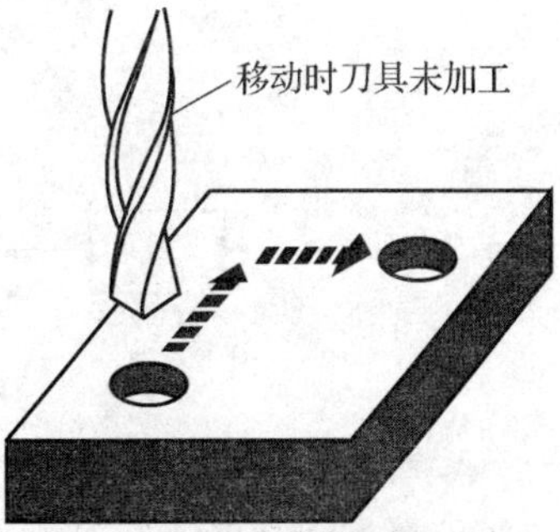

图 1-11　点位控制数控机床

（二）直线控制数控机床

直线控制数控机床的特点：控制刀具或工作台以一定的进给速度、沿平行于坐标轴的直线或与坐标轴呈 45°的直线从一点移动到另一点，移动过程中有切削加工，如图 1-12 所示。

该类机床的可控轴数一般为 2~3 个，但联动轴数只有 1 个，在实际使用中受到很大限制，因此数量很少，主要应用简易数控机床。

（三）轮廓控制数控机床

轮廓控制数控机床的特点：可以同时控制两个或两个以上的坐标轴进行切削加工，并连续控制加工过程中每个点的坐标和速度（由插补功能实现），以形成所需的曲线或曲面，因此又称连续控制数控机床，如图 1-13 所示。

除了少数专用的数控机床，如数控钻床、冲床等以外，现代的数控机床都具有轮廓控制功能。

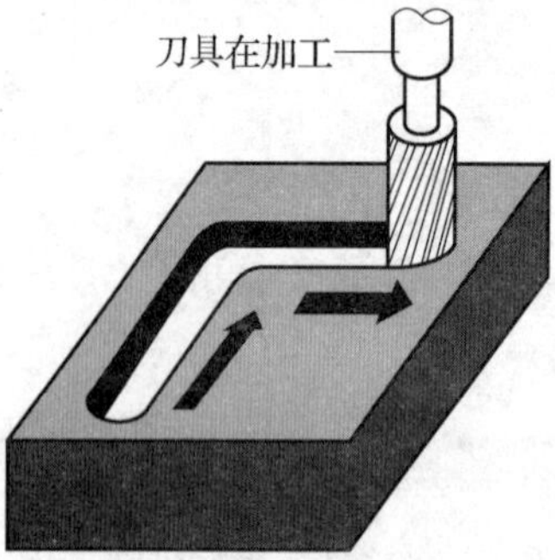

图 1-12　直线控制数控机床

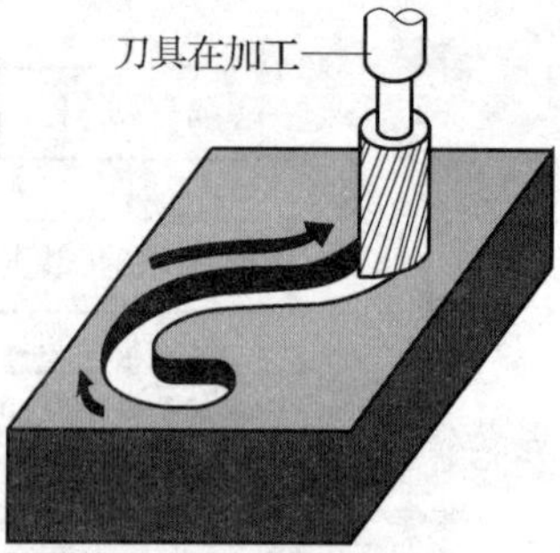

图 1-13　轮廓控制数控机床

二、按伺服系统的类型分类

（一）开环控制数控机床

开环控制数控机床的特点：没有测量反馈装置，指令信号为单向传递，如图 1-14 所示。

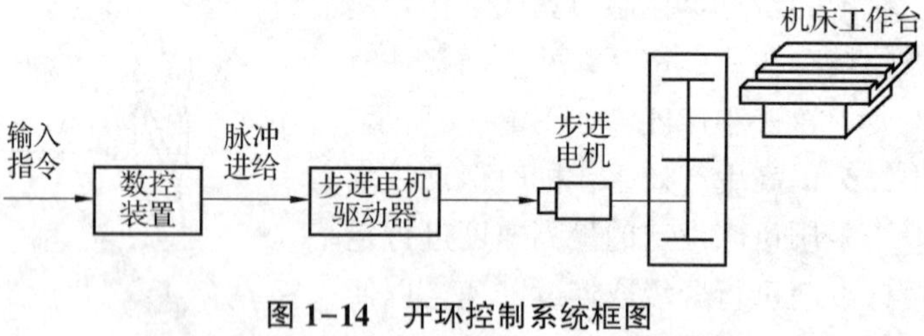

图 1-14　开环控制系统框图

这类机床一般以步进电机作为伺服驱动元件，具有结构简单、工作稳定、调试方便、维修容易、价格低廉等优点。但控制精度较低，其控制精度主要取决于步进电机的步距精度和机械传动链（减速器、丝杠等）的传动精度。常应用于经济型的中、小型数控机床或旧机床的数控化改造中。

（二）闭环控制数控机床

闭环控制数控机床的特点：位置检测装置安装在机床移动部件上，直接测量机床移动部件的实际位置，反馈回数控装置与程序设定值进行比较，发现并修正误差，从而实现精确定位，如图 1-15 所示。

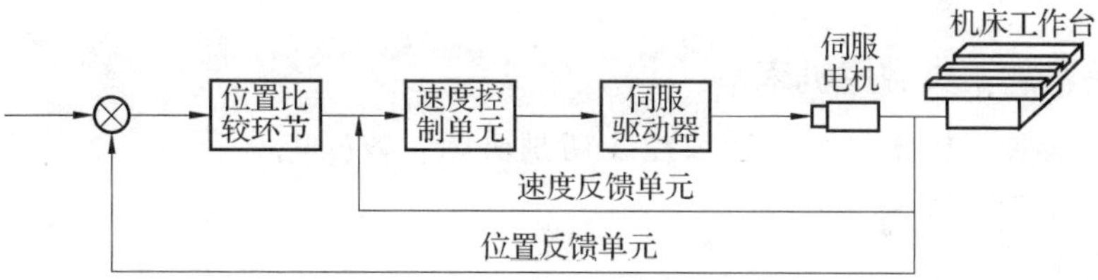

图 1-15 半闭环控制系统框图

该种控制方式理论上可以消除机械传动部分的各种误差，控制精度高，但结构复杂、调试维修困难、工作稳定性差、价格昂贵。主要用于精度要求较高的数控机床，如精密数控铣床、超精数控车床、超精磨床以及大型的精密加工中心等。

（三）半闭环控制数控机床

半闭环控制数控机床的特点：测量反馈装置安装在驱动电机（常用交流、直流伺服电机）或丝杠的端部，通过测量电机或丝杠的旋转角度来间接测量机床移动部件的位移，如图 1-16 所示。

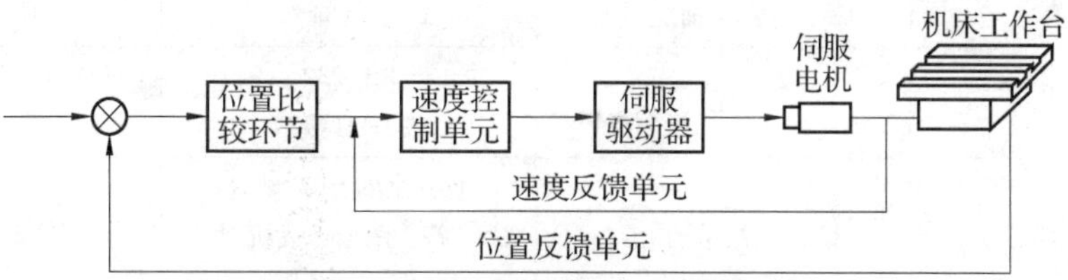

图 1-16 闭环控制系统框图

由于反馈环内不包括或只包括少部分机械传动链，反馈环以外的机械传动误差可以通过补偿的方法消除，故可以获得比较满意的控制精度，且工作稳定性较好、成本较低、调试维修较方便，兼顾了开环控制与闭环控制的优点，因此广泛应用于大多数中小型数控机床。

三、按照加工工艺方法分类

（一）金属切削类数控机床

金属切削类数控机床发展最早，目前种类繁多，包括数控车床、数控铣床、数控钻床、数控磨床、数控铣床和加工中心等。其中，加工中心是指具有刀库和自动换刀装置（ATC）的数控机床，其刀库可容纳 1~100 把刀具，需要时可通过换刀指令进行自动更换。加工中心可以实现工件一次装夹，完成多个工序的加工，减小了重复定位的误差，提高了生产效率和加工质量，降低了生产成本。

（二）金属成型类数控机床

金属成型类数控机床是指采用挤、冲、压、拉等成型工艺的数控机床，包括数控冲床、数控弯管机、数控压力机、数控折弯机等。这类机床虽然起步较晚，但目前发展迅速。

（三）特种加工类数控机床

特种加工类数控机床主要包括数控线切割机床、数控电火花机床、数控激光切割机床、数控火焰切割机床等。

四、按数控系统的功能水平分类

根据数控系统的功能水平不同，数控机床可以分为低（经济型）、中、高三档。其界限是相对的，不同时期的划分标准有所不同，因此该种分类方法的指标仅供参考。就目前的发展水平来看，低、中、高档数控系统可参照表 1-1 所示的功能指标进行划分。

表 1-1　低（经济型）、中、高档数控系统功能水平指数

功能水平指标	低挡	中挡	高挡
分辨率（μm）	10	1	0.1
进给速度（m/min）	6~15	12~24	24~100
伺服系统类型	开环、步进电机	半闭环或闭环的直流或交流伺服电机	
联动轴数	2~3 轴	2~4 轴	3~5 轴以上
通信能力	无	RS-232 或 DNC 接口	MAP（制造自动化协议） 通信接口，具有联网功能
显示功能	LED 或简单的 CRT	较齐全的 CRT 显示 （字、符、图形、人机对话、 自动诊断等功能的显示）	三维动态图形显示
内装 PLC 与否	无	无	功能强大的内装 PLC
主 CPU	8 bit 或 16 bit	16 bit 或 32 bit	32 bit 或 64 bit

任务四　数控机床的加工特点及应用

一、数控机床的加工特点

数控机床是一种高效、新型的自动化机床，具有广泛的应用前景。它与普通机床相比具有以下特点：

（一）适应性、灵活性好

由于数控机床一般采用通用夹具，所以当数控机床加工的工件改变时，不需要制作特别的工装夹具，也不需要调整机床，只需要重新编写数控程序即可实现新工件的加工，即可为结构复杂的单件、中小批量生产和试制新产品提供便利。

（二）加工精度高、质量稳定

数控机床具有较高的单位位移精度，即脉冲当量。脉冲当量是指 CNC 装置每发出一个脉冲信号，机床移动部件移动的一个基本长度单位。脉冲当量越小，机床的加工精度越高，表面质量越好。目前，普通数控机床的脉冲当量为 0.001 mm，精密数控机床的脉冲当量一般为 0.000 1 mm。

数控机床还具备较高的定位精度和重复定位精度。定位精度是指数控机床的工作台等移动部件所达到实际位置的精度；重复定位精度是指相同条件下、相同的操作方法，重复进行同一动作时得到的一致性程度。中小型数控机床的定位精度普遍可达到 0. 015 mm，重复定位精度可达到 0.003 mm。

另外，数控机床的加工过程是按照预定程序自动完成的，不需要人工干预，消除人为误差；当加工高精度的工件时，还可利用软件进行误差补偿和校正。所以数控机床的加工精度高，并且同一批工件的尺寸一致性好，加工质量稳定。

（三）生产效率高

工件加工所需时间主要由切削时间和辅助时间组成，而数控机床可以有效地节省这两部分时间。数控机床的主轴转速和进给速度的变化范围比普通车床大，每道工序都可以选择合适的切削用量；数控机床的结构刚性好，可承受大切削用量的强力切削，从而有效节省切削时间。数控机床移动部件可以快速移动和定位，空行程运行速度快，减少快进、快退和定位的时间；数控机床可以实现工件的自动装夹和刀具的自动更换，有效节省辅助时间。

因此，数控加工的生产效率较高，一般为普通机床的 3~5 倍，加工复杂零件时可以提高十几倍甚至几十倍。特别是使用加工中心时，一次装夹可以完成多面、多工序的连续加工，生产效率的提高更为明显。

（四）劳动强度低、劳动条件好

数控机床的加工过程是按照预定程序自动完成的，操作者的主要任务是编写数控程序、程序输入、装卸零件、准备刀具、加工状态观察以及零件的检测等，大大降低劳动强度。另外，数控机床一般都具有较好的安全防护以及自动排屑、自动润滑、自动冷却等功能，既清洁又安全，操作者的劳动条件也得到较大的改善。

（五）有利于现代化生产和管理

数控机床加工工件可以预先准确地估算工件的加工工时和费用，有利于生产过程的科学管理和信息化管理。现代的 CAD/CAM，FMS，CIMS、敏捷制造以及智能制造等先进制造系统均建立在数控技术的基础之上，使用数控机床有利于制造业实现自动化、柔性化、集成化生产。

（六）良好的经济效益

数控机床虽然价格昂贵，分摊到每个工件上的设备费用较高，但使用数控机床加工工件可以节省许多其他的费用。如节省划线工时，减少调整、加工和检测的时间，从而节省了直接生产的费用；数控机床不需要设计制造专用的工装夹具，从而节省了工艺装备费用；数控机床加工精度高，质量稳定，废品率低，生产成本下降。另外，数控机床可以一机多能，节省厂房面积，减少建厂投资。因此，使用数控机床可以获得良好的经济效益。

二、数控机床的应用

数控机床虽然具备了以上普通机床所没有的诸多优点，但并不能完全取代普通机床。并不是所有的工件都适合采用数控机床进行加工，对于一个零件来说，也并非全部的加工工艺过程都适合在数控机床上进行。因此，在决定是否选用数控机床时，应结合具体情况进行科学的分析，使数控设备发挥最大的优势。

数控机床的选用一般应遵循以下三点原则：要保证加工零件的技术要求，加工出合格的零件；提高生产率；降低生产成本。根据国内外数控机床技术应用实践，数控机床加工的应用范围可用如图 1-17 和图 1-18 所示做定性分析。

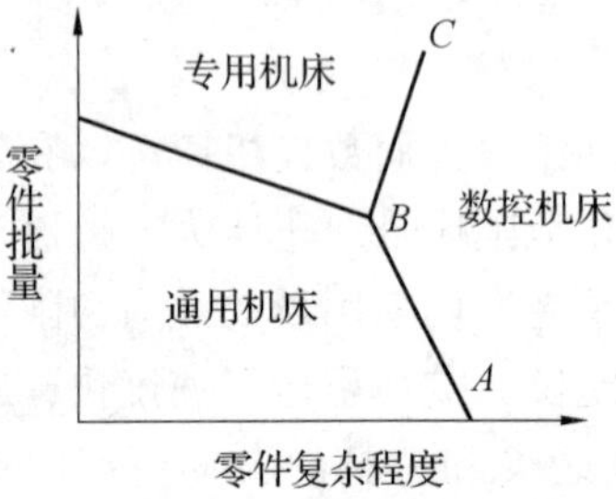

图 1-17　零件复杂程度与零件批量的关系

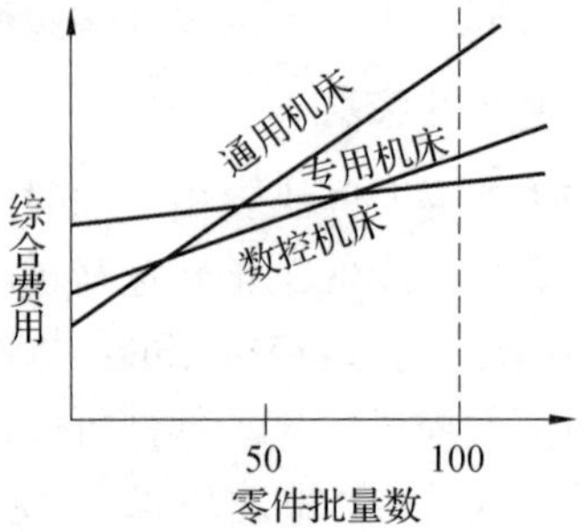

图 1-18　批量零件与总加工费的关系

图 1-17 表明了随着零件的复杂程度和生产批量的不同，三种机床应用范围的变化。由图可知，通用机床多适用于结构不太复杂、生产批量较小的零件；专用机床适用于生产批量较大的零件；数控机床则适用于形状较为复杂的零件。随着数控机床的普及，其应用范围也愈来愈广，对一些形状不复杂但重复工作量较大的零件，如印制电路板的钻孔加工等，由于数控机床生产率高，已大量应用。

图 1-18 表明了随着零件生产批量的不同，采用三种机床加工的综合费用比较。如图可知，当生产批量在 100 件以下，采用数控机床加工具有一定复杂程度的零件时，加工费用最低，能获得较高的经济效益。当批量越大时，采用数控机床越不利于生产。

综上所述，数控机床通常适合加工具有以下特点的零件：

（1）多品种、中小批量生产的零件或新产品试制中的零件。

（2）形状结构较复杂、对加工精度要求较高的零件。

（3）用普通机床加工时，需要有昂贵的工艺装备（工具、夹具和模具）的零件。

（4）需要频繁改型的零件。

（5）价值昂贵，加工中不允许报废的关键零件。

（6）需要最短生产周期的急需零件。

思考与练习

一、选择题

1. 数控机床是采用（　　）对机床的运动及其加工过程进行自动控制。

A. 模拟信息　　B. 数字化信息　　C. 凸轮机构　　D. 步进电机

2. 世界上第一台三坐标数控铣床诞生于（　　）年。

A. 1952　　B. 1942　　C. 1958　　D. 1948

3. 数控机床的核心是（　　）。

A. 伺服系统　　B. 数控系统　　C. 反馈系统　　D. 传动系统

4. 数控系统常用的两种插补功能是（　　）。

A. 直线插补和圆弧插补　　B. 直线插补和抛物线插补

C. 抛物线插补和圆弧插补　　D. 螺旋线插补和抛物线插补

5. 测量反馈装置的作用是（　　）。

A. 提高机床的定位精度　　B. 提高机床的使用寿命

C. 提高机床的安全性　　D. 提高机床的灵活性

6. 数控机床中把脉冲信号转换成机床移动部件运动的组成部分称为（　　）。

A. 控制介质　　B. 数控装置　　C. 伺服系统　　D. 机床本体

二、判断题

1. 数控机床可按运动控制的特点分为开环、闭环和半闭环系统。（　　）

2. 闭环系统比开环系统具有更高的稳定性。（　　）

3. 数控机床的加工精度比普通机床高，是因为数控机床的传动链较普通机床的传动链长。（　　）

4. 直线控制数控机床只控制运动部件从一点移动到另一点的准确定位，对两点间的移动速度和运动轨迹没有严格要求。（　　）

5. 点位控制的特点是可以以任意途径达到要计算的点，因为在定位过程中不进行加工。（　　）

6. 数控机床与其他机床一样，当被加工的工件改变时，需要重新调整机床。（　　）

项目二　数控编程基础

学习目标

知识目标

（1）了解数控编程的内容、步骤和方法。

（2）掌握数控机床的各种坐标系的作用和确定方法。

（3）掌握数控加工程序的组成和格式。

（4）了解数控编程常用的功能指令。

能力目标

通过对数控机床和数控编程基本知识的了解和掌握，建立起数控机床操作和数控程序编制的基本框架，为今后的学习打下扎实的基础。

在数控机床上加工工件，首先要编写加工程序，然后将程序输入数控机床进行自动加工。因此，程序的编写是数控加工的重要工作之一，理想的加工程序不仅可以保证加工出符合图纸要求的合格工件，同时还能够使数控机床的功能得到合理的应用和充分的发挥，使数控机床安全可靠且高效地工作。

任务一　数控编程的工艺、步骤和方法

一、数控编程的工艺

数控加工程序应包含工件加工所需的所有数据和信息。例如，加工工艺路线、工艺参数（进给量、主轴转速、刀具选择等）、刀具和工件的相对运动轨迹以及机床辅助操作（工件的装夹、主轴启停、切削液开关等）等。

因此，数控编程的主要内容包括：分析零件图纸、确定加工工艺过程、运动轨迹的坐标、编写加工程序、输入数控装置、程序校验和首件试切等。如图 2-1 所示是从图纸到首件加工完成的过程。

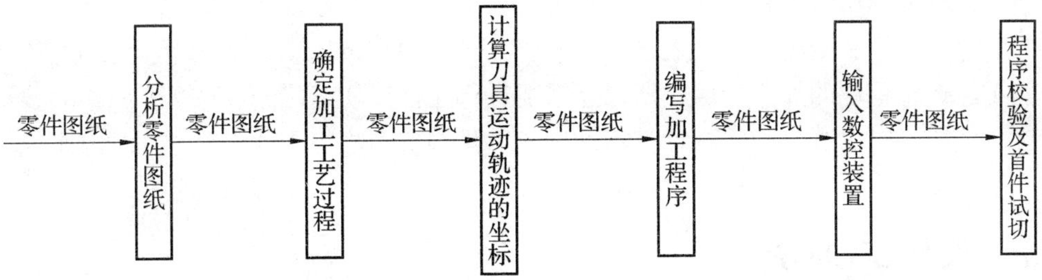

图 2-1　数控编程的内容和步骤

二、数控编程的步骤

（一）分析零件图纸

通过分析零件的材料、形状、尺寸、精度、毛坯以及热处理等要求，以便确定该工件是否适合在数控机床上加工，或判断适合在哪类数控机床上加工。部分情况下还需确定在某台数控机床上加工该工件的工序或表面。

（二）确定加工工艺过程

数控加工工艺过程涉及的问题较多，要求也更加具体严密，一般应包含数控加工工艺性分析、加工方案的确定、工序的划分、走刀路线的设计、切削用量的选择、刀具的选择以及零件的定位与夹紧等内容。

（三）计算刀具运动轨迹的坐标

根据零件图的形状、尺寸、走刀路线以及设定的工件坐标系，计算工件粗、精加工各种运动轨迹关键点的坐标值。对于形状比较简单的工件（如由直线和圆弧组成的工件），需计算几何元素的起点、终点、圆心以及相邻几何元素的交点或切点的坐标值，即基点的计算；对于形状比较复杂的工件（由非圆曲线、曲面构成的工件），需要计算用直线段或圆弧段逼近零件轮廓时相邻几何元素的交点或切点坐标，即节点的计算，该项工作一般需要由计算机完成。

（四）编写加工程序

根据已经确定的加工工艺过程和计算出的刀具运动轨迹坐标，按照指定数控系统的指令代码和程序段格式编写零件的加工程序。

（五）输入数控装置

将编写好的程序输入数控装置，目前较为常用的方法是通过编辑面板直接将程序输入或采用串行通信的方式（RS-2320 接口）输入。

（六）程序校验和首件试切

输入数控装置中的程序在正式加工前必须进行校验，常用的程序校验方法有以下两种：一是在机床上进行程序的空运行，如果机床具备图形模拟功能，还可以同时进行图形模拟加工；二是利用仿真软件在计算机上进行模拟，常用的数控仿真软件有德国的Dialog，国产的宇龙、斯沃、金银花等。通过程序校验，可以检查机床动作和刀具运动轨迹的正确性，但无法检验零件的加工精度，所以还需要进行首件试切。

首件试切可以检查出因编程计算不准确或刀具调整不当等因素所造成的加工误差，试切后可根据实际情况对程序进行修改或刀具补偿，以保证加工出合格的零件。

三、数控编程的方法

数控程序的编制方法有手工编程和自动编程两种。

（一）手工编程

手工编程是指从分析零件图纸、确定加工工艺过程、计算刀具运动轨迹的坐标到编写加工程序、输入数控装置以及程序校验和首件试切等工作，主要由人工完成。

手工编程的特点：耗费时间较长、效率低，容易出现错误；但较为经济、及时，同时可避免一些多余的空行程，加工效率较高。因此，适用于加工形状简单、计算量小、程序段少的零件，如由直线和圆弧组成的轮廓。

（二）自动编程

自动编程（计算机辅助编程）是指除了分析零件图纸和制订工艺方案由人工完成外，其余的大部分或全部工作由计算机完成。

自动编程的特点：编程效率高、准确性高，编程人员劳动强度低，可缩短生产周期和提高数控机床的利用率。因此，适用于加工形状复杂的零件，特别是由列表曲线、非圆曲线及曲面构成的零件（如叶片、复杂模具）；或者是表面的几何元素不复杂但程序量较大的零件（如复杂的箱体）。

自动编程有多种方式，目前应用最为广泛的是图形交互式自动编程。它是利用某种CAD软件人机交互完成加工图形的定义和工艺参数的设置，由软件自动生成数控程序文件，同时可以动态模拟刀具的加工轨迹。目前常用的图形交互式软件有MasterCAM、Cimatron、Pro/E、UG、CAXA等。

现阶段数控编程的发展趋势是自动编程，但也不能完全放弃手工编程。由于手工编程是自动编程的基础，自动编程中许多核心的经验都来源于手工编程，两者是相辅相成的。

任务二　数控机床的坐标系

统一规定数控机床各坐标轴的名称和运动方向是为了简化编程，并保证所编的程序的通用性和互换性。目前，国际标准化组织已制定统一的标准，我国也已制定JB/T 3051—1999《数控机床坐标和运动方向的命名》标准，对数控机床的坐标和运动方向作出明文规定，它与国际标准ISO 841等效。

一、坐标和运动方向命名的原则

不论机床在加工过程中是刀具移动，还是被加工的工件移动，为了使编程人员只需根据工件图样就可以编制加工程序，在坐标轴命名和编程时，都一律假定被加工工件相对静止，而刀具在移动，即刀具相对于静止的工件坐标系运动。同时规定刀具远离工件的方向为各坐标轴的正方向。

二、标准坐标系的规定

数控机床的标准坐标系采用右手笛卡尔直角坐标系，如图 2-2 所示。其中，直角坐标系 X、Y、Z 三者的关系及其方向用右手定则判定，即右手拇指方向为 X 轴正方向，食指为 Y 轴正方向，中指为 Z 轴正方向；围绕 X、Y、Z 轴回转的旋转坐标轴 A、B、C 及其正方向则按右手螺旋定则判定，即右手拇指指向为 X、Y、Z 轴的正方向，其余四个手指握住的方向为 $+A$、$+B$、$+C$。

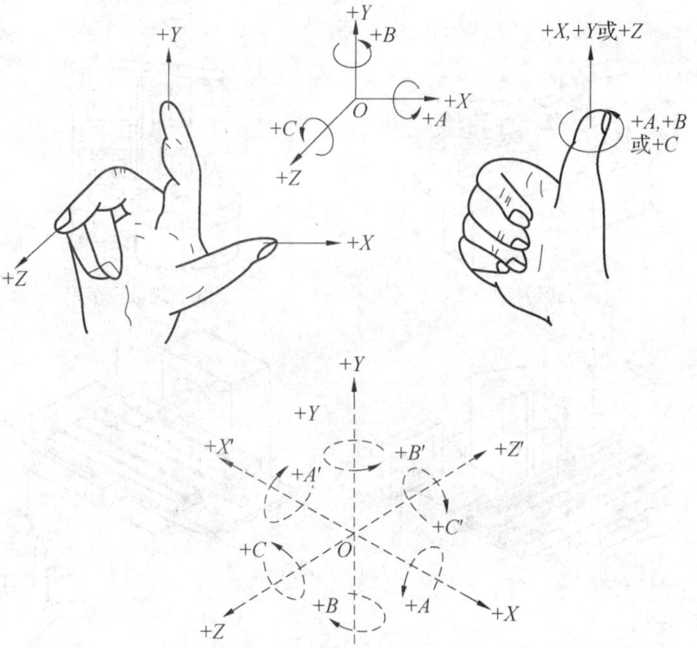

图 2-2 右手笛卡尔直角坐标系

三、机床各坐标轴的确定

确定机床各坐标轴时，一般应先确定 Z 轴，然后再分别确定 X 轴和 Y 轴。

（一）Z 轴的确定

Z 轴的方向是由传递切削力的主轴确定的，标准规定与主轴轴线平行的坐标轴为 Z

轴，并且刀具远离工件的方向为 Z 轴的正方向，如图 2-2 所示。

若机床有多根主轴，如数控龙门铣床，可选择其中一个与工件装夹面垂直的主轴为主要主轴，Z 轴则平行于该主轴轴线；若机床没有主轴，如牛头刨床等，则规定垂直于工件装夹面的坐标轴为 Z 轴。

（二）X 轴的确定

平行于导轨面且垂直于 Z 轴的坐标轴为 X 轴，刀具远离工件的方向为 X 轴正方向。

对于工件旋转的机床（如车床、外圆磨床等），X 轴的运动方向在工件的径向上，且与横向导轨平行，如图 2-3（a）和（b）所示。对于刀具旋转的机床（如铣床、镗床等），若主轴为垂直（立式），则面对主轴看立柱时，右手平伸方向为 X 轴正向，如图 2-3（c）所示；若主轴为水平（卧式），则面对主轴看立柱时，左手平伸方向为 X 轴正向，如图 2-3（d）所示。对于工件、刀具均不旋转的机床（如刨床等），X 轴平行于主要进给方向，并以此方向为正。

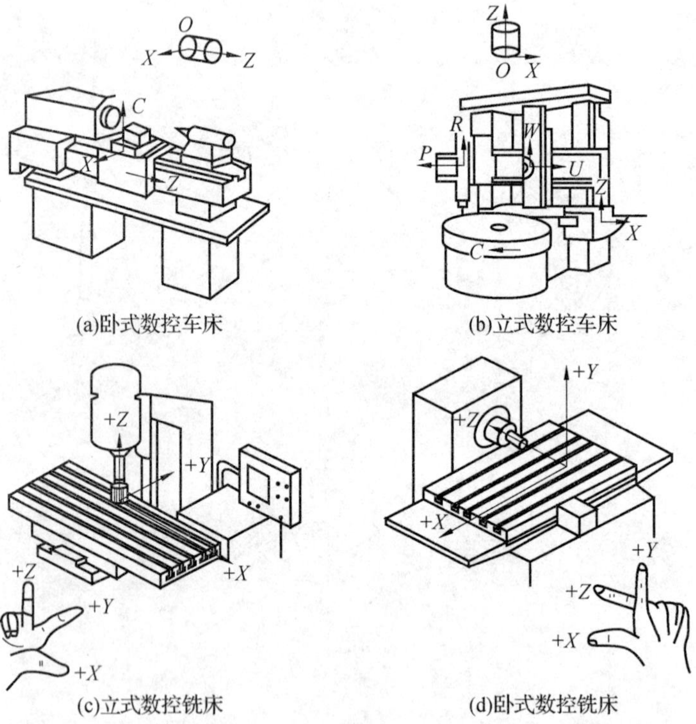

(a)卧式数控车床　(b)立式数控车床　(c)立式数控铣床　(d)卧式数控铣床

图 2-3　数控机床的坐标系

（三）Y 轴的确定

在确定了 X, Z 轴的正方向后，即可按右手笛卡尔直角坐标系确定 Y 轴正方向。

此外，如果在基本的直角坐标轴 X、Y、Z 之外，还有其他平行于它们的坐标轴，称为附加坐标轴。一般使用 U、V、W 来指定第二组直线运动坐标轴，用 P、Q、R 来指定第三组直线运动坐标轴。

四、机床坐标系、机床原点和参考点

（一）机床坐标系和机床原点

数控机床坐标系是机床的基本坐标系，是在安装调试时便设定好的一个固定的坐标系统。

机床坐标系的原点就是机床原点，又称机械原点或零点（*M*）。它是机床上的一个固定的点，由制造厂家确定，不能随意改变。

不同的数控机床，其机床原点的位置也不同。数控机床原点一般设在卡盘前端面或后端面与主轴中心线的交点。如图 2-4（a）所示，在数控车床的机床坐标系中，沿主轴方向为 *Z* 轴，其正向指向尾座顶尖；刀架横向拖板运动方向为 *X* 轴，其正向由主轴回转中心指向工件外部。

数控铣床和加工中心的机床原点一般设在进给行程范围的正向极限点处，如图 2-4（b）和（c）所示。但也有的设置在机床工作台的中心，使用前须查阅机床用户手册。

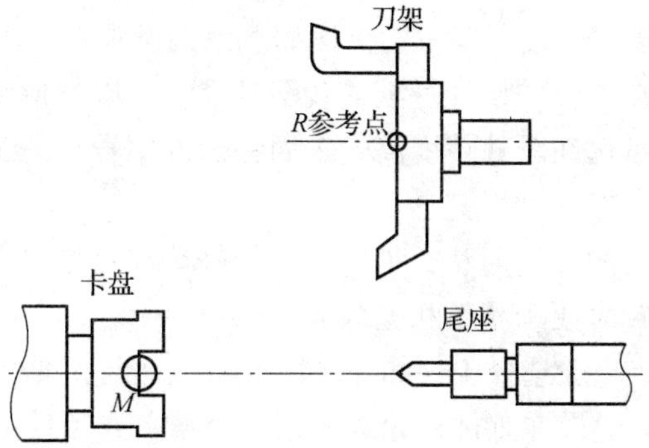

(a)

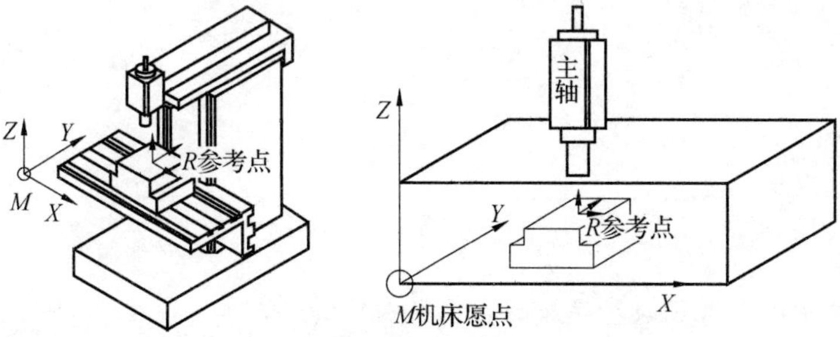

(b)　　(c)

图 2-4　机床坐标系、机床原点和机床参考点

（二）机床参考点

数控机床参考点（*R*>也称基准点，是由机床制造厂家在每个进给轴的移动范围内，用固定的凸块或限位开关精确调整完成，通常设在各轴正向行程的极限点上。

由于参考点在机床坐标系中的坐标值是个已知固定值，当数控机床每次开机后，必须先执行移动件（刀架或工作台）返回参考点的操作，又称回零操作。当完成返回参考点操作后，数控装置通过确认参考点的位置来反推床原点的位置，从而建立机床坐标系。

采用增量位置测量系统的数控机床，每次开机启动或机床因意外断电、紧急制动等原因停机而重新启动时，都必须先执行返回参考点操作，进行一次位置校准，以消除丝杠螺距补偿带来的位置误差。

任务三　工件坐标系

工件坐标系是编程人员为了编程方便而自行设定的坐标系，又称编程坐标系。编程人员根据零件图样及加工工艺等建立工件坐标系，用于确定工件几何图形上各几何要素的位置。

工件坐标系的原点称为工件原点或编程原点，其位置由编程人员自行确定，理论上可以选在工件或机床上的任意位置，但一般应按如下原则设置：

（1）工件原点应选在工件的设计基准或装配基准上，以方便编程。

（2）工件原点应尽量选在尺寸精度高、表面粗糙度比较小的工件表面上，以提高工件的加工精度和同一批工件的一致性。

（3）如果工件有对称的几何形状，工件原点最好选在对称中心点上。

（4）工件原点的设置应便于测量和检验。

数控车床的工件原点一般选择工件的左端面或右端面与主轴中心线的交点；数控铣床和加工中心的工件原点一般设在工件外轮廓的某一个角上或工件的对称中心上，而进刀深度方向上的零点，多设在工件表面。

当工件原点确定后，工件坐标系各坐标轴的方向与机床坐标系各坐标轴的方向保持一致。

思考与练习

一、选择题

1. 数控加工中心与普通数控铣床的主要区别是（　　）。

A. 一般具有三个数控轴　　B. 有刀库和自动换刀装置

C. 主要用于箱体类零件的加工　　D. 能完成钻、扩、铰、铣、镗等加工功能

2. 脉冲当量是数控机床数控轴的位移量最小的设定单位，在下列脉冲当量中如果选用（　　），则数控机床的加工精度最高。

A. 0.001 mm　　B. 0.1 mm　　C. 0.005 mm　　D. 0.01 mm

3. 对立式数控铣床来说，从主轴向立柱看（　　）。

A. 右手所指的水平方向为 X 轴的正向　　B. 左手所指的水平方向为 X 轴的正向
C. 右手所指的水平方向为 Y 轴的正向　　D. 左手所指的水平方向为 Y 抽的正向

4. 确定数控机床坐标轴时，一般应先确定（　　）。
A. X 轴　　B. Y 轴　　C. Z 轴

5. 数控机床的运动配置有不同的形式，需要考虑工件与刀具相对运动关系及坐标方向，编写程序时，采用（　　）的原则编写程序。
A. 刀具固定不动，工件相对移动
B. 铣削加工时刀具只做转动，工件移动；车削加工时刀具移动，工件转动
C. 分析机床运动关系后再根据实际情况
D. 工件固定不动，刀具相对移动

6.（　　）数控机床可以同时控制两个或两个以上的坐标轴进行加工，使刀具相对于工件按照程序指定的轨迹和速度运动。
A. 点位控制　　B. 开环控制　　C. 闭环控制　　D. 轮廓控制

二、判断题

1. 全闭环的数控机床的定位精度主要取决于检测装置的精度。（　　）
2. 程序编制的一般过程是确定工艺路线、计算刀具轨迹的坐标值、编写加工程序、程序输入数控系统和程序检验。（　　）
3. 数控钻床和数控冲床都属于轮廓控制数控机床。（　　）
4. 数控加工程序由若干程序段组成，一般常采用可变程序段进行编程。（　　）
5. 数控加工的编程方法主要分为手工编程和自动编程两大类。（　　）
6. 不同的数控机床可能选用不同的数控系统，但数控加工程序指令都是相同的。（　　）

项目三　认知 FANUC 数控铣床

学习目标

知识目标

(1) 牢记操作规程。

(2) 数控机床的开、关机。

(3) 回原点。

(4) 掌握 FANUC 面板界面。

(5) 掌握数控机床操作面板功能。

(6) 了解数控设备的日常维护保养知识。

能力目标

(1) 能够正确选择机床操作方式。

(2) 能够正确使用机床操作面板上的各按键或旋钮。

(3) 能够熟练完成数控车床开关机、手动返参考点、主轴控制、坐标轴移动等基本操作。

(4) 能够在操作机床过程中严格遵守安全操作规程，培养必要的安全生产意识。

(5) 能够掌握数控车床日常维护保养方法，着装整洁，爱护机床设备以及工具、量具，保持工作环境清洁有序，培养良好的职业道德。

任务一　数控铣床安全操作规程

(1) 上机操作前，要穿戴好工作服、工作帽、防护眼镜等劳动防护用品，头发过长应盘起并塞入工作帽内，加工时注意头与工件不能靠得太近。不允许在戴手套及穿凉鞋情况下操作机床。

(2) 实习者操作机床前，必须熟知每个按钮的作用及操作注意事项，不经老师允许，严禁私自接触和启动机床。

(3) 操作机床时只允许一人操作，严禁多人同时操作机床，其余人员应做好协助、监视工作，不允许在实习现场嬉戏、打闹、大声喧哗及进行任何与实习无关的活动，以保证实习正常、有序地进行。

（4）开机前应对机床进行全面的检查，确认无误后方可按照机床说明书规定的开机顺序进行操作。

（5）每次接通电源后，必须先完成各轴返回参考点操作，然后再进入其他运行方式，以确保各轴坐标的正确性。

（6）确认工件夹紧并取下扳手后，才能启动机床。待机床运行停止后，方可装夹工件、更换刀具。

（7）数控铣床的加工程序必须经指导教师认可后方可使用，以防止编程错误引起事故发生。

（8）机床防护采用半封闭式防护结构，防护门可在机床全长上自由移动，防护门要轻轻拉动，绝对禁止猛推。加工前必须关上机床防护门，机床正常运行中严禁开启防护门，以免发生危险。数控设备的主要工作是按照编写好的程序进行自动加工，但在自动加工开始前需要通过手动操作进行一些必要的机床调整和准备工作，如返参考点、激活主轴等。

（9）机床运转过程中，严禁用手接触主轴、刀具等机床运动部件，不要用手清除切屑，一定要使用工具处理。

（10）严禁在主轴转动时进行测量和触摸工件，在程序中有需暂停并测量工件尺寸时，要待机床安全停止、主轴停转后进行测量；此时千万不要触及开始按钮，以免发生人身安全事故。

（11）加工过程中出现工件跳动过大、夹紧松动或其他异常声音等状况时，必须立即停下机床或紧急按钮，待检查正常后再开机运行。

（12）加工过程中，严禁打开配电柜后门，以免造成机床和操作人员损伤。

（13）加工过程中，如出现异常危急情况，可按下急停按钮，以确保人身和设备的安全。

（14）数控铣床的加工虽属自动进行，但不属无人加工性质，仍然需要操作者监控，不允许随意离开岗位。

（15）若发生事故，应立即按下急停按钮并关闭电源，保护现场，及时报告以便分析原因，总结教训。

（16）爱护工具和量具，并应整齐摆放在靠近操作者的位置。使用时要轻拿轻放，严禁随意乱放，以免砸坏工具、量具。

（17）每班实训后应擦净铣床工作台面及纵横向防护板上的切屑，要求无油污、无铁屑，主轴刀具应停止在适当位置。

任务二　初识数控铣床

一、开机前的准备

（1）检查润滑油箱，导轨油池等油量是否充足，气压压力是否正确。

（2）检查确定机械及控制系统周围是否有妨碍物。

（3）检查确定各系统开关是否关好。

（4）检查确定各控制开关状况良好。

（5）检查确定无人在危险区域内。

二、开机回零操作流程

VMC600 型 FANUC 0i MC 加工中心，是南通科技集团公司开发的中挡加工中心，具有较高的刚性、切削功力较大的特点，如图 3-1 所示。

图 3-1　VMC600 型 FANUC 0i MC 加工中心

（一）开机

（1）检查机床各部分初始状态是否正常，包括润滑液面高度、气压表等。合上机床右侧的电气总开关。

（2）开系统电源（系统面板），如图 3-2 所示出现等待出现系统画面。

（3）检查急停按钮（如处于按下状态，则顺时针旋出）。

（4）按下机床准备按钮。

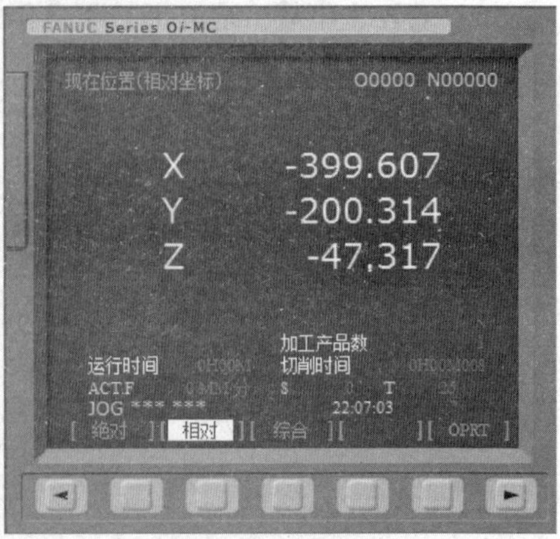

图 3-2　开机界面

（二）回参考点

（1）机床操作方式选择开关旋至“回零”

位置。

（2）选择轴“Z”，按“+”，回零对应轴指示灯闪烁，当该指示灯常亮后，则该轴已完成回参考点动作。

（3）回参考点顺序：Z—X—Y。

（4）回零中出现“返回参考点未完成”报警，则应手动将该轴向负方向移过一段距离后再执行回参考点操作。

注意：①开机后必须回参考点。

②加工前必须确认已回参考点。

③程序模拟后必须回参考点。

④急停按钮按下，旋出后必须回参考点。

三、认知 FANUC 系统（必须掌握相关知识）

数控铣床的控制面板（图 3-3）一般分为两部分：一部分为 MDT 面板，位于显示屏右侧，包括编辑键盘和显示选单等，主要用于程序的编辑、参数的输入和显示屏内容的切换；另一部分为机床操作面板，位于控制面板窗口下部，包括模式选择按键（旋钮）和运行控制按键（旋钮）等，主要用于控制机床运动状态。如图 3-4 所示为 FANUC 0i MC 数控系统的控制面板。

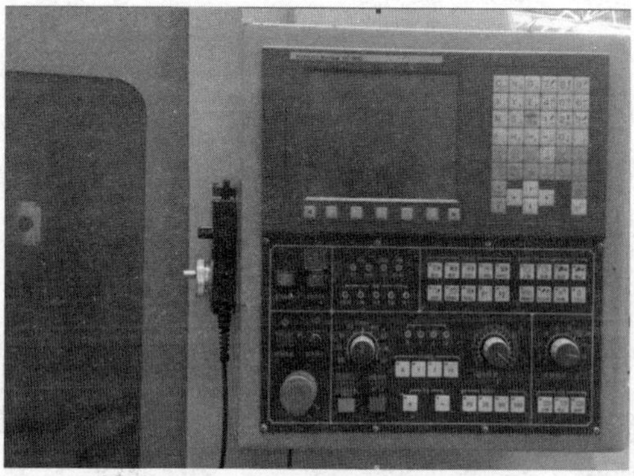

图 3-3　数控铣床面板

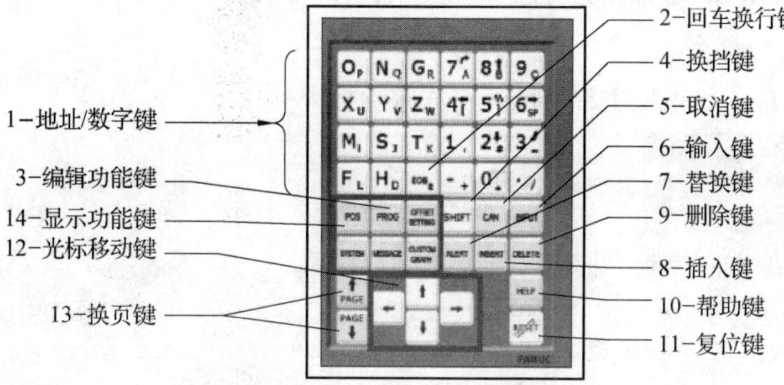

图 3-4　FANUC 0i MC 系统面板简介

不同的数控系统其控制面板的布局有所不同，但面板上各按键或旋钮的标记和功能大致相同。下面对部分常用按键的功能进行详细说明。

（一）FANUC 系统面板

1. 地址/数字键

如图 3-5 所示，可输入字母、数字以及其他字符，用于手动编辑程序，设置刀具偏置以及其他参数。

图 3-5　FANUC 系统面板数字键

2. EOB（回车换行键）

输入程序段结束标记“；”并换行。

3. 编辑功能键

4. SHIFT 换挡键（上挡键）

当有些键上有两个字符时，可以按“SHIFT”（切换键）

来选择字符；若面板上没有切换键，则可以通过反复按键实现两个字符的切换。

5. CAN（取消键）

删除已键入的输入区内的数据。

6. INPOT 

将输入区中的数据输入参数页面。

7. ALTER（替换键）

用输入区中的数据替换光标覆盖位置的数据。

8. INSERT（插入键）

当按了地址/数字键后，数据被键入输入缓存区内，并在 CRT 屏幕下方显示。

9. DELETE（删除键）

删除光标覆盖位置的数据，也可通过输入程序名来删除一个程序或删除全部程序。

10. HELP 帮助键 

这是 FANUC 系统带的帮助文件，但是选配项，看购置单位购置了此功能没有。

11. REST 复位键 

CNC 装置复位、终止加工程序的执行或解除报警。

12. 光标键 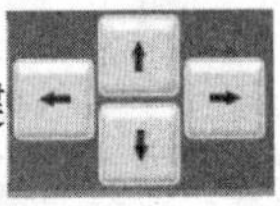

按箭头所指的方向控制光标上、下、左、右移动。

13. PAGE 换页键（翻页键）

PAGE 包括上翻和下翻两个按键，用于同一显示界面下不同页面的切换。

14. 显示功能键

用于切换各种功能的显示界面，常用的有以下几个：

1）POS（位置键）

进入坐标界面，可显示绝对坐标图（见图 3-6）、相对坐标图（见图 3-7）、综合坐标图（见图 3-8）等内容。

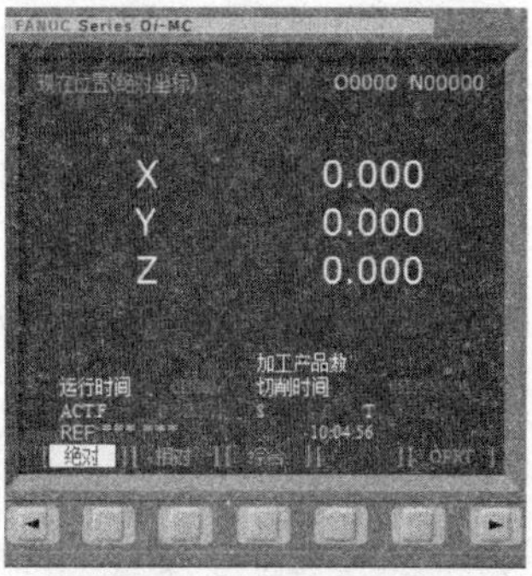

图 3-6　绝对坐标系

图 3-7　相对坐标系

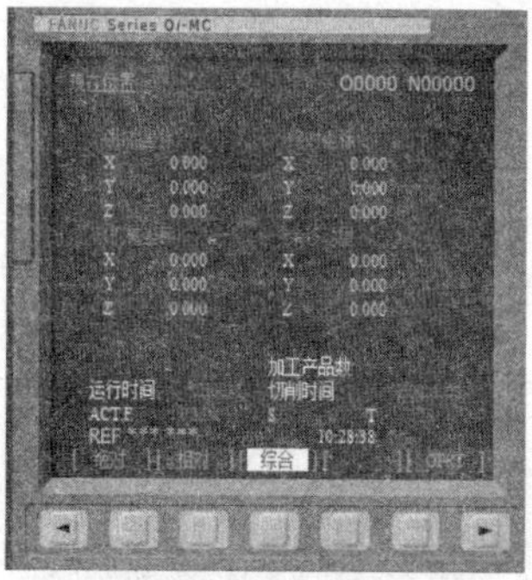

图 3-8　综合坐标系

2）PROG（程序键）

进入程序界面，可显示程序内容（见图 3-9）、程序目录（见图 3-10）等内容。

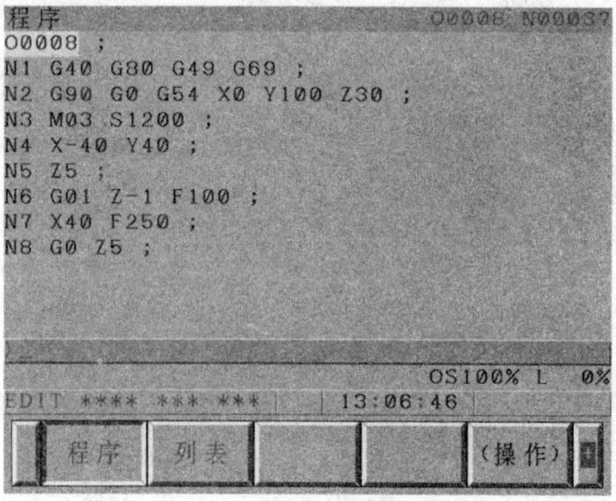

图 3-9　显示程序内容

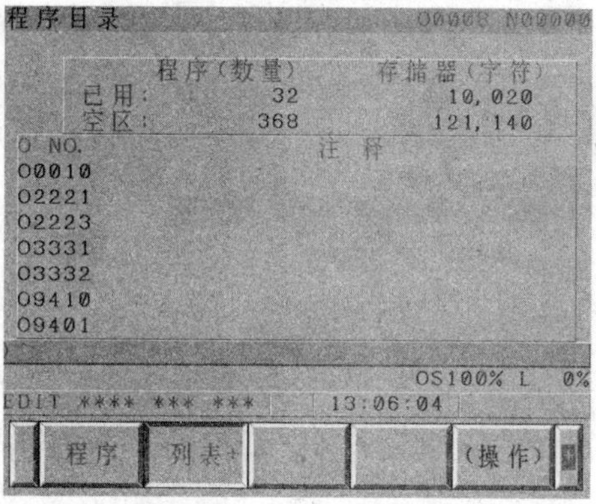

图 3-10　显示程序列表

3）OFF/SET（刀补键）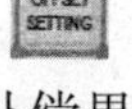

进入这功能界面，刀具补偿界面（见图 3-11），可进行刀具偏置的设置；外接输入接口参数设置（见图 3-12），通过此功能的参数设定，选取 R232、CF 卡及 U 盘输入等；显示坐标系（见图 3-13），可选用 G54～G59 坐标系，还以可通过 EXT 准备坐标来调整 G54～G59 坐标系位置。

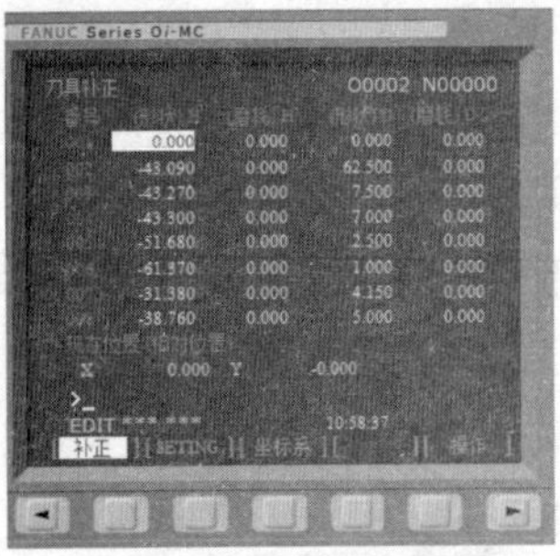

图 3-11　刀具补偿

图 3-12　输入参数设定

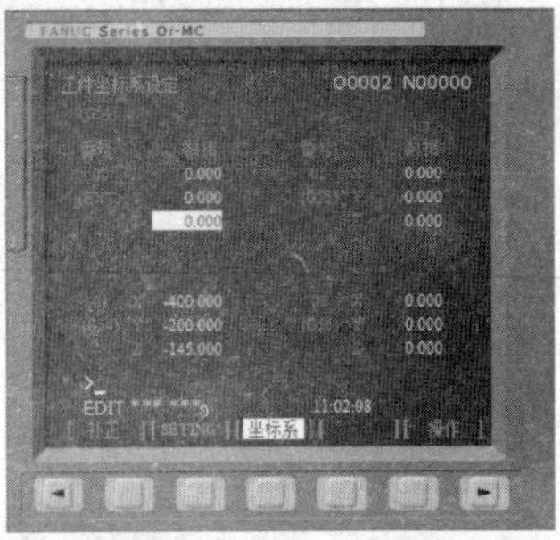

图 3-13　坐标系

4）SYSTEM（系统参数键）

FANUC 系统所有的参数都是在此界面中调阅，其中包括参数、诊断、PMC、系统、操作等界面。如图 3-14 所示为参数界面，如图 3-15 所示为诊断界面等。

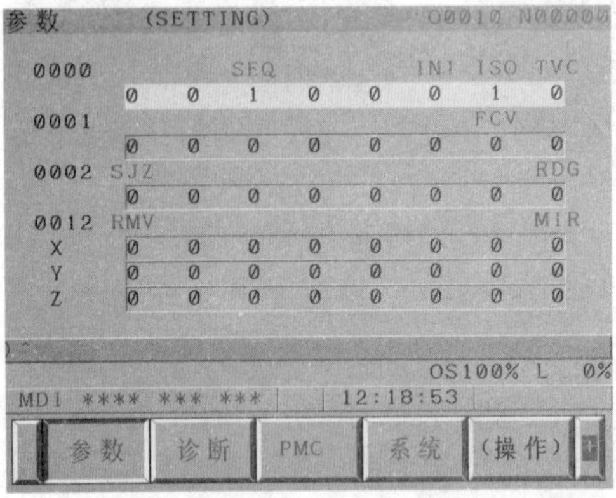

图 3-14　为参数界面

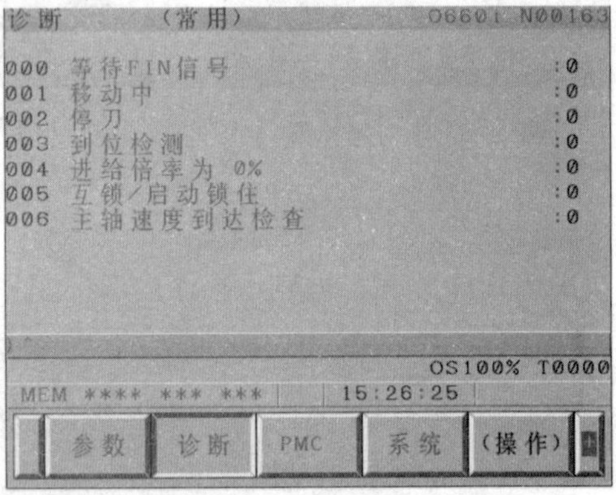

图 3-15　诊断界面

5）MESSAGE 报警显示 （图 3-16）

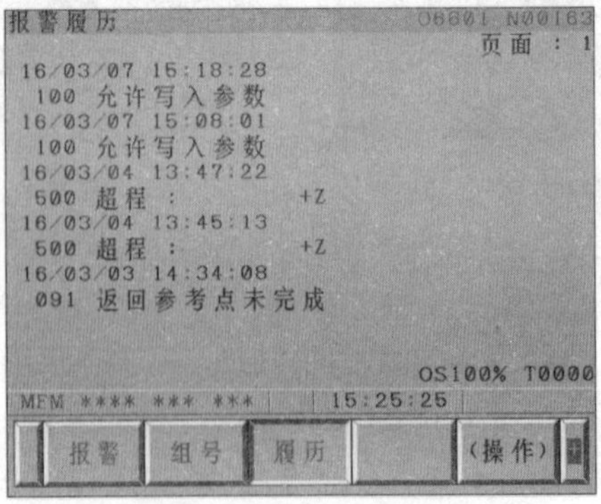

图 3-16　系统显示报警履历

在此界面中，当调试程序时，出现的报警内容，全部显示在这里。

6）CUSTOM/GAPH 图形显示功能区

在图形显示功能键中，有两个子菜单：一个是显示的参数设置键，另一个是图形显示键，如图 3-17 所示，其中，页面上有视角、最大范围、最小范围、比例、中心位置、程序停止后图形擦除等。如图 3-18 所示为程序走刀轨迹显示区，它显示的视角是由图 3-17 中的参数决定的。

在这介面主要显示所编程序的走刀路径，它有五个视角可用来选择。

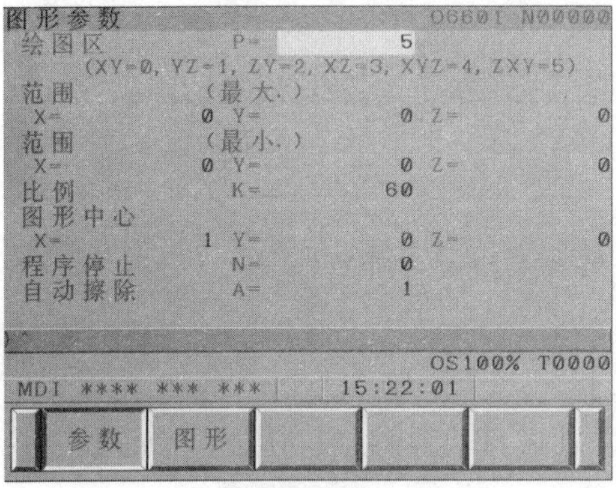

图 3-17 图形显视的参数设置界面

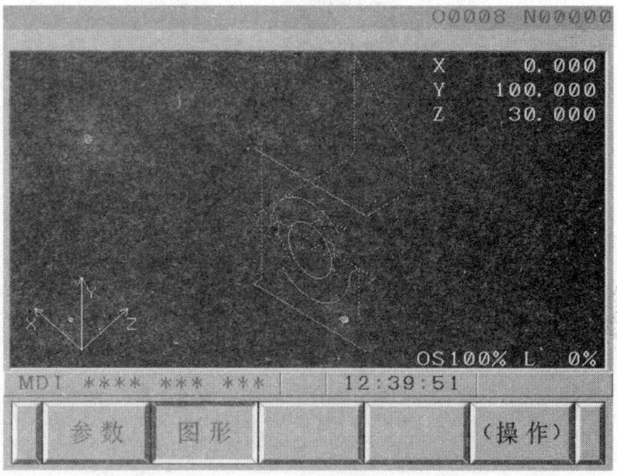

图 3-18 图形显视视角界面

（二）机床操作面板（图 3-19）

图 3-19 数控铣床操作面板

1. 机床的主要操作方式

数控铣床的操作方式主要有以下九种：编辑、自动、MDI、手动、手轮、快速、回原点、DNC 和手轮示教方式。

1）编辑方式

在编辑方式中，可以调用和编辑程序，程序将自动储存。

2）自动方式

在自动方式中，可以使机床运行 CNC 中的已选择的程序。

3）MDI 方式

在 MD 工方式中，可以通过 MDI 面板输入程序段并执行。程序执行结束后，所输入的程序段被清空。

4）手动方式

在手动方式中，持续按下手动方向选择按钮，可使所选轴按所选的方向连续运动。

5）手轮方式

在手轮方式中，可以通过旋转手摇脉冲发生器移动机床各进给轴。

6）快速方式

在快速移动方式中，可以通过 *X*、*Y*、*Z* 所选轴进行快速移动，还能配合面板上的倍率按钮来改变移动速度。

7）回原点式

在回零方式中，选择回零轴，再按下手动正向进给按钮（+），可使所选轴回第一参考点。

8）DNC 方式

在 DNC 方式中，机床可以和外部设备进行通信，执行存储在外部设备中的程序。

9）手轮示教方式

在此方式下，可以通过手轮移动各个进给轴到所需位置并生成相应程序（此方式有一定的危险性，未经专业培训慎用）。

2. 自动加工控制

1）循环启动键

：在自动或录入方式下，启动程序或运行 MDI 指令。

2）进给保持键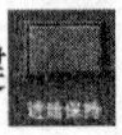

：暂停运行程序。

3. 程序运行控制

1）程序段单段执行按钮

在自动操作执行程序时，每按一下程序启动按钮，只执行一个程序段。

2）程序段跳步功能按钮 

自动操作时此按钮接通，程序中有“/”的程序段将不执行。

3）空运行功能按钮 

自动或 MDI 方式时，此按钮接通，机床按空运行方式执行程序。

4）*Z* 锁定按钮 

自动、MDI 或手动操作时，此按钮接通，即禁止 *Z* 轴向运动，但 *Z* 轴位置显示仍将更新，*X*、*Y* 轴及 M，S，T 功能不受影响。

5）机床锁定按钮 

自动、MDI 或手动操作时，此按钮接通，即禁止所有轴向运动，但位置显示仍将更新，M，S，T 功能不受影响。

6）程序段选择停功能按钮 

此按钮接通，所执行的程序在遇有 M01 指令处，自动停止执行。

7）程序重启按钮 

该功能用于在刀具断裂或公休后，通过指令要启动执行程序段的顺序号来重新启动机床。也可用于高速程序检查。该功能操作具有一定危险性，请谨慎使用。具体使用方法请参考《FANUC DiD 操作说明书》。

8）手轮插入开关 

自动或 DNC 方式时，接通此按钮，可使用手轮操作，与自动运行中的自动移动相迭加。该功能操作具有一定危险性，请谨慎使用。具体使用方法请参考《FANUC DiD 操作说明书》。

9）F1 按钮 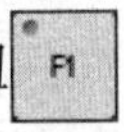

此按钮用于刚性攻丝特殊控制。

10）F2 按钮 

此按钮为工装夹紧、放松按钮。

4. 主轴运行控制

1）主轴正转开关 

该按钮打开，主轴按顺时针方向转动。

2）主轴停止开关 

该按钮打开，主轴停止转动。

3）主轴反转开关 

该按钮打开，主轴按逆时针方向转动。

5. 手动控制

1）走刀速度控制

根据刀具材料、被加工材料、被加工深度，适当调整切削速度，有的机床最高只能调整到 120%。

2）主轴速度控制

根据刀具材料、被加工材料、被加工深度，适当调整主轴转速。

四、机床停止后关机

（1）将机床的各轴移动到不干涉的安全位置

（2）按要求对机床进行维护保养，清理切屑，使机床各部件保持清洁卫生。

（3）按下急停按钮。一般在关机或在调试调程序时使用。

（4）按下控制器断电按钮

。

（5）做好机电床周围环境卫生工作，持工作场地清洁卫生。

（注：3 机床停止后关机工作过程，是每班必做工作，在以后的课程中不再提示）

思考与练习

一、选择题

1. 在数控机床坐标系中，平行机床主轴的刀具运动坐标为（　　），并且刀具远离工件的方向为（　　）方向。

A. *X* 轴正　　B. *Y* 轴正　　C. *Z* 轴正　　D. *Z* 轴负

2. 数控机床的旋转轴 B 轴是绕（　　）直线轴旋转的轴。

A. *X* 轴目　　B. *Y* 轴　　C. *Z* 轴　　D. 主轴

3. 数控编程时，应首先设定（　　）。

A. 机床原点　　B. 参考点　　C. 机床坐标系　　D. 工件坐标系

4. CNC 机床若无原点自动记忆装置，在开机后的第一步骤宜先执行（　　）。

A. 参考点返回　　B. 编程原点建立　　C. 加工程序运行　　D. 空运行检查

5. 现代数控机床大都采用（　　）程序段格式编程。

A. 可变　　B. 固定

C. 使用分隔符的固定　　D. 使用分隔符的可变

6. 用于指令动作方式的准备功能的指令代码是（　　）。

A. F 代码　　B. G 代码　　C. T 代码　　D. M 代码

二、判断题

1. 如果机床有几根主轴，则选择其中一个与工作台面相垂直的主轴来确定 Z 轴的方向。（　）

2. M 代码主要控制机床主轴的开、停，切削液的开关和工件的夹紧与松开等辅助动作。（　）

3. 当数控加工程序编制完成后即可进行正式加工。（　）

4. 机床参考点是数控机床上固有的机械原点，可以在机床出厂时设定该点到机床坐标原点在进给坐标轴向上的距离。（　）

5. 程序段的顺序号，根据数控系统的不同，在某些系统中可以省略。（　）

项目四　FANUC 系统的程序输入

学习目标

知识目标

（1）熟练掌握数控铣床 MDI 面板中与程序的输入和编辑相关的各按键的位置和功能。

（2）熟练掌握程序的建立、查找和删除的方法。

（3）熟练掌握程序的输入、修改、替换、删除等编辑方法。

能力目标

（1）能够正确使用机床 MDI 面板上的各按键。

（2）能够熟练运用机床 MDI 面板建立一个新程序，并正确地输入程序。

（3）能够对输入的程序进行修改、替换或删除等编辑操作。

任务一　程序的输入与编辑

程序编写好以后需输入数控装置中，目前较为常用的程序输入方法有手动和自动两种。形状比较简单、程序段较少的零件程序一般采用手动输入的方法，即通过机床 MDI 面板，在 MDI 方式（手动数据输入或录入）或编辑方式下直接输入。

本项目要完成的任务是：正确地建立和输入一个新程序，并进行修改、替换、删除等编辑操作。

一、机床各轴运行操作

（一）手动

选择“手动”操作方式→选轴→选方向。

（二）手轮方式

选择“手轮”操作方式→利用手轮上开关选轴→选择移动当量→选方向→摇手轮（顺时针为正方向，逆时针为负方向）。

（三）快速方式

选择“快速”操作方式→选择倍率（一般 F25）→选择轴→选方向。

二、MDI 方式及开机转速设定

前提：开机状态。

（1）操作方式选择“MDI”；

（2）按“PROG”→按软键“MDI”→输入指令（“M3 S1000”）→按“EOB”→按“INSERT”→按程序启动。

三、FANUC 系统面板的操作

（一）新建程序

选择“编辑”方式→按“PROG”键→输入“O××××”→按“INSERT”键→进入程序输入界面→按“EOB”→按“INSERT”→输入程序段内容，每个程序段结束后按 EOB。

（二）打开已有程序

选择“编辑”方式→按“PROG”键→按“列表”→输入“O××××”（程序名）→按↓（光标向下，检索）。

（三）程序编辑

（1）CAN：取消。在未按“INSERT”键之前，如输入错误，可按“CAN”键，相当于退格键，每按一次删除一个字符。

（2）INSERT：插入（在光标之后）。

（3）DELETE：删除。删除光标所在位置的字符。

（4）ALTER：替换。光标移至待替换的字符处，输入正确字符，按“ALTER”键。

（四）程序删除

（1）删除单个程序：选择“编辑”方式→按“PROG”键→按“列表”→输入“O××××”（程序名）→按“DELETE”键；

（2）删除所有程序：选择“编辑”方式→按“PROG”键→按“列表”→输入“0-9999”→按“DELETE”键；

任务二　程序输入与编辑

输入以下程序：

```
O0001
N10 G40G80G49G69;
N20 G90G0G54X0Y100Z30;
N30 M03S2000;
```

```
N40 X60Y50;
N50 Z5;
N60 G01Z0F300;
N70 G41X40D01;
N80 G01Y0;
N90 #1=40;
N100 #2=25;
N110 #3=359;
N120 #4=0;
N130 #5=#1 * COS[#3];
N140 #6=#2 * SIN[#3];
N150 G01 X#5 Y#6;
N160 #3=#3-1;
N170 IF [#3 GE #4] GOTO 130;
N180 G01Y-10;
N190 G0Z30;
N200 X0Y100;
N210 M30;
%
```

注：此程序为一个椭圆加工程序，主要练习 FANUC-0i-MC 面板上各键的位置及大小写切换功能等。

思考与练习

一、选择题

1. 数控机床的开机操作步骤应该是（　　）。

A. 开电源，开急停开关，开 CNC 系统电源

B. 开电源，开 CNC 系统电源，开急停开关

C. 开 CNC 系统电源，开电源，开急停开关

D. 都不对

2. 回零操作就是使机床回到（　　）。

A. 机床坐标系原点　　　　B. 机床的参考点

C. 工件坐标原点

3. 数控机床每次接通电源后在运行前首先应做的是（　　）。

A. 给机床各部分加润滑油　　　　B. 检查刀具安装是否正确

C. 机床各坐标轴返参考点　　　　D. 工件是否安装正确

4. 在 CRT/MDI 面板的功能键中，显示机床当前坐标位置的键是（　　）。

A. POS　　　　B. PRGRM　　　　C. OFFSET

5. 在 CRT/MD 工操作面板上的页面变换键是（　　）。

A. PAGA　　　　B. CURSOR　　　　C. EOB

6. 数控机床自动状态时，可完成（　　）工作。

A. 工件加工　　　　B. 对刀　　　　C. 回零　　　　D. 手动进给

二、判断题

1. 编制数控程序时，一般以机床坐标系作为编程的坐标系。（　　）

2. 按下“ALTER”键，将输入缓存区的内容代替光标所在的代码。（　　）

3. 按下“CAN”键，删除光标所在的代码。（　　）

4. 按下“DELETER”键，将输入缓存区的内容插入至光标的后边。（　　）

5. 如果机床有几根主轴，则选择其中一个与工作台面相垂直的主轴以确定 Z 轴的方向。（　　）

6. 同组模态 G 代码可以放在一个程序段中，而且与顺序无关。（　　）

项目五 数控铣床对刀

学习目标

知识目标

(1) 了解机床坐标系。

(2) 了解工作坐标。

(3) 掌握机床坐标系与工作坐标系关系。

能力目标

(1) 能够熟练运用工作坐标系零件的对刀。

(2) 能够熟练运用不同的编程零点的对刀。

(3) 能够熟练运用多种手段的对刀方法。

任务一 熟悉数控铣床

一、机床坐标系与机床原点

机床坐标系是机床上固有的坐标系，并设有固定的坐标原点，其坐标和运动方向视机床的种类和结构而定。一般情况下，坐标系利用机床机械结构的基准线来确定，在机床说明书中有规定。

机床坐标系的原点也称为机床原点、机械原点。它是固有的点，不能随意改变。

在数控车床上，一般原点在卡盘端面与主轴中心线的交点处。在数控铣床上，机床原点一般在 X、Y、Z 3 个直线坐标轴的正向极限位置上。

二、工件坐标系与工件原点

工件坐标系是编程人员在编程时使用的，由编程人员以工件图样上的某一点为原点所建立的坐标系。编程尺寸都按工件坐标系中的尺寸确定，故工件坐标系也称编程坐标系。工件坐标轴的原点也称工件原点或编程原点，它可通过程序指令设置和改变的。在一个零件的全部加工程序中，根据需要，可以一次或多次设定/改变坐标原点。

机床坐标系与工件坐标系的关系如图 5-1 所示。一般说来，工件坐标系的坐标轴与机床坐标系相应的坐标轴平行，方向也相同，但原点不同。在加工中，工件随夹具在机床上安装后，要测量工件原点与机床原点之间的坐标距离，这个距离称为工件原点偏移。这个偏置值需预存到数控系统中。在加工时，工件原点偏置值能自动加到工件坐标系上使数控系统可按机床坐标系确定加工时的坐标值。

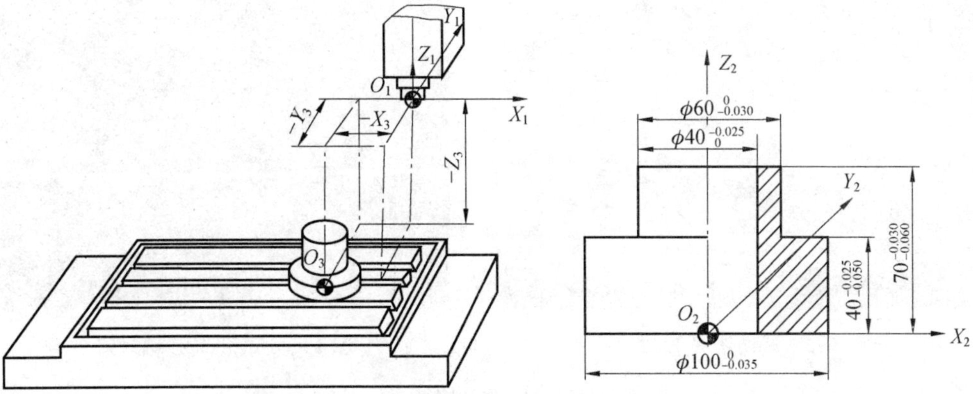

图 5-1　工件在机床坐标系中的位置

任务二　对　　刀

对刀是数控加工中比较重要的操作内容之一，其准确性将直接影响到零件的加工精度。在数控编程及加工中，对刀是保证数控加工质量的一个重要环节，只有建立了正确合理的坐标系，才能对刀具的运动轨迹做出准确描述，以保证加工质量。

一、对刀目的

对刀就是要确定工件坐标系与机床坐标系的相互位置关系：工件一经装夹在机床上，工件坐标系原点就在机床坐标系中具有其机床坐标，对刀就是要将该坐标找到，并将对刀数据输入相应的存储位置，编程人员在编程时通过选择相应的存储位置（即 G 代码 G54~G57）在加工中激活此值。

二、对刀原理

通过试切或者对刀工具，使刀具上的基准点与工件坐标系原点重合，从显示屏幕上读出该点的机床坐标，然后将该坐标写入对应的存储位置（G54~G59）。

三、对刀方法

（一）试切对刀法

这种对刀方法，是用刀具在六轴开启的情况下，直接用刀具接触工件表面，进行数据采集方法。*X*、*Y* 方向如图 5-2 所示，*Z* 方向如图 5-3 所示。

图 5-2　试切法 *X* 轴对刀

图 5-3　试切法 *Z* 轴对刀

这种方法的特点是简单、直观，但它们也有缺点，工件表面都有切痕，会破坏已加工表面等。

（二）测量法

这种方法下，*X*、*Y* 方向与试刀切法原理一样，区别在于刀具不旋转，在停止状态下进行，用游标卡尺来测量，如图 5-4（a）所示，这种方法是要在学会试切法下进行，学会这种方法，还必须要有一定经验及手感，还要测量出刀具直径的尺寸，*Z* 方向寻找待加工处，进行试切，但这种方法还存在缺点，在对刀后位置精度可能不高。

(a)

(b)

图 5-4　用游标卡尺测量与塞尺方法

（三）塞尺衬垫法

这种方法 *X*、*Y* 方向与上面两种方法原理一样，只是刀具不直接接触工件已加工表面，有塞尺进行保护已加工表面，如图 5-4（b）所示，Z 方向有两种方法：一种与上面两种方法相同；另一种也同样用塞尺进行衬垫，在 Z 轴坐标系中再加上塞尺的厚度，同样，这种方法精度也不是很高。对刀后，也有可能位置精度存在误差。

（四）杠杆表校正法

这种方法 X、Y 方向与上面两种方法原理一样，区别在于用杠杆表充当刀具，用手动方式，使主轴旋转，如图 5-5 所示，在杠杆表的读数上拾取最小数据，并给杠杆适当的压缩量，一般杠杆表的压缩量是 0.2~0.3 mm。若 Y 轴面向床上时，可以用镜子照一下，读取数据。这种方法，精度相对来说比较确切，但在操作时，要注意保证杠杆表头无走动。Z 轴同样也可以在需加工处进行试切对刀。

图 5-5　用杠杆表对刀法

四、对刀操作

在对刀前，Z、X、Y 三轴返回机床原点（参考点），然后刀具接近工件，主轴启动旋转，其原理如图 5-6 所示。

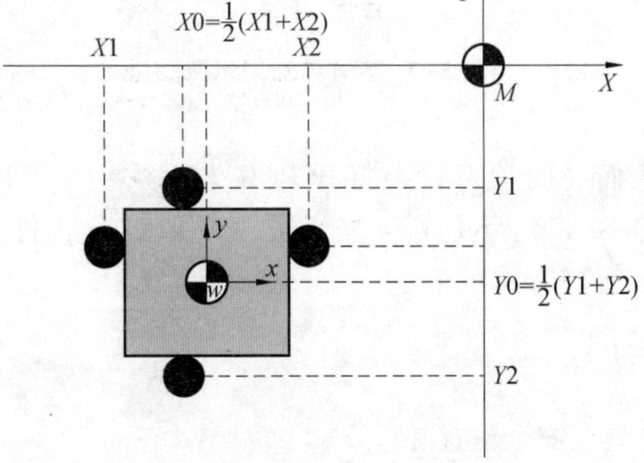

图 5-6　X、Y 方向对刀原理

（一）X 轴

对零件的一边→刀具退出工件→打开 POS 坐标系→按“REL”（相对）→*X*→ORIGIN（归零）→然后对工件 *X* 轴的另一边→刀具退出工件→按“POS”→读 POS（机械坐标系 *X*）数值→工作台移动至 POS 读数的二分之一处→按“POS”→按“REL”（相对）→X→ORIGIN（归零）按“OFSET”（不显示 G54 坐标按“WORK”（工件系））→光标移至 G54*X* 轴处→X0→测量。

（二）Y 轴

对零件的一边（另一轴的一边）→刀具退出工件→打开 POS 坐标系→按“REL”（相对）→*Y*→ORIGIN（归零）→然后对工件 *Y* 轴的另一边→刀具退出工件→按“POS”→读 POS（机械坐标系 *Y*）数值→工作台移动至 POS 读数的二分之一处→按“POS”→按“REL”（相对）→*Y*→ORIGIN（归零）→按“OFSET”（不显示 G54 坐标按“WORK”（工件系））→光标移至 G54 Y 轴处→Y0→测量。

（三）Z 轴

Z 轴，刀具直接触碰到工件表面，然后采集 *Z* 轴的数据，如图 5-7 所示。

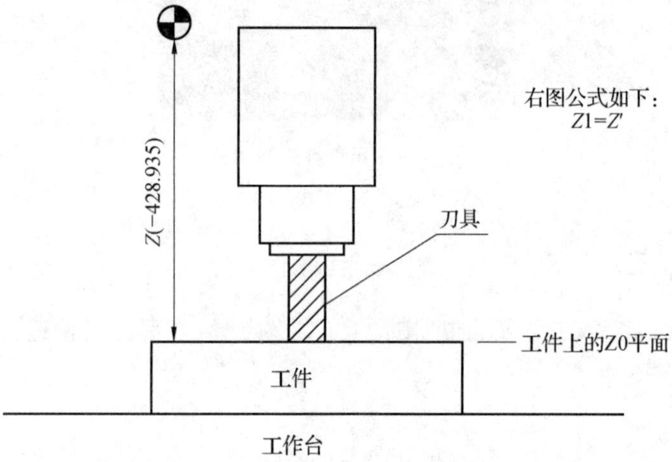

图 5-7　Z 方向对刀示意图

刀具切到工件上表面（勿抬刀）→打开 POS 坐标系→按“REL”（相对）→*Z*→ORIGIN（归零）按“OFSET”［不是 G54 坐标按“WORK”（工件系）］→光标移至 G54 *Z* 轴处→*Z*0→测量→抬刀停转。

五、检验对刀方法

（1）手动方式将刀具至安全位置。

（2）操作方式“MDI”→PROG→按“MDI”→输入以下程序：

“O××××;

N10 G54;

N20 G90 G0 Z50;

N30 G0 X0 Y0;"

（3）光标移至程序开头（O××××），单步激活。

（4）快速倍率 F25。

（5）按程序启动。

注意：左手放在“急停”按钮上。

运行完第 2 个程序段后要检查刀具在 Z 方向的位置（刀尖应高于工件上表面，否则不能继续运行第 3 个程序段）。

任务三　练习对刀及对刀检验

学生在用平口钳装夹零件后，可以用试切法，进行对刀练习，其中，在练习的过程中，零点位置可以不在工件的中心，而在其他的点上，如图 5-8 所示，其上表面有九个点，可以作为编程零点。

图 5-8　对刀练习

思考与练习

一、选择题

1. 一行程序录入完，应按下（　　）键。

A. EOB　　　　B. OFFSET SETTING

C. INPUT

2. 如果想删除数控程序中的字符，应按下（　　）键。

A. DELETE　　B. CAN　　C. ALTER

3. 在程序输入过程中，按下“INSERT”键之前，若要删除一个字母或数字，应按下（　　）键。

A. DELETE　　B. CAN　　C. ALTER

4. 圆弧切削路径之圆心位置以增量表示，下列正确的是（　　）。

A. G91 G02 X_Y_　　B. G90 G02 X_Y_

C. G02 X_Y_I_J_　　D. G02 X_Y_R_

5. 对于高精度的零件，一般在粗加工之后，精加工之前进行（　　），减少或消除工件内应力。

A. 时效处理　　B. 淬火处理　　C. 回火处理　　D. 高频淬火

6. 切削用量中对切削温度影响最大的是切削速度，影响最小的是（　　）。

A. 走刀量（进给量）　　B. 切削深度

C. 工件材料硬度　　D. 冷却液。

二、判断题

1. M 代码主要控制机床主轴的开和停，切削液的开关和工件的夹紧与松开等辅助动作。（　　）

2. 当数控加工程序编制完成后即可进行正式加工。（　　）

3. 机床参考点是数控机床上固有的机械原点，可以在机床出厂时设定该点到机床坐标原点在进给坐标轴向上的距离。（　　）

4. 程序段的顺序号，根据数控系统的不同而不同，在某些系统中可以省略。（　　）

5. 使用寻边器对刀的好处是不在工件表面留下刀痕。（　　）

6. 加工中心和数控铣床是完全不同的两类机床，其数控程序完全不兼容。（　　）

项目六　数控基础编程讲解

学习目标

知识目标

(1) 掌握数控铣床的 G00、G01、G02、G03、G04、G54~G59、G90、G91 等指令的编程格式及应用。

(2) 掌握数控铣床的 M、S 等辅助指令。

(3) 掌握槽类零件的加工方法。

(4) 了解常用刀具。

能力目标

(1) 能够看懂一般的零件图纸。

(2) 能根据图纸，合理选择刀具。

(3) 能够熟练运用多种手段的对刀方法。

(4) 能根据 FANUC 系统指令，对槽类零件进行程序的编制

在普通机床上加工零件时，一般由工艺人员按照设计图样事先制定好零件的加工工艺规程。在工艺规程中要确定零件的加工工序、切削用量、机床的规格及工具、夹具等内容。操作人员按工艺规程的各个步骤操作机床，加工出图样给定的零件，也就是说零件的过程是由人来完成。例如开车、停车、改变主轴转速、改变进给速度和方向、切削液开关等都由工人手工操作。

任务一　数控编程的步骤

数控机床都是按照事先编制好的数控加工程序自动地对工件进行加工的设备。理想的加工程序不仅应保证加工出符合图样要求的合格零件，同时应能使数控机床的功能得到合理的应用与充分的发挥，以使数控机床安全可靠、高效地工作。

数控编程步骤主要包括分析零件图样、确定加工工艺过程、数值计算、编写零件加工程序、制备控制介质和程序校验及首件试切，如图 6-1 所示。

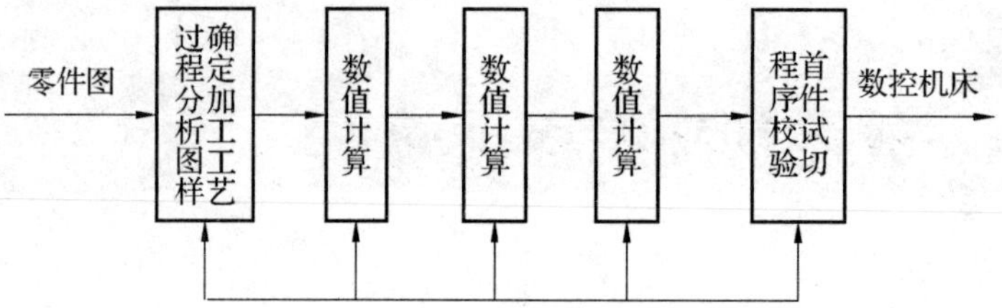

图 6-1　编程工艺过程

任务二　数控编程的方法

数控编程的方法可分为手工编程、自动编程和计算机高级语言编程 3 种方法。

一、手工编程

（一）手工编程的定义

手工编程是指主要由人工来完成数控机床程序编制各个阶段的工作。当被加工零件形状并不十分复杂、程序较短时，都可以采用手工编程的方法。手工编程框图如图 6-2 所示。

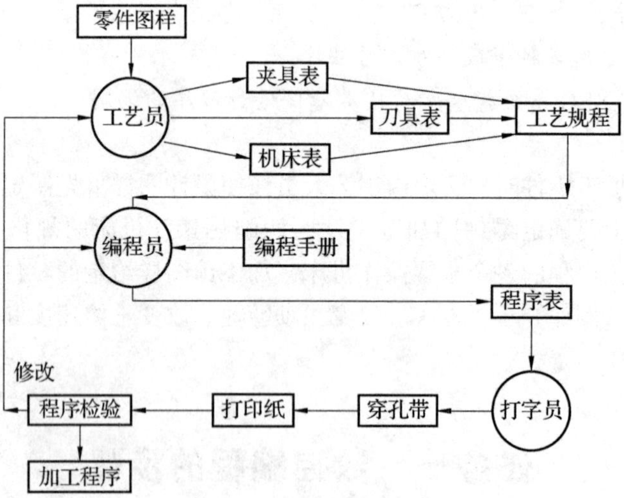

图 6-2　手工编程流程

对于几何形状不太复杂的零件，所需的加工程序不长，计算也较为简单，出错可能性较低，这时用手工编程既经济又方便，因而手工编程被广泛应用于形状简单的点位加工及平面轮廓加工中。但对于一些复杂零件，特别是具有非圆曲线的表面，或者零件的几何要素并不复杂，但程序量很大的零件（如一个零件上有许多个孔或平面轮廓由许多段圆弧组成)，或当铣削轮廓时，数控系统不具备刀具半径自动补偿功能，而只能以刀具中心的运动轨迹进行编程，由于计算相当烦琐且程序量大，手工编程难以胜任，即使能够编出程序来，往往会耗费很长时间，而且容易出现错误。据国外统计，当手工编程时，一个零件的编程时间与机床实际加工时间之比平均约为 30：1，而导致数控机床无法开动的原因中有 20%~30%是由于加工程序编制困难，编程所用时间较长，造成机床停机。因此，为了缩短生产周期、提高数控机床的利用率，有效地解决各种模具及复杂零件的加工问题，采用手工编制程序已无法满足要求，而必须采用自动编制程序的方法。

（二）手工编程的意义

手工编程的意义在于加工形状简单的零件（如直线与直线或直线与圆弧组成的轮廓）时，较为快捷和简便；不需要具备特别的条件（价格较高的自动编程机及相应的硬件和软件等）；对机床操作或程序员不受特殊条件的制约；还具有灵活性较大和编程费用少等优点。

手工编程在目前仍是广泛采用的编程方式，即使在自动编程高速发展的将来，手工编程的重要地位也不可取代，仍是自动编程的基础。在先进的自动编程方法中，许多重要的经验都来源于手工编程，并不断地丰富和推动自动编程的发展。

（三）手工编程的不足

手工编程既烦琐、费时，又复杂，而且容易产生错误。其原因如下：

(1) 零件图上给出的零件形状数据往往比较少，而数控系统的插补功能要求输入的数据与原始形状给出的数据不一致时，就需要进行复杂的数学计算，而在计算过程中可能会产生人为的错误。

(2) 加工复杂形面的零件轮廓时，图样上给出的是零件轮廓的有关尺寸，而机床实际控制的是刀具中心轨迹。因此，有时要加算出刀具中心运动轨迹的坐标值，这种计算过程也较复杂。对有刀具半径补偿功能的数控系统，要用到一些刀具补偿的指令，还要计算出一些数据，这些指令的使用和计算过程也比较烦琐、复杂，容易产生错误。

(3) 当零件形状以抽象数据表示时，就失去了明确的几何形象，在处理这些数据时容易出错。无论是计算过程的错误，还是处理过程中的错误，都不便于查找。

(4) 手工编程时，编程人员必须对所用机床和数控系统以及对编程中所用到的各种指令、代码都非常熟悉。这在编制单台数控机床的程序时，矛盾尚不突出，出现的代码错误问题比较少。但在一个编程人员负责几台数控机床的程序编制工作时，由于数控机床所用的指令、代码、程序段格式以及一些编程规定不同，导致给编程工作带来了易于混淆出错的问题。

二、自动编程

自动编程是指借助数控语言系统或图形系统，由计算机自动生成零件加工程序的过程。

编程人员只需根据加工对象及工艺要求，借助数控语言编程系统规定的数控编程语言或图形编程系统提供的图形菜单功能，对加工过程与要求进行较简单的描述，而由编程系统自动计算出加工运动轨迹，并输出零件数控加工程序。由于在计算机上可自动绘出所编程序的图形及进给轨迹，能及时地检验程序是否有错，并进行修改，得到正确的程序。

根据输入方式的不同，自动编制程序可分为语言数控自动编程、图形交互自动编程和语音提示自动编程等。现在，在我国应用较广泛的主要是语言自动编程和图形交互自动编程。

任务三　程序编制中的工艺分析基础

一、数控加工工艺的基本特点

工艺规程是工人加工时的指导性文件。在普通机床上加工零件时，操作者根据工艺规程和工序卡上规定的加工内容、切削用量和工装夹具，对零件进行加工，而在数控机床上加工零件时，可以按事先编制好的加工程序对零件进行自动加工，加工的全过程可按程序指令自动进行。因此，数控加工程序与普通机床工艺规程有较大的差别，加工程序水平的高低将直接影响零件加工的质量、生成效率和刀具寿命。可见，理想的加工程序不仅应该保证加工出符合图样要求的合格零件，同时还应该使数控机床的功能得到合理的应用和充分的发挥，从而保证数控机床安全、可靠和高效地工作。

数控加工的工作实践证明，一个高素质的编程员首先应该是一个好的工艺员，其次才是能熟练掌握、灵活运用机床数控系统编程功能的编程员。具体来说，编程员在编程前要对被加工零件的图样进行加工工艺分析、拟定加工方案、确定加工顺序和走刀路线、选择合适的刀具及确定切削用量等，处理好这些工艺问题后，编写加工程序就仅是将零件的加工工艺过程转换成数控程序代码的具体工作。

二、数控加工工艺分析的主要内容

数控加工工艺概括起来主要包括如下内容：

（1）选择适合在数控机床上加工的零件，确定工序内容。

（2）分析被加工零件的图纸，明确加工内容及技术要求。

（3）确定零件的加工方案，制定数控加工工艺路线。如划分工序、安排加工顺序以及处理与非数控加工工序的衔接等。

（4）加工工序的设计。如选取零件的定位基准、夹具方案的确定、划分工步、选取刀具辅具和确定切削用量等。

（5）数控加工程序的调整。选取对刀点和换刀点，确定刀具补偿，确定加工路线。

（6）分配数控加工中的容差。

（7）处理数控机床上的部分工艺指令。

虽然数控加工工艺内容较多，但部分内容与普通机床加工工艺非常相似。

三、编程格式

数控加工程序是根据数控机床规定的语言规则及程序格式进行编制的，因此，程序编制人员应熟悉编程中所用到的各种代码、加工指令和程序格式。

为便于数控机床的设计、制造、使用和维修，在程序输入代码、指令及格式等方面，已逐步趋向统一。目前，国际上已形成两种通用的标准，即国际标准化组织的 ISO 标准和美国电子工业学会的 EIA 标准。我国根据 ISO 标准制定了 JB 3208—83、JB 3208—82 等标准。这些标准是数控加工编程的基本准则。

（一）程序的结构

一个完整的数控加工程序，由程序号、程序内容和程序结束指令 3 部分组成。

例如：

```
程序号      O0001
程序主体    N10  G40G80G49G69;
            N20  G90G0G54X0Y100Z30;
            N30  M03S1800;
            N40  G00 X20 Y30 ;
            N50  G01 X50 Y10 F200;
            N60  X0 Y0;
结束指令    N70  M30;
```

程序号位于程序主体之前，是程序的开始部分，一般独占一行。为了区别数控系统的存储器中所存的程序，一般每个程序都有程序号。

程序号一般由规定的字母 O（EIA 代码）或符号“:”（ISO 代码）开头，后面紧跟若干位数字。常用的是两位和四位两种，前面的零可以省略。

程序主体部分是程序的核心，它由若干个程序段组成。在书写和打印时，一个程序段一般占一行。

程序结束指令位于程序主体的后面，可用 M02（程序结束）或 M30（程序结束并返回）表示。M02 与 M30 允许与其他程序字合用一个程序段，但最好是单列一行。

（二）程序段格式

程序段是数控加工程序中的一句，用来指令机床执行某一个动作或一组动作。每个程序段由若干个程序字组成。

程序字简称字，是机床数控中的专业术语。程序字的字首为一个英文字母，它称为字的地址，随后为若干十进制数字。字的功能类别由字地址决定。根据功能的不同，程序字可分为顺序号字、准备功能字、辅助功能字、尺寸字、进给功能字、主轴转速功能字和刀具功能字，如表 6-1 所示。

表 6-1 常用地址符及含义

功　能	地址符	说　明
程序号	O 或 P 或%	程序号
程序段号	N	程序段顺序号
准备功能	G	定义运动方式
辅助功能	M	机床的辅助动作
坐标字	X、Y、Z；U、V、W；P、Q、R	直线坐标
	A、B、C	旋转坐标
	R	圆弧半径
	I、J、K	圆心坐标
进给功能	F	定义进给速度
主轴功能	S	定义主轴转速
刀具功能	T	定义刀具参数

（三）程序字

1. 顺序号字

顺序号字也称程序段号，用来识别不同的程序段。顺序号字位于程序段之首，它由地址符 N 和随后的 2~4 位数字组成（如 N20）。

程序段在存储器中是以输入的先后顺序排列，数控系统严格按存储器内程序段的排列顺序逐段执行。因此，顺序号只是程序段的名称，与程序的执行顺序无关。这是数控加工中的顺序号与高级语言中标号的区别。

顺序号的使用规则如下：一般不用 N0 作为顺序号；数字部分应用整数；N 与数字之间、数字与数字之间不能有空格；顺序号的数字不一定要从小到大使用。

顺序号不是程序段的必用字，对于整个程序，可以每个程序段都设顺序号，也可在部分程序段设顺序号，还可以不设顺序号；建议以 N10 开始，以间隔 10 递增，以便在调试时插入新的程序段。

2. 准备功能字

准备功能字的地址符是 G，所以又称 G 功能、G 指令或 G 代码。它的作用是建立数控机床的工作方式，为数控系统的插补运算、刀补运算、固定循环等做好准备。

G 指令中的数字一般是两位正整数（包括 00）。随着数控系统功能的增加，G00~G99 已经不够使用，导致部分数控系统的 G 功能中的后续数字已采用 3 位数。根据 ISO1056—1975 国际标准，我国制定了 JB/T 3208—1999 标准，其中规定了 G 指令（G00~G99）的含义，共 100 种，如表 6-2 所示。

G 代码分模态和非模态指令，模态指令按其功能的不同分为若干组。字母相同的模态指令为一组。模态指令具有续效性，在后续的程序中，一直保持有效到出现同组其他相同的 G 代码为止。非模态指令不能续效，只限定在所出现的程序段中有效。在下一个程序段需要时，必须重新写出。

表 6-2　准备功能 G 指令（JB/T 3028—1999）

G 指令（1）	模态（2）	非模态（3）	功能（4）
G00	01		定位点
G01	01		直线插补
G02	01		顺时针圆弧插补
G03	01		逆时针圆弧插补
G04	00	*	暂停
G05	—	—	不指定
G06	01		抛物线插补
G07	—	—	不指定
G08	00	*	加速
G09	00	*	减速
G15	17	#	取消极坐标指令
G16			极坐标指令有效
G17	02		X、Y 平面选择
G18	02		Z、X 平面选择
G19	02		Y、Z 平面选择
G20	06	#	英制输入
G21	06		公制输入
G22	04		存储行程检测功能有效
G23	04		存储行程检测功能无效
G27	00		返回参考点检测
G28	00		返回参考点
G29	00		从参考点返回
G30	00		返回第 2、3、4 参考点
G31	00		跳转功能
G33	01		等螺距螺纹切削
G34	01		增螺距螺纹切削
G35	01		减螺距螺纹切削
G37	00	#	自动刀具长度测量
G39	00		拐角（尖角）偏置圆弧补偿
G40	07		刀具［站偿（偏置）］取消
G41	07		刀具左补偿
G42	07		刀具右补偿
G43	08	#	刀具正偏置
G44	08	#	刀具负偏置
G45	00	#	刀具偏置增加

续表

G 指令（1）	模态（2）	非模态（3）	功能（4）
G46	00	#	刀具偏置减小
G47	00	#	2 倍刀具偏置值
G48	00		1/2 倍刀具偏置值
G49	08	#	刀具偏置取消
G50	11	#	比例缩放取消
G51	11	#	比例缩放有效
G52	00		局部坐标系设定
G53	00		选择机床坐标系
G54	14		选择工件坐标系 1
G55	14		选择工件坐标系 2
G56	14		选择工件坐标系 3
G57	14		选择工件坐标系 4
G58	14		选择工件坐标系 5
G59	14		选择工件坐标系 6
G60	00/01		单方向定位
G61	15		准确停止方式
G62	15		自动拐角位率
G63	15		攻丝方式
G64	15		切削方式
G65	00		宏程序调用
G66	12		宏程序模态调用
G67	12		宏程序模态取消
G68	16	#	坐标系旋转调用
G69	16	#	坐标系旋转取消
G73	09	#	排屑钻孔循环
G74	09		左旋攻丝循环
G75	01		切入磨消循环（用于磨床）
G76	09		精镗循环
G77	01		切入直接固定尺寸磨消循环
G78	01		连续进刀表面磨消循环
G79	01		间隙进刀表面磨消循环
G80	09		固定循环注销
G81 ~ G89	09		固定循环
G90	03		绝对值
G91	03		增量值

续表

G 指令（1）	模态（2）	非模态（3）	功能（4）
G92	01		预置寄存
G93	01		时间倒数，进给率
G94	05		每分钟进给
G95	05		主轴每转进给
G96	13		恒线速度
G97	13		每分钟转数（主轴）
G98	10		固定循环返回到初给平面
G99	10		固定循环返回到 R 平面

注：①“#”如选作特殊用途，必须在程序中说明。

②如在直线切削控制中无刀具补偿，则 G43~G52 可指定作其他用途。

③表中第（2）栏带括号（d）可以被同栏中无插号的字母 d 注销或替代，也可被有括号（d）注销或替代。

④表中“不指定”的指令，用作将来新功能用，“永不指定”指令，说明即使将来修订标准，也不指定新的功能，这两类指令均可由数控设计者根据需要自行定义其功能。

3. 辅助功能字

辅助功能字也称 M 功能、M 指令或 M 代码。M 指令是控制机床在加工时做一些辅助动作的指令，如主轴的正反转、切削液的开关等。

我国制定了 JB/T 3208—1999 标准的规定，辅助功能字由地址 M 和其后的两位数字组成，共 100 种（M00~M99），如表 6-3 所示。

表 6-3 辅助功能 M 指令（JB/T 3028—1999）

M 指令（1）	功能开给时间		模态（4）	非模态（5）	功能（6）
	与程序段指令运动同时开给（2）	在程序段指令运动完成后开给（3）			
M00		*		*	程序停止
M01		*		*	计划停止（选择停止）
M02		*		*	程序停止
M03	*		*		主轴顺针时旋转
M04	*		*		主轴逆针时旋转
M05		*	*		主轴停止
M06		#		*	换刀
M07	*		*		2 号切削液开
M08	*		*		1 号切削液开
M09		*	*		切削液关
M10	#	#	*		第四轴锁紧

续表

M 指令（1）	功能开始时间		模态（4）	非模态（5）	功能（6）
	与程序段指令运动同时开始（2）	在程序段指令运动完成后开始（3）			
M11	#	#	*		第四轴松开
M12	#	#	#	#	不指定
M13	*		*		主轴顺针时旋转，切消液开
M14	*		*		主轴逆针时旋转，切消液开
M15	*			*	正运动
M16	*			*	负运动
M17～M18	#	#	#	#	不指定
M19		*	*		主轴定向停止
M21	#	#	#	#	*X* 轴镜向
M22	#	#	#	#	*Y* 轴镜向
M23	#	#	#	#	第四轴旋转镜像
M24	#	#	#	#	镜像取消
M30		*		*	程序结束并返回到开头
M31	#	#		*	互锁旁路
M32～M35	#	#	#	#	不指定
M35	*		#		进给范围 1
M36	*		#		进给范围 2
M37	*		#	*	主轴速度范围 1
M38	*		#		主轴速度范围 2
M40～M45	#	#	#	#	如有需要作齿轮换挡，此外不指定
M16～M47	#	#	#	#	不指定
M48		*	*		注消 M49
M49	*		#		进给率修正旁路
M50	*		#		3 号切削液开
M51	*		#		4 号切削液开
M52～M54	#	#	#	#	不指定
M55	*		#		刀具直线位移，位置 1
M56	*		#		刀具直线位移，位置 2
M57～M59	#	#	#	#	不指定
M60		*		*	更换工件
M61	*		*		工件直线位移，位置 1
M62	*		*		工件直线位移，位置 1

续表

M 指令（1）	功能开给时间		模态（4）	非模态（5）	功能（6）
	与程序段指令运动同时开给（2）	在程序段指令运动完成后开给（3）			
M63～M70	#	#	#	#	不指定
M71	*		*		工件角度位移，位置 1
M72	*		*		工件角度位移，位置 1
M73～M89	#	#	#	#	不指定
M98					调用子程序
M99					返回到主程序

注：“#”如选作特殊用途，必须在程序格式中说明。

4. 尺寸字

尺寸字常用来指令机床的刀具运动到达的坐标位置。常用的地址符有如下 3 组：

（1）第一组：X、Y、Z 和 U、V、W——用来指令到达点的直线绝对坐标和增量坐标。

（2）第二组：A、B、C——用来指令到达点的角度坐标。

（3）第三组：I、J、K、R——用来指令零件圆弧的圆心点坐标和圆弧半径。

5. 进给功能字

进给功能字又称为 F 功能和 F 指令，由地址 F 与其后的若干位数字组成，用来表示刀具的进给速度（或进给率），单位一般是 mm/min。

实际进给率可以通过 CNC 操作面板上的进给倍率旋钮，控制在 0%～120%范围内。

不同的数控系统中的 F 指令表示方法有所不同。通常用 F 后面的数值代表进给速度的实际值，有的是代表某种进给速度的代码。

6. 主轴转速功能字

主轴转速功能字又称 S 功能或 S 指令，由地址符 S 与其后的若干位数字组成，用来表示主轴转速或速度，单位一般为 r/min。例如，S600 表示主轴转速为 600r/min。

主轴的实际转速常用机床操作面板上的主轴转速倍率开关调整。倍率开关通常设有 50%、60%、70%、80%、90%、100%、110%、120%、200%等档位，编程时总是假定倍率开关指在 100%的位置。S 后面的数字有时代表实际转速值，有时表示某种转速的代码。

7. 刀具功能字

刀具功能字又称 T 功能或 T 指令，由地址符 T 与其后的 2 位数字组成。加工中心的刀具功能还包括换刀功能。

(四) 常用编程命令

1. 与坐标系有关的指令

1）绝对编程指令与增量编程指令——G90、G91

尺寸字指令的实质是坐标尺寸。它的指令含义分为绝对坐标尺寸和增量坐标尺寸。绝对坐标尺寸是指在指定的坐标系中，机床运动位置的坐标值是相对于原点给出；增量坐标尺寸是指机床运动位置的坐标值是相对于前一位置给出的。在加工程序中，绝对尺寸与增量尺寸有两种表达方法。第一类是用 G 指令作规定，一般用 G90 表示绝对尺寸，用 G91 表示增量尺寸，这是一对模态指令。这类表达方式有两个特点：一是绝对尺寸和增量尺寸在同一程序段中只能用一种，不能混用；第二，无论是绝对尺寸还是增量尺寸，在同一轴向的尺寸字的地址符要相同，如 *X* 向都用 *X*。第二类不用 G 指令作规定，而直接用地址符来区分绝对尺寸和增量尺寸。例如，*X*、*Y*、*Z* 向的绝对尺寸地址分别用 *X*、*Y*、*Z*，而增量尺寸地址分别用 *U*、*V*、*W*。这类表达式也有两个特点：一是不但在同一程序中，而且在同一程序段中，绝对尺寸和增量尺寸可以混用，这给编程带来很大的方便；二是两种尺寸指令属于哪一种一目了然，无须去看它前面是 G90 还是 G91，这样也可以减少错误发生。例如刀具由起始点 *A* 直线插补到目标点 *B*，如图 6-3 所示。

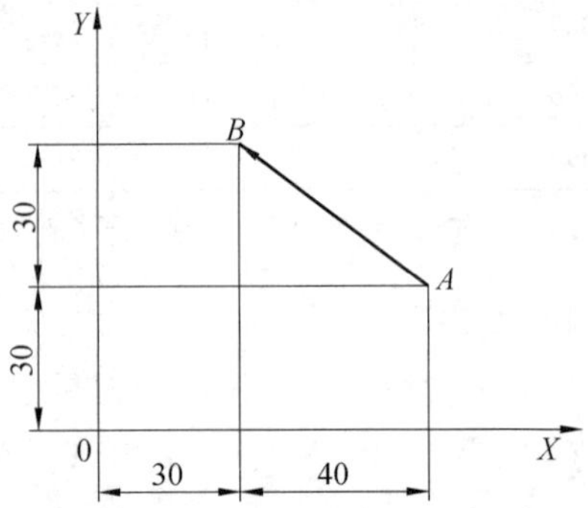

图 6-3　直线插补示意图

用 G90 编程：G90 G01 X30 Y60 F100；

用 G91 编程：G91 G01 X-40 Y30 F100；

在实际编程中，是选用 G90 还是用 G91，根据具体零件图纸表达确定，一方面考虑编程节点计算的方便性，另一方面也考虑零件图中尺寸表达的工艺性。如图 6-4 所示的图形尺寸是根据零件上某一设计基准给定的，这时可以选用 G90；如图 6-5 所示的尺寸则可选用 G91 编程，这样可避免在编程中计算各点坐标。

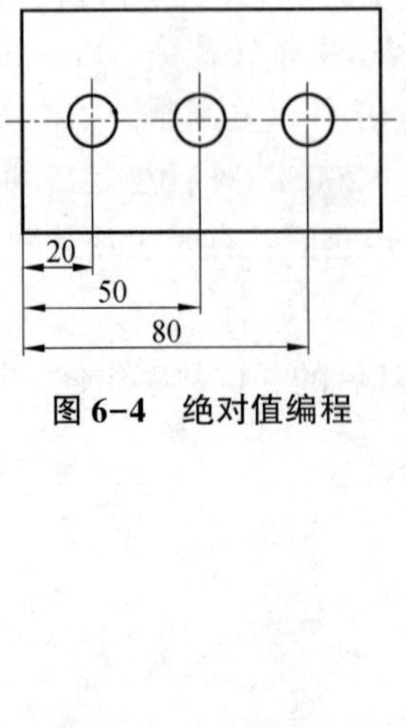

图 6-4　绝对值编程

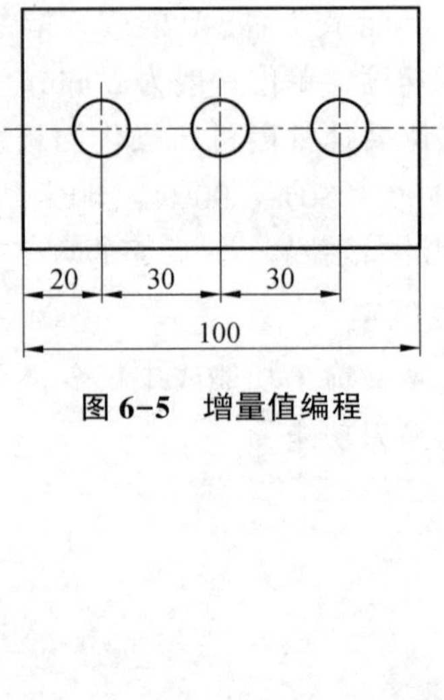

图 6-5　增量值编程

2）工件坐标系设定指令——G54～G59

可以用 G54～G59 指令在 6 个预置的坐标系中选择当前工件坐标系。指令与所选的坐标系的对应关系如下：

工件坐标系 1——G54

工件坐标系 2——G55

工件坐标系 3——G56

工件坐标系 4——G57

工件坐标系 5——G58

工件坐标系 6——G59

用户可以从 6 个工件坐标系指令中任意选择，通过该指令给出工件原点在机床坐标系中的位置。当工件装夹在机床上时求出偏移量，通过操作面板输入规定的数据区，并在程序中选择相应的 G54～G59 激活此值。也可在工作台上一次装夹多个工件，通过设定不同的工作原点，完成工件的加工。

2. 快速点定位指令 G00

用 G00 指定点定位，命令刀具以点位控制方式，从刀具所在的点以最快的速度移动到目标点。

程序格式：G00 X_Y_Z_

X_Y_Z_为目标点坐标

当用绝对指令时，X_Y_Z_为目标点在工件坐标系中的坐标；当用增量指令时，X_Y_Z_为目标点相对于起始点的增量坐标，不运动的坐标可以不写。如图 6-6 所示，现命令刀具从 *A* 点快速移动到 *B* 点。

其程序为：

G90 G00 X90 Y70;　　　（绝对尺寸指令）

G91 G00 X70 Y50;　　　（增量尺寸指令）

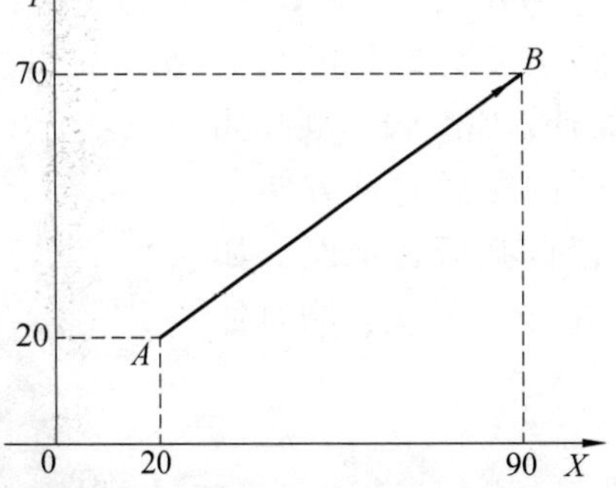

图 6-6　刀具从 *A* 点快速移动到 *B* 点

机床快速移动的速度不需要指定，而是由生产厂家确定的，并可在机床说明书中查到。

介于如此情况，作者可以从加工安全操作的角度建议初学者尽量避免在 G0 程序段中同时出现 *X*、*Y*、*Z* 三坐标，如图 6-7 所示，从 *A* 到 *B* 有 4 种方式，路径 *a* 是折线形式，路径 *b* 是直线形式，路径 *c* 由 *AD*、*DB* 组成，路径 *d* 由 *AC*、*CB* 组成。

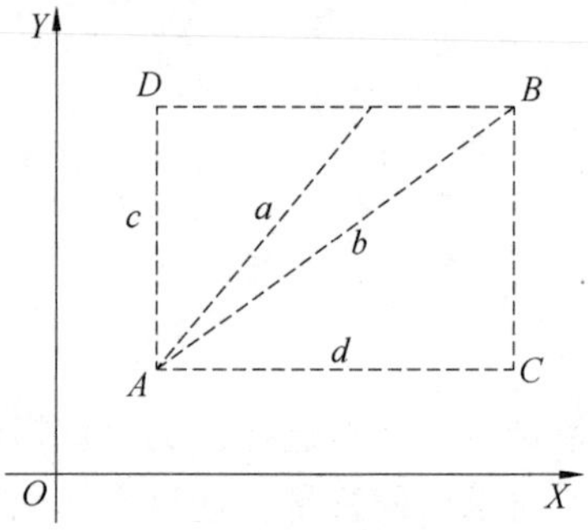

图 6-7　各种快速移动示意图

3. 直线插补指令 G01

用 G01 指定直线插补，其作用是指令两个坐标（或三个坐标）以联动的方式，按指定的进给速度 F，插补出任意斜率的平面（或空间）直线。

程序格式为：G01 X_Y_Z_F_

X_Y_Z_为目标点坐标，可以用绝对坐标，也可以用增量坐标。F_为刀具移动的速度。

刀具从起始点 *A* 沿 *AB* 切削，程序为：

用绝对尺寸指令编程：G90 G01 X90 Y70 F100;

用增量尺寸指令编程：G91 G01 X70 Y50 F100;

G01 和 F 都是续效指令，G01 程序中必须含有 F 指令，如无 F 指令则认为进给速度为零。

4. 圆弧插补指令

顺时针园弧 G02X_Y_R_或 G02X_Y_I_J_;

逆时针园弧 G03X_Y_R_或 G03X_Y_I_J_;

用 G02、G03 指定圆弧插补，G02 表示顺圆插补；G03 表示逆圆插补。圆弧的顺逆时针方向如图 6-8 所示，判断方法是：沿圆弧所在平面（如 *X*，*Y*）的另一坐标的负方向（-*Z*）看去，顺时针方向为 G02，逆时针方向为 G03。

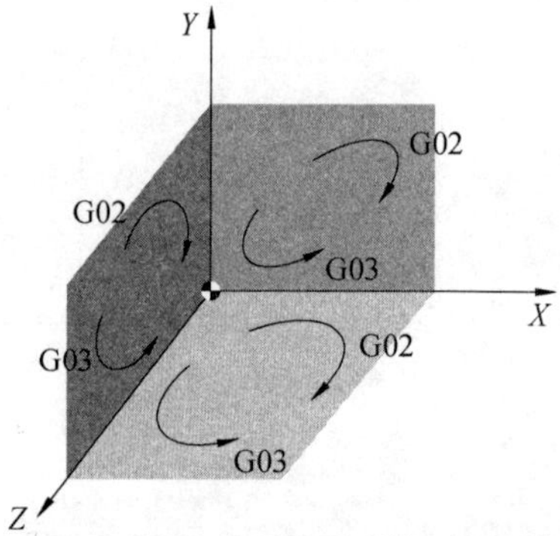

图 6-8　各坐标平面内的圆弧表示

程序格式为：

在 *X*-*Y* 平面内的圆弧

G17　G02/G03　X_Y_I_J_F_;

在 X-Z 平面内的圆弧

G18　G02/G03　X_Z_I_K_F_;

在 *Y*-*Z* 平面内的圆弧

G19　G02/G03_Y_Z_J_K_F_;

G17、G18、G19 为圆弧插补平面选择指令，以此确定被加工表面所在平面，G17 可以省略；*X*、*Y*、*Z* 为圆弧终点坐标值，可以用绝对坐标，也可以用增量坐标，由 G90 和 G91 决定。在增量方式下，圆弧终点坐标是相对于圆弧起点的增量值。***I***、***J***、***K*** 表示圆弧起点到圆心的矢量（矢量方向指向圆心），在 *X*、*Y*、*Z* 轴上的投影，与前面定义的 G90 或 G91 无关。F 规定了沿圆弧切向的进给速度。

注意：***I***、***J***、***K*** 为零时可以省略。

下面以图 6-9 为例，说明 G02、G03 的编程，设刀具从 *A* 开始沿 *A*、*B*、*C* 切削。

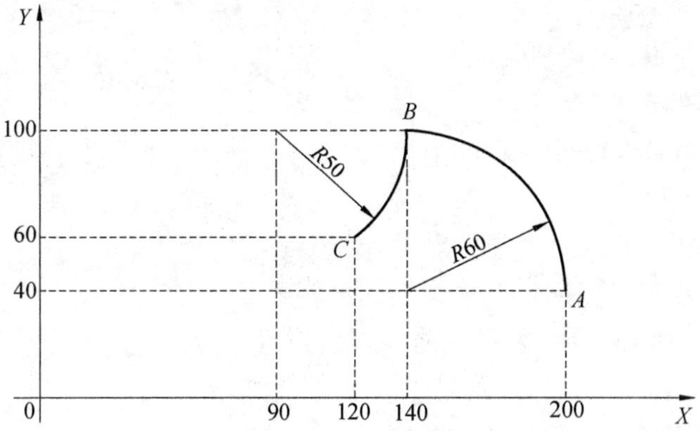

图 6-9　刀具从 *A* 点到 *C* 点

（1）用绝对值尺寸指令编程，编程的方法有两种：终点坐标+半径编程法；终点坐标+圆心相对于起点增量编程法。分别介绍如下：

①终点坐标+半径编程法。

G90 G03 X140 Y100 I-60 J0 F100;

G02 X120 Y60 I-50 J0;

②终点坐标+圆心相对于起点增量编程法。

G90G03X140Y100R60F100;

G02X120Y60R50;

（2）用增量尺寸指令编程，编程的方法也有两种：终点坐标+半径编程法；终点坐标+圆心相对于起点增量编程法。分别介绍如下：

①终点坐标+半径编程法。

G91 G03 X-60 Y60 I-60 J0 F100;

G02 X-20 Y-40 I-50 J0;

②终点坐标+圆心相对于起点增量编程法。

G91G03X-60Y60R60F100;

G02X-20Y-40R50;

如图 6-10 所示，刀具从 A 点出发顺时针圆弧插补一圈：

用绝对值尺寸指令编程：

G90 G02 X30 Y0 I-30 J0 F100;

用增量尺寸指令编程：

G91 G02 X0 Y0 I-30 J0 F100;

刀具从 B 点出发逆时针圆弧插补一圈：

用绝对值尺寸指令编程：

G90 G03 X0 Y-30 I0 J30 F100;

用增量尺寸指令编程：

G91 G03 X0 Y0 I0 J30 F100;

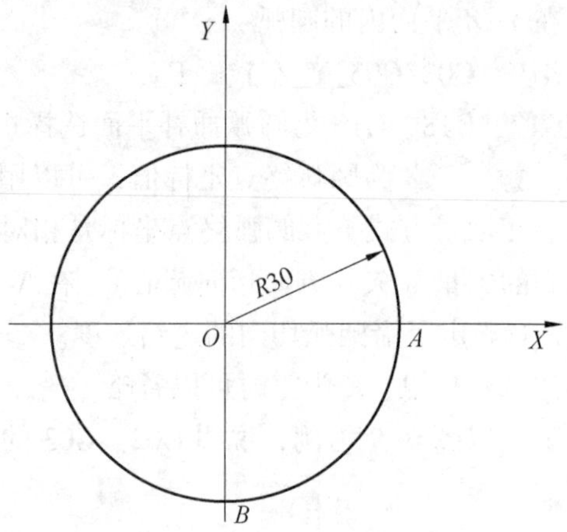

图 6-10　整圆编程

5. 暂停指令 G04

G04 指令可使刀具作短暂的无进给光整加工，一般用于镗平面、锪孔等场合。

程序格式为：

G04 X_或 G04 P_

地址码 X 或 P 为暂停时间，其中 X 后面可使用带小数点的数，单位为 s。如 G04 X5 表示在前一程序执行完后，要经过 5 s，后一段程序才执行。地址 P 后面不允许用小数点，单位为 ms，如 G04 P1000 表示暂停 1 s。

例如，如图 6-11 所示为锪孔加工，孔底有表面粗糙度要求。

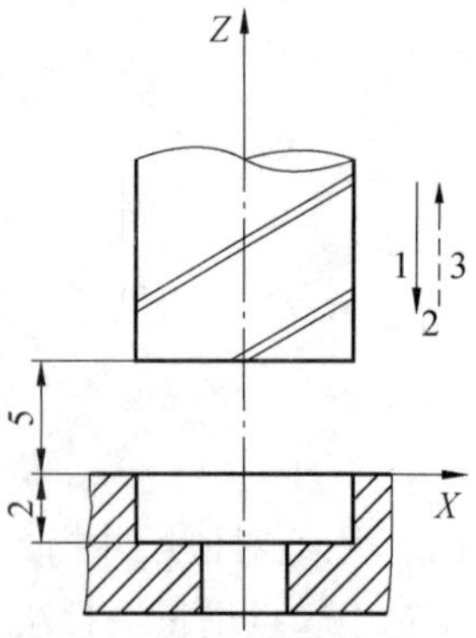

图 6-11　锪孔加工

程序如下：

G91 G01 Z-7 F60;

G04 X5;（刀具在孔底停留 5 s）

G00 Z7;

任务四　切削用量的确定

合理选择切削用量对于发挥数控机床的最佳效益有着至关重要的关系。

切削用量包括切削速度、进给速度、背吃刀量和侧吃刀量，背吃刀量和侧吃刀量在数控加工中通常称为切削深度和切削宽度。

选择切削用量的原则是：在粗加工时，一般以提高生产率为主，但也应考虑经济性和加工成本；在半精加工和精加工时，应在保证加工质量的前提下，兼顾切削效率、经济性和加工成本，具体数值应根据机床说明书、切削用量手册，并结合经验而定。

从刀具耐用度出发，铣削用量的选择方法为：首先选取切削深度或切削宽度，其次确定进给量，最后确定切削速度。

一、切削深度和切削宽度

在机床、工件和刀具刚度允许的情况下，增加切削深度，增加切削深度可以减少走刀次数从而提高生产效率。为了保证零件的加工精度和表面粗糙度，一般应留一定的余量进行精加工。

在编程中切削宽度称为步距，一般切削宽度与刀具直径成正比，与切削深度成反比。在粗加工中，步距取得大有利于提高加工效率。在使用平底刀进行切削时，切削宽度的一般取值范围为：（0.6~0.9）D。而使用圆角刀进行加工，刀具直径应扣除刀尖的圆角部分，即 $d=D-2r$（D 为刀具直径，r 为刀尖圆角半径），而切削宽度可以取（0.8~0.9）d。而在使用球头刀进行精加工时，步距的确定应首先考虑所能达到的精度和表面粗糙度。

二、切削深度的选择

切削深度的选择通常如下：

（1）在工件表面粗糙度值要求为 Ra12.5~25.0 μm 时，如果圆周铣削的加工余量小于 5 mm，端铣的加工余量小于 6 mm，粗铣一次进给就可以达到要求。在余量较大，工艺系统刚性较差或机床动力不足时，可分多次进给完成。

（2）在工件表面粗糙度值要求为 Ra 3.2~12.5 μm 时，可分粗铣和半精铣两步进行。粗铣时切削深度或切削宽度选取同前。粗铣后留 0.5~1.0 mm 余量，在半精铣时切除。

（3）在工件表面粗糙度值要求为 Ra 0.8~3.2 μm 时，可分粗铣、半精铣、精铣 3 步进行。半精铣时切削深度或切削宽度取 1.5~2.0 mm；精铣时圆周铣侧吃刀量取 0.3~0.5 mm，面铣刀背吃刀量取 0.5~1.0 mm。

三、进给量

进给量有进给速度 v、每转进给量 f 和每齿进给量 f_z 3 种表示方法。进给速度 v_f，是单位时间内工件与铣刀沿进给方向的相对位移，单位为 mm/min，在数控程序中的代码为 F。每转进给量 f 是铣刀每转一转，工件与铣刀的相对位移，单位为 mm/r。每齿进给量 f_z 是铣刀每转过一齿时，工件与铣刀的相对位移，单位为 mm/齿。

3 种进给量的关系为

$$f_z(\text{每齿进给量}) = f(\text{进给量})/n(\text{主轴转速})/z(\text{齿数})$$

式中铣刀转速为 n，铣刀齿数为 z。

每齿进给量 f_z 的选取主要取决于工件材料的力学性能、刀具材料、工件表面粗糙度等因素。工件材料的强度和硬度越高，f_z 越小；反之则越大。硬质合金铣刀的每齿进给量高于同类高速钢铣刀。工件表面粗糙度要求越高，f_z 就越小。每齿进给量的确定可参考表 6-4 选取。

攻丝时，进给速度的选择取决于螺孔的螺距 P（单位：mm），由于使用了有浮动功能的攻丝夹头。一般攻丝时，进给速度小于计算数值：

$$v_f \leqslant P \times n$$

表 6-4　铣刀每齿的进给量 f_z　（单位：mm/齿）

工件材料＼铣刀	平铣刀	面铣刀	圆柱铣刀	端铣刀	成形铣刀	高速钢镶刀铣刀	硬质合金镶刀铣刀
铸铁	0.2	0.2	0.07	0.05	0.04	0.3	0.1
可锻铸铁	0.2	0.15	0.07	0.05	0.04	0.3	0.09
低碳钢	0.2	0.12	0.07	0.05	0.04	0.3	0.09
中、高碳钢	0.15	0.15	0.06	0.04	0.03	0.2	0.08
铸钢	0.15	0.1	0.07	0.05	0.04	0.2	0.08
镍铬钢	0.1	0.1	0.05	0.02	0.02	0.15	0.06
高镍铬钢	0.1	0.1	0.04	0.05	0.02	0.1	0.05
黄铜	0.2	0.2	0.07	0.05	0.04	0.03	021
青铜	0.15	0.15	0.07	0.05	0.04	0.03	0.1
铝	0.1	0.1	0.07	0.05	0.04	0.02	0.1
Al-Si 合金	0.1	0.1	0.07	0.05	0.04	0.18	0.1
Mg-Al-Zn 合金	0.1	0.1	0.07	0.04	0.03	0.15	0.08
Al-Cu-Mg 合金	0.1	0.1	0.07	0.05	0.04	0.02	0.1
Al-Cu-Si 合金							—

四、切削速度 V_c

影响切削速度的因素很多，其中最主要的是刀具材质，参见表 6-5。

表 6-5　刀具材料与许用最高切削速度表

序号	刀具材料	类别	化学成份	最高切削速度/(m·min⁻¹)
1	碳素高速钢	—	Fc	
2	高速钢	钨系 铝系	18W+4Cr+1V+（Co） 7W+5Mo+4Cr+1V	50
3	硬质合金	P 种（钢用） M 种（铸钢用） K 种（铸铁用）	WC+Co+TiC+（TaC） WC+Co+TiC+（TaC） WC+Co	150
4	涂镀刀具（COATING）	TicN+NbC 系 NbC 系 TiN 系	超硬母材料镀 Ti TiNi103 A203	250
5	陶金（CERMET）	—	TicN+NbC+CO NbC+Tic+CO TiN+TiC+CO	300

续表

序号	刀具材料	类别	化学成份	最高切削速度/$(m \cdot min^{-1})$
6	陶瓷（CERAMIC）	酸化物系 氮化硅素系 混合系	Al_2O_3 $Al_2O_3+ZrO_2$ Si_3N_4 Al_2O_3+Tic	1000
7	CBN 工具	氮化硼	高温高压下烧结（BN）	1000
8	金刚石工具	非金属	钻石（多结晶）	1000

如表 6-6 至表 6-11 所示为数控机床和加工中心常用的切削用量表，供参考。

表 6-6　铣刀切削速度　（单位 mm/min）

工件材料	铣刀材料					
	碳素钢	高速钢	超高速钢	合金钢	碳化钛	碳化钨
铝合金	75~100	180~300	—	240~460		300~600
镁合金	—	180~270	—	—	—	150~600
黄铜（软）	12~25	20~25	—	45~75	—	120~190
青铜	10~20	20~40		30~50	—	60~130
青铜（硬）	—	10~15	15~20	—	—	40~60
铸铁（软）	10~12	15~20	18~25	28~0	—	75~100
铸铁（硬）	—	10~15	10~20	18~28	—	45~60
（冷）铸铁	—	—	10~15	12~18	—	30~60
可锻铸铁	10~15	20~30	25~40	30~35	—	75~100
钢（低碳）	10~14	18~28	20~30	—	45~70	—
钢（中碳）	10~15	15~25	18~28	—	40~60	—
钢（高碳）	—	180~300	12~20	—	30~45	—
合金钢	—	—	—	—	35~80	—
合金钢（硬）	—	—	—	—	30~60	—
高速钢	—	—	—	—	45~70	—

表 6-7　镗孔切削用量　（单位：切削速度 mm/min，进给量 mm/r）

工序	工件材料	铸铁		铜		铝及合金	
	刀具材料	切削速度	进给量	切削速度	进给量	切削速度	进给量
粗镗	高速钢	20~25	—	15~30	—	100~150	0.5~1.5
	硬质合金	30~38	0~1.5	50~70	0.35	100~250	—
半精镗	高速钢	20~35	0.15~0.45	15~50	—	100~200	0.2~0.5
	硬质合金	50~70	—	92~130	0.15~0.45	—	—

续表

工序	工件材料	铸铁		铜		铝及合金	
	刀具材料	切削速度	进给量	切削速度	进给量	切削速度	进给量
精镗	高速钢	—	D1 级 0.08	—	—	—	—
	硬质合金	70~90	D1 级 0.12~0.15	100~130	0.15~0.2	150~400	0.06~0.1

表 6-8 攻螺纹切削速度 （单位 mm/min）

工件材料	铸铁	铜及其合金	铝及其合金
切削速度 *V*	2.5~5	1.5~5	5~15

表 6-9 金属材料用高速钢钻孔的切削用量 （单位：切削速度 mm/min，进给量 mm/r）

工件材料	牌号或硬度	切削用量	直头直径			
			1~6	6~12	12~22	22~50
铸铁	HB160~200	切削速度	16~24			
		走刀量	0.07~0.12	0.12~0.2	0.2~0.4	0.4~0.8
	HB200~240	切削速度	10~18			
		走刀量	0.05~0.1	0.1~0.18	0.18~0.25	0.25~0.4
	HB300~400	切削速度	5~12			
		走刀量	0.03~0.08	0.08~0.15	0.15~0.2	0.2~0.3
钢	35、45	切削速度	8~25			
		走刀量	0.05~0.1	0.1~0.2	0.2~0.3	0.3~0.45
	15Cr、20Cr	切削速度	12~30			
		走刀量	0.05~0.1	0.1~0.2	0.2~0.3	0.3~0.45
	合金钢	切削速度	8~18			
		走刀量	0.03~0.08	0.08~0.15	0.15~0.25	0.25~0.35

表 6-10 有色金属用高速钢钻孔的切削用量 （单位：切削速度 mm/min，进给量 mm/r）

工件材料	牌号或硬度	切削用量	钻头直径		
			3~8	8~25	25~50
铝	纯铝	切削速度	20~50		
		走刀量	0.03~0.2	0.06~0.5	0.15~0.8
	铝合金 （长切削）	切削速度	20~50		
		走刀量	0.05~0.25	0.1~0.6	0.2~1.0
	铝合金 （短切削）	切削速度	20~25		
		走刀量	0.03~0.1	0.05~0.15	0.08~0.36

续表

工件材料	牌号或硬度	切削用量	钻头直径		
			3~8	8~25	25~50
铜	黄铜、青铜	切削速度	60~90		
		走刀量	0.06~0.15	0.15~0.3	02.3~0.75
铜	硬表铜	切削速度	25~45		
		走刀量	0.05~0.15	0.12~0.25	0.25~0.5

表 6-11　螺纹标准螺距表

公称直径	牙距/mm		公称直径	直径尺寸		牙距=每英寸牙数	
毫米	粗牙	细牙	号<1/4″	英寸 in	毫米/mm	粗牙 UNC	细牙 UNF
M1	0.25	0.2	0#	0.006	1.524	-	80
M1.2	0.25	0.2	1#	0.073	1.854	64	72
M1.6	0.35	0.2	2#	0.086	2.184	56	64
M2	0.4	0.25	3#	0.099	2.515	48	56
M2.5	0.45	0.35	4#	0.112	2.845	40	48
M3	0.5	0.35	5#	0.125	3.175	40	44
M4	0.7	0.5	6#	0.138	3.505	32	40
M5	0.8	0.5	8#	0.164	4.166	32	36
M6	1	0.75	10#	0.19	4.826	24	32
M8	1.25	1	12#	0.216	5.486	24	28
M10	1.5	1.25	1/4″	0.25	6.350	20	28
M12	1.75	1.25	5/16″	0.3125	7.938	18	24
M14	2	1.5	38/″	0.375	9.525	16	24
M16	2	1.5	7/16″	0.4375	11.113	14	20
M18	2.5	1.5	1/2″	0.5	12.7	13	20
M20	2.5	1.5	9/16″	0.5625	14.288	12	18
M22	2.5	1.5	5/8″	0.625	15.875	11	18
M24	3	2	3/4″	0.75	19.050	10	16
M27	3	2	7/8″	0.875	22.225	9	14
M30	3.5	2	1″	1	25.4	8	12
(M33)	3.5	2	1-1/8″	1.125	28.575	7	12

五、主轴转速 *n*

主轴转速一般根据切削速度 V_c 来选定。计算公式为：

$$n = \frac{1000 \times V_c}{\pi \times d}$$

式中，d 为刀具或工件直径（mm）。

对于球头立铣刀的计算直径 D，一般要小于铣刀直径 D，故其实际转速不应按铣刀直径 D 计算，而应按计算直径 D_e 计算：

$$D_e = \sqrt{D^2 - (D - D \times \alpha_p)^2}$$

α_p 为切削深度，而

$$n = \frac{1000 \times V_c}{\pi \times D_e}$$

数控机床的控制面板上一般备有主轴转速修调（倍率）开关和进给速度修调（倍率）开关，可在加工过程中对主轴转速和加工速度进行调整。

任务五　简单零件的程序编制

零件图如图 6-12 所示，程序如下：

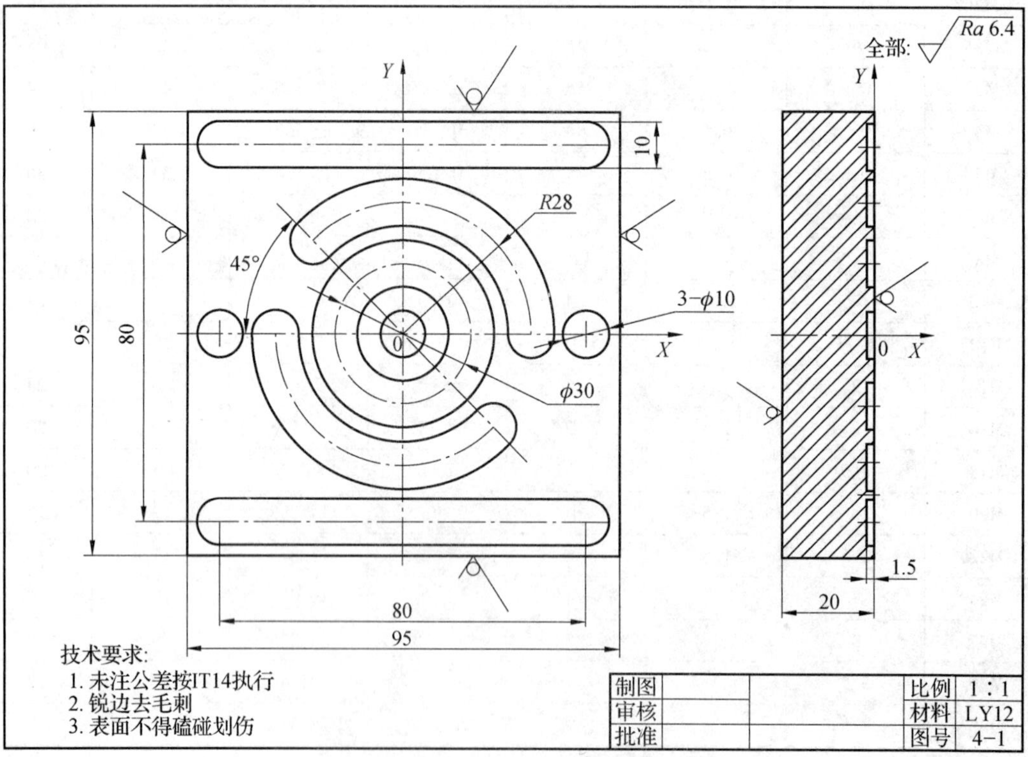

图 6-12　零件图

```
%
O0001                                   ;程序号
N1 G40G80G49G69;                        ;取消相关指令
```

```
N2 G90G0G54X0Y100Z30;                 ;建立坐标
N3 M03S1200;                          ;主轴开启
N4 X-40Y40;                           ;快速移动到下刀点
N5 Z5;                                ;距工件表面 5mm
N6 G01Z-1F100;                        ;Z 轴进刀
N7 X40F250;                           ;X 轴直线插补
N8 G0Z5;                              ;Z 轴快速退刀
N9 Y-40;                              ;Y 轴快速移动
N10 G01Z-1F100;                       ;Z 轴进刀
N11 X-40F250;                         ;X 轴直线插补
N12 G0Z5;                             ;Z 轴快速退刀
N13 X-28Y0;                           ;X、Y 二轴同时快速移动
N14G01Z-1F100;                        ;Z 轴进刀
N15 G03X19.799Y-19.799R28F250;        ;逆圆弧插补
N16 G0Z5;                             ;Z 轴快速退刀
N17 X28Y0;                            ;X、Y 二轴同时快速移动
N18 G01Z-1F100;                       ;Z 轴进刀
N20 G03X-19.799Y19.799R28F250;        ;逆圆弧插补
N21 G0Z5;                             ;Z 轴快速退刀
N22 X0Y15;                            ;X、Y 二轴同时快速移动
N23 G01Z-1F100;                       ;Z 轴进刀
N24 G03I0J-15F200;                    ;逆圆弧插补
N25 G0Z5;                             ;Z 轴快速退刀
N26 X-40Y0;                           ;X、Y 二轴同时快速移动
N27 G01Z-1F100;                       ;Z 轴进刀
N28 G0Z5;                             ;Z 轴快速退刀
N29 X0;                               ;X 快速移动
N30 G01Z-1;                           ;Z 轴进刀
N31G0Z5;                              ;Z 轴快速退刀
N32 X40;                              ;X 快速移动
N33 G01Z-1;                           ;Z 轴进刀
N34 G0Z30;                            ;Z 轴快速退刀
N35 M05;                              ;关闭主轴
N36 X0Y100                            ;快速回起始点
N37M30;                               ;程序停止
%
```

如图 6-13 所示为程序调试后的刀轨图。

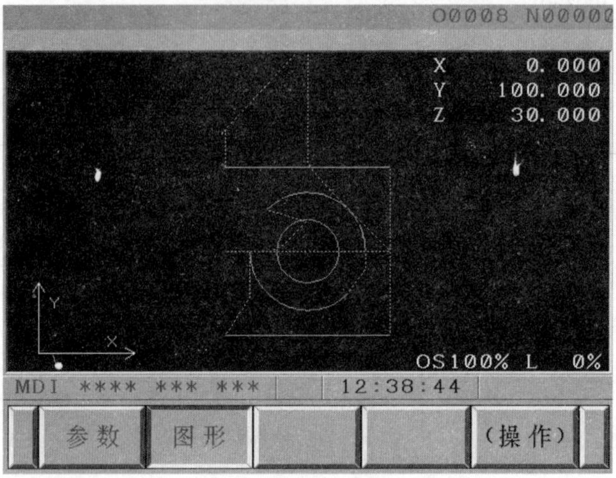

图 6-13 仿真效果图

任务六 实践编程、调试与操作

零件图如图 6-14 所示。

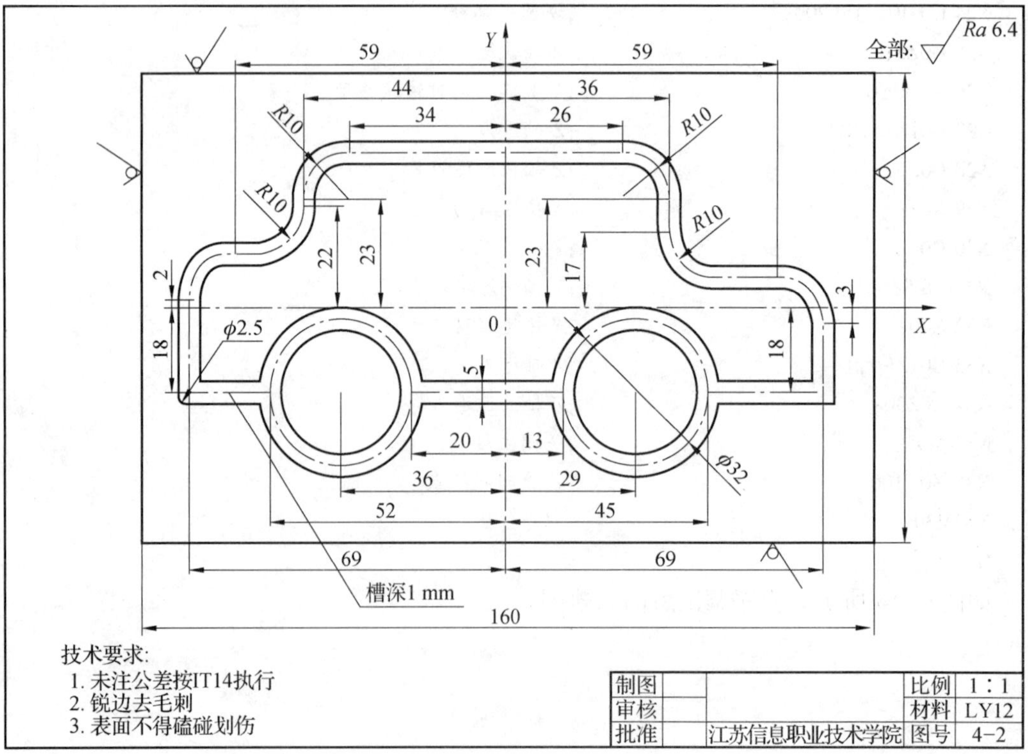

图 6-14 零件图

一、工艺分析

(1) 图面分析。

仔细查看各部位的尺寸，尺寸标注是否完整，有无精度要求。

(2) 结构分析：该零件为槽类零件。

(3) 表面粗糙度：全部 *Ra* 6.4。

二、制定工艺方案

(一) 机床的选择

采用南通机床厂的 VM800FANUC 系统的数控铣床。

(二) 夹具的选择

由于属块类零件，故采用平钳装夹。

(三) 刀具的选择

根据图纸，加工内容为宽度 5 mm 的槽，故采用 ϕ5 键槽铣刀。

(四) 工量具选择

量程为 150 mm，精度为 0.02 mm 游标卡尺。

(五) 切削用量

切削参数是根据刀具材料、被加工材料及加工深度来确定，由于本次加工是第一次，且加工深度为 1 mm，故切削参数加工工艺卡如表 6-12 所示，装夹如图 6-15 所示。

表 6-12　数控加工工艺卡

<table>
<tr><td colspan="2">产品名称</td><td colspan="2">零件名称</td><td>产品图号</td><td colspan="3">使用设备</td><td>夹具名称</td><td colspan="4">车间</td></tr>
<tr><td colspan="2">实训科目 1</td><td colspan="2">汽车模型</td><td>4-2</td><td colspan="3">FANUC-0i-MC</td><td>平口钳</td><td colspan="4">数控实训车间</td></tr>
<tr><td colspan="2">材料牌号</td><td rowspan="2">毛坯</td><td>种类</td><td>板材</td><td colspan="3">刀具</td><td colspan="4">切削用量</td><td rowspan="3">备注</td></tr>
<tr><td colspan="2">LY12</td><td>规格</td><td>160×100×30</td><td rowspan="2">刀具号</td><td rowspan="2">刀具名称</td><td rowspan="2">刀补号</td><td rowspan="2">主轴转速 /(r · min^{-1})</td><td colspan="2">进给速度 V_t /(mm · min^{-1})</td><td rowspan="2">背切刀量</td></tr>
<tr><td>序号</td><td>工序名称</td><td>工步号</td><td colspan="2">工序工步内容</td><td>X、Y</td><td>Z</td></tr>
<tr><td>1</td><td>备料</td><td></td><td colspan="2">备料 160×100×30</td><td></td><td></td><td></td><td></td><td></td><td></td><td></td><td></td></tr>
<tr><td>2</td><td>数铣</td><td>1</td><td colspan="2">图示所有槽</td><td>T1</td><td>键铣刀</td><td>/</td><td>1200</td><td>300</td><td>100</td><td>1</td><td></td></tr>
<tr><td></td><td></td><td>2</td><td colspan="2"></td><td></td><td></td><td></td><td></td><td></td><td></td><td></td><td></td></tr>
<tr><td></td><td></td><td>3</td><td colspan="2"></td><td></td><td></td><td></td><td></td><td></td><td></td><td></td><td></td></tr>
<tr><td></td><td></td><td></td><td colspan="2"></td><td></td><td></td><td></td><td></td><td></td><td></td><td></td><td></td></tr>
<tr><td>3</td><td>检验</td><td></td><td colspan="2"></td><td></td><td></td><td></td><td></td><td></td><td></td><td></td><td></td></tr>
<tr><td colspan="3">拟　定</td><td colspan="2"></td><td colspan="2">审　核</td><td colspan="2"></td><td colspan="2">批　准</td><td colspan="2"></td></tr>
</table>

图 6-15　零件装夹示意图

编程举例示范（下刀点为 A 点）：

```
%
O0001                        ;程序号
N1 G40G80G49G69;             ;取消相关指令
N2 G90G0G54X0Y100Z30;        ;建立坐标系
N3 M03S1200;                 ;设定主轴转速
N4 X-52Y-15;                 ;快速移动到下刀点
N5 Z5;                       ;距离工件表面 5 mm
N6 G01Z-1F100;               ;下刀深度 1 mm 下刀速度每分钟 100 mm
N7 X-69F300;                 ;直线插补,走刀速度每分钟 300 mm
N8 Y2;                       ;Y 轴直线插补
N9 G02X-59Y12R10;            ;顺圆插补
N10 G01X-54;                 ;X 轴直线插补
N11 G03X-44Y22R10;           ;逆圆插补
N12 G01Y23;                  ;轴直线插补
N13 G02X-34Y33R10;           ;顺圆插补
N14 G01X26;                  ;X 轴直线插补
N15 G02X36Y23R10;            ;顺圆插补
N16 G01Y17;                  ;Y 轴直线插补
N17 G03X46Y7R10;             ;逆圆插补
N18 G01X59;                  ;X 轴直线插补
N19 G02X69Y-3R10;            ;顺圆插补
N20 G0Y-18;                  ;Y 轴直线插补
N21 X45;                     ;X 轴直线插补
N22 G02I-16J0;               ;顺圆插补,加工整圆
N23 G0Z5;                    ;Z 轴快速移动,离开工件表面 5 mm
N24 X13;                     ;快速移动到下一个下刀点
N25 G01Z-1F100;              ;下刀速度每分钟 100 mm
```

```
N26 G01X-20F300;                  ;直线插补,走刀速度每分钟 300 mm
N27 G03I-16J0;                    ;顺圆插补,加工整圆
N28 G0Z30;                        ;Z 轴快速移动,离开工件表面 30 mm
N29 M05;                          ;关闭主轴
N30 X0Y100;                       ;刀具回到起给点
N31 M30;                          ;程序结束
%
```

任务七　零件加工操作流程

一、程序模拟

（1）开机、回参考点；

（2）X、Y、Z 三轴移动到中间位置；

（3）输入程序；

（4）光标移至程序开头；

（5）“自动方式”→按下〈机床锁定〉、〈单段〉、〈空运行〉；

（6）<CSTM/GR>→［参数］→P=0：X、Y 轴；P=4：XYZ 轴→［图形］；

（7）程序启动；按一下运行一段程序，同时检查图形对错；

（8）调试结束后取消〈空运行〉、〈机床锁定〉→回零。

二、程序自动运行操作

（1）检查：<空运行>是否取消；<机床锁住>是否取消。

（2）回原点。

（3）对刀→检查对刀→刀具移至安全位置。

（4）<OFSET>→［坐标系］：EXT 坐标系 Z 方向输入“5”；具体操作后如图 6-16 所示。

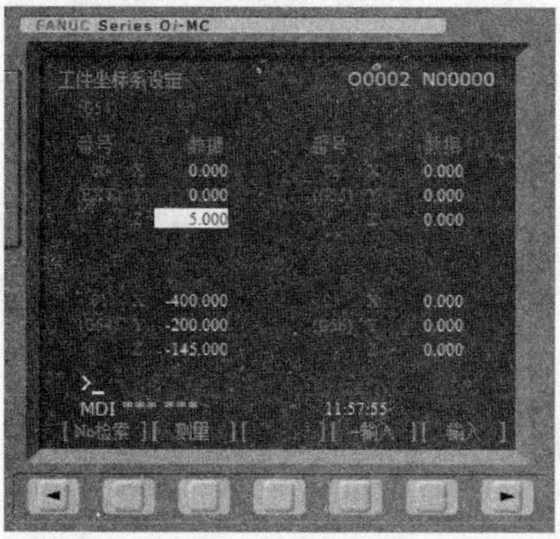

图 6-16　EXT 坐标输入数据

（5）编辑状态下打开程序，按“RESET”键使光标移至程序开头。

（6）“自动方式”→<PROG>→［检测］。

（7）<单段>激活—检查：<空运行>是否取消、快速倍率 F25、进给倍率 100%、主轴倍率 100%，如图 6-17 所示。

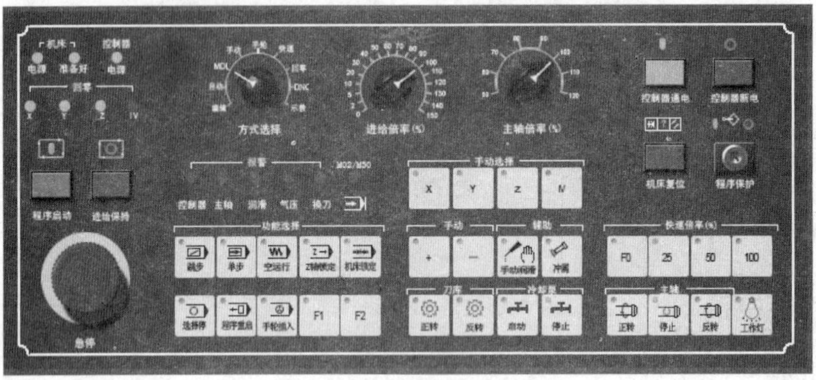

图 6-17　操作面板

（8）程序启动：（左手放在急停上），眼睛盯住刀具，运行全部结束，未出现报警及异常，检查 *Z* 方向应抬刀处是否抬刀。

当程序检查结束后，查看图形显示功能区，图形显示的程序轨迹跟图形相同时，EXT 坐标系 *Z* 方向改成“0”，进行加工。如图 6-18 所示为程序调试后的刀轨。

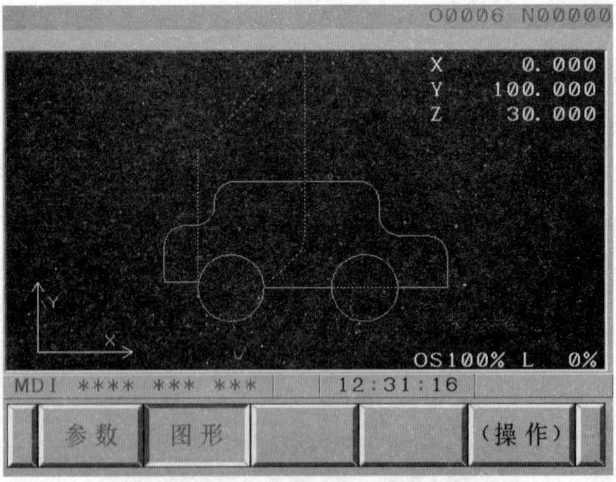

图 6-18　加工仿真效果图

思考与练习

一、选择题

1. 可用作直线插补的准备功能是（　　）。

A. G01　　B. G03　　C. G02　　D. G04

2. 某数控铣床加工的起始点坐标为（0.0，0.0），接着分别是（0.0，8.0），（8.0，8.0），（8.0，8.0），（0.0，0.0），则加工的零件形状是（　　）。

A. 边长为 8 的平行四边形

C. 边长为 16 的正方形

B. 边长为 8 的正方形

D. 边长为 16 的平行四边形

3. 手工编程的常用计算方法有：（　　）、平面解析几何计算法。

A. 作图计算法　　B. 代数计算法

C. 平面几何计算法　　D. 三角函数计算法

4. 辅助功能 M 可分为两类：控制机床动作和控制程序执行。下列各项 M 指令中，控制机床动作的是（　　）。

A. M00　　B. M01　　C. M02　　D. M03

5. 半径补偿 G41/G42 指令的建立可以与下列（）指令在同一个程序段。

A. G02/G03　　B. G00/G01　　C. G01/G02　　D. G00/G01/G02/G03

6. MDI 方式是指（　　）。

A. 执行手动的功能

B. 执行一个加工程序段

C. 执行某一 G 功能

D. 执行经操作面板输入的一段指令

二、判断题

1. 采用顺铣加工工件，切削深度较小时易产生冷硬层。（　　）

2. 增大刀具前角 γ_0 能使切削力减小，产生的热量少，可提高刀具寿命。（　　）

3. 在高速切削加工范围，随着切削速度的提高，切削力减少。（　　）

4. 一批工件在夹具中的位置不一致，使加工后各工件的加工尺寸存在误差，这种误差称为安装误差。（　　）

5. 数拉机床中 MDI 是机床诊断智能化的英文缩写。（　　）

6. 当数控机床的手动脉冲发生器的选择开关位置在 X10 时，手轮的进给单位是 0.01 mm/格。（　　）

三、编程题

完成如图 6-19 所示零件的编程。

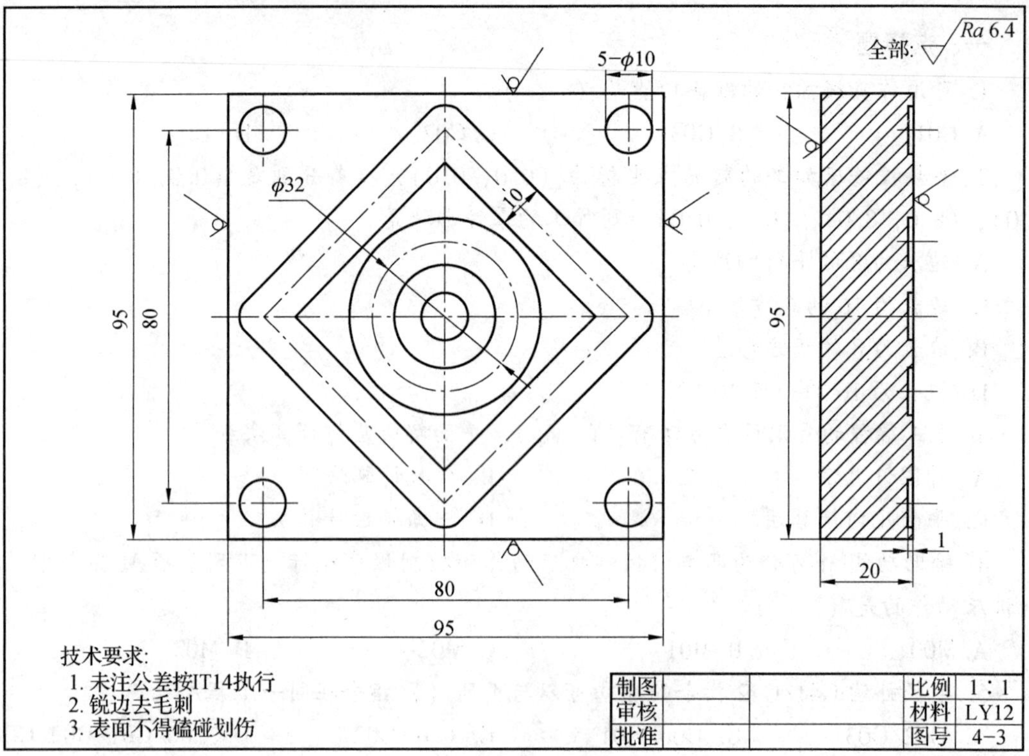

图 6-19　零件图

项目七 刀具半径补偿指令

学习目标

知识目标

(1) 读懂图纸，理解公差概念。

(2) 理解数控铣床上一般采用顺铣的原因。

(3) 根据公差值，学会计算。

(4) 了解常用刀具。

能力目标

(1) 熟悉刀具半径补偿的基本原理。

(2) 掌握刀具半径补偿指令的格式及用法。

(3) 分清顺铣与逆铣、顺时圆弧与逆时针圆弧、左补与右补的关系。

(4) FANUC 刀补运用的规则。

(5) 调试程序中的问题解决方法。

任务一 刀具补偿原理

一、刀具半径补偿的基本概念与原理

走刀路线是刀具刀位点相对于被加工工件的运动轨迹，在数控机床上进行件轮廓的铣，削加工时，由于刀具半径的存在，程序所控制的刀具刀位点的轨迹和实际刀具切削刃口切削出的形状并不重合，它们在尺寸大小上存在一个刀具半径的差别。

为了确保铣削加工出的轮廓符合要求，就必须在图纸要求轮廓的基础上，整个周边向外或向内预先偏离一个刀具半径值，作出一个刀具刀位点的行走轨迹，求出新的节点坐标，然后按这个新的轨迹进行编程，如图 7-1 (a) 所示，这就是人工预刀补编程。这种人工预先按所用刀具半径大小求算实际刀具刀位点轨迹的编程方法，虽然能够得到要求的轮廓，但很难直接按图纸提供的尺寸进行编程，计算繁杂且计算量大，并且必须预先确定

刀具直径大小；当更换刀具或刀具磨损后又需重新编程，使用起来极不方便。

如果使用刀具半径补偿的功能，可直接按零件图纸上的轮廓轨迹进行编程，在整个程序中，只要在编轮廓前预加刀具偏置指令及一定刀补偏置距离，在轮廓结束后再给定一定距离加上刀补取消指令，如图 7-1（b）所示。这样无论刀具半径大小如何变换，刀位点定在何处，加工时都只需要使用同一个程序或稍作修改，按照实际刀具使用情况将当前刀具半径值输入需刀具数据库即可。在加工运行时，控制系统将根据程序中的刀补指令自动进行相应的刀具偏置，确保刀具刃口切削出符合要求的轮廓。利用这种机床自动刀补的方法，可大大简化计算及编程工作，并且还可以利用同一个程序、同一把刀具，通过设置不同大小的刀具补偿半径值而逐步减少切削余量的方法来达到粗、精加工的目的，如图 7-2 所示。

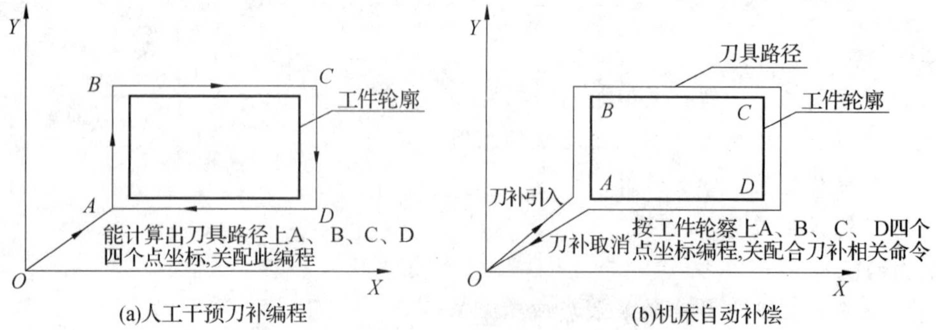

图 7-1　人工干预刀补与机床自动刀补

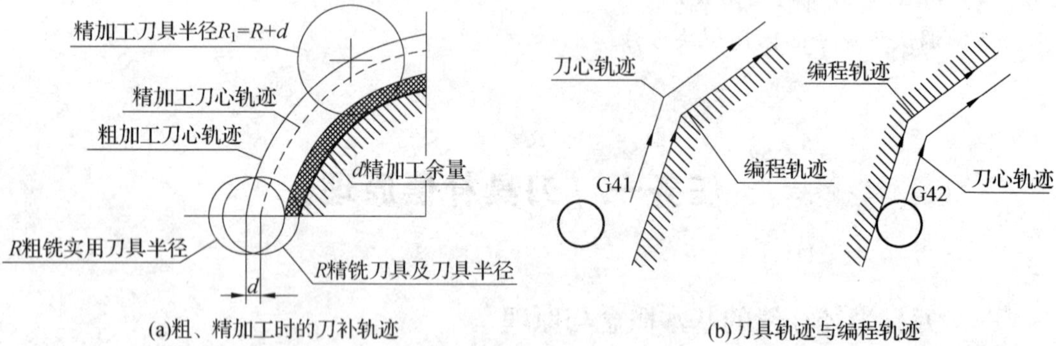

图 7-2　数控铣床刀具半径补偿功能

二、刀具补偿号 D

在使用刀具半径补偿指令时，需在控制面板上用 CRT/MDI 方式人工输入刀具半径值，每把刀可以匹配 1~9 个不同补偿的数据组。用 D 及其相应的序号可以编制一个专门的切削刃，如图 7-3 所示。

在编程中要指定该刀具使用的刀具补偿号，如果没有编写 D 指令，则 D1 自动生效；

如果编写 D0，则刀具补偿值无效。

编程：

D_　　；刀具补偿号：1~9（根据有几个加工轮廓，设置几个刀补号）

D0　　；补偿值无效

三、刀具半径补偿过程及指令

刀具补偿号举例如图 7-3 所示。

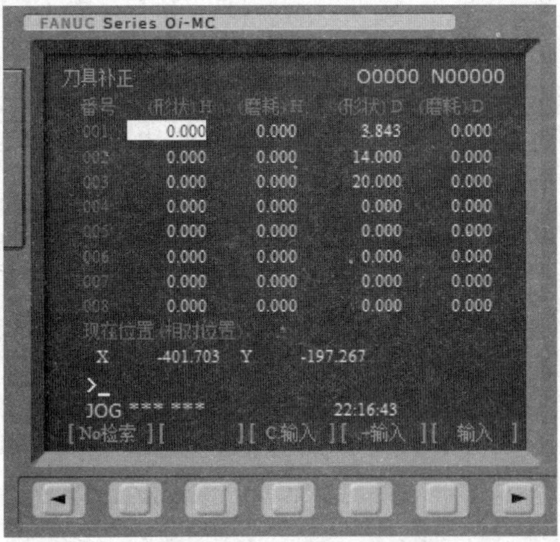

图 7-3　刀号与半径补偿号

刀具半径补偿的过程分为以下 3 步：

（一）建立刀补

建立刀补就是在刀具从起点接近工件时，刀具中心从与编程轨迹重合过渡到与编程轨迹偏离一个刀具补偿量的过程。如图 7-4 所示为加工直线和圆弧建立刀补过程示意图，图中 *AB* 段为建立刀补段，*A* 为刀具在建立刀补前最后一个程序段的终点（建立刀补的起始点）。

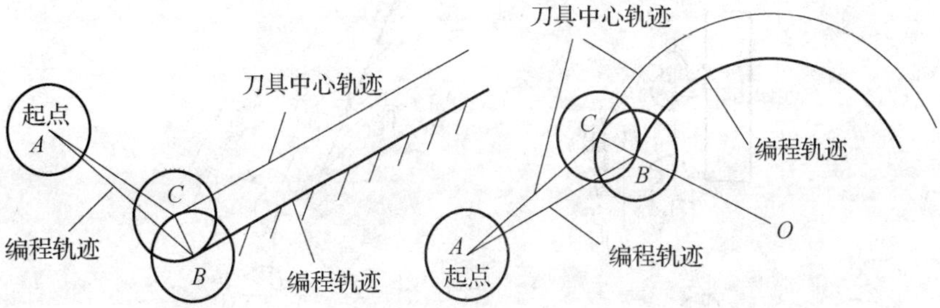

图 7-4　刀补形成过程

若不采用刀补，编程轨迹为从 A 点到 B 点，刀具中心轨迹为从 A 点到 B 点，刀具中心与工件轮廓轨迹重合；若采用刀补，编程轨迹为从 A 点到 B 点，刀具中心轨迹为从 A 点到 C 点，刀具中心与工件轮廓轨迹不重合，而是偏离一个补偿量，偏离方向由补偿指令及后续轮廓走向决定。在图 7-4（b）中，A 为起点，AC 为建立刀补后的刀具中心运动轨迹，用 G01 或 G00 编程，BC 为补偿量。

编程指令及格式：

G17 G41 G00/G01 X_　Y_　D_　；刀具半径左补偿（左偏刀）

G17 G42 G00/G01 X_　Y_　D_　；刀具半径右补偿（右偏刀）

说明：

（1）刀具半径补偿可以在不同插补平面 G17～G19 中使用，但一般刀具轴线方向为 Z 轴方向，而刀具半径方向为 XY 平面，所以编程指令格式及实例以 G17 平面为主，如需在其他平面内进行补偿，请查阅相关资料或说明。

（2）刀补方向 G41、G42 的确定。如图 7-5（a）与（b）所示，假设工件不动，沿刀具前进方向看，当刀具中心偏置在工件轮廓的左侧时，用刀具半径左补偿指令 G41；反之，如图 7-6（a）与（b）所示，当刀具中心偏置在工件轮廓的右侧时，用刀具半径右补偿指令 G42。因此，轮廓相同但加工中走刀路线不同，补偿方向也不同。

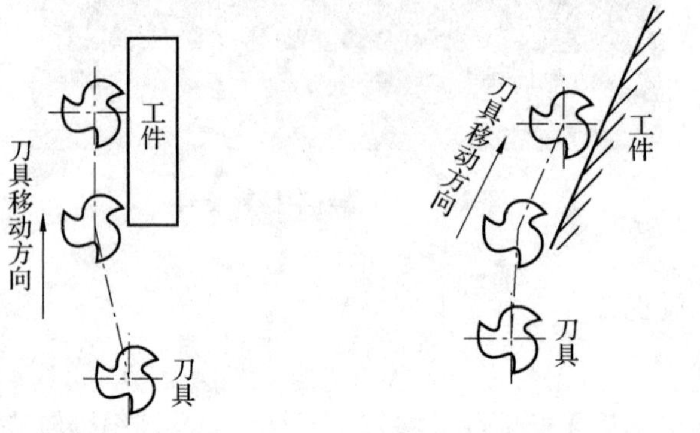

(a)直线方向刀具左偏置　　(b)斜线方向刀具左偏置

图 7-5　左刀补

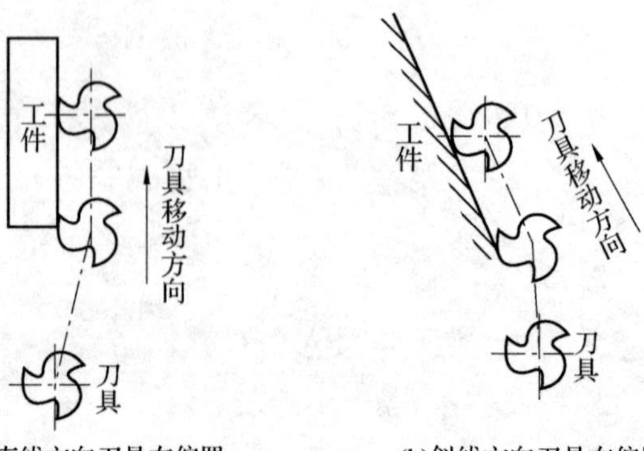

(a)直线方向刀具右偏置　　(b)斜线方向刀具右偏置

图 7-6　右刀补

（3）建立刀补指令 G41、G42 必须与 G00、G01 指令组合完成，同时必须指定 X、Y 坐标，如果只给出一个坐标轴的尺寸，则第二个坐标轴自动地以上次编程的尺寸赋值。

（4）建立并确定刀补起始点。起始点的确定以保证刀具与工件不发生碰撞为原则（如为毛坯，则应按毛坯尺寸确定），建议起始点与工件（毛坯）轮廓起始点（工件轮廓上的第一个基点）的距离应大于刀具半径。但要注意其距离也不宜过大，否则在用 G01 建立刀补时空走刀距离过大，加工效率低。

（5）G41、G42 为模态指令，一经指定一直有效，直到用 G40 取消或重新定义补偿方向为止。

（二）执行刀补，加工轮廓

在刀具半径补偿建立后，刀具中心将始终按指定方向偏离编程轮廓一个补偿量。因此，在编程时，只需按工件的实际轮廓来编程，而不必再考虑刀具的半径，数控装置会自动根据半径补偿方向及给定的轮廓计算刀具中心的轨迹，直到取消补偿为止。

（三）取消补偿

当工件轮廓加工完成、刀具离开工件轮廓时，应取消刀具半径补偿，在此过程中，刀具中心从与编程轨迹偏离一个补偿量过渡到与编程轨迹重合，即与建立刀补过程相反。如图 5-3 所示，工件最后轮廓加工完成时，刀具中心位于 A 点，距离工件轮廓一个补偿量，且位于工件轮廓在结束点（B 点）的法线方向上。刀具以直线方式离开工件轮廓后第一个坐标点为 C 点，则编程轨迹为从 B 到 C，若在此过程中取消刀具半径补偿，刀具中心实际运动轨迹为从 A 到 C，到达 C 点时，刀具中心坐标与编程坐标点重合，如图 7-7 所示。

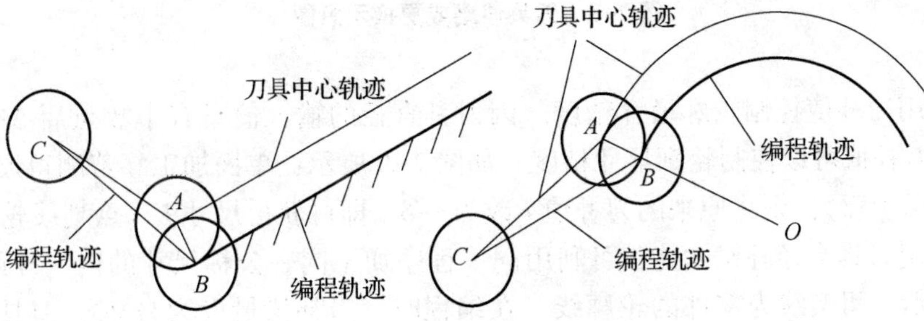

图 7-7　刀具偏置示意图

编程指令及格式：

G40　G00/G01　X_Y_　　；取消半径补偿（坐标为 C 点坐标）

说明：

（1）G40 指令必须与 G41 或 G42 指令成对使用。

（2）只有在刀具直线运动过程中（G00/G01）才能使用 G40 取消刀具半径补偿。

（3）同样，在取消刀具半径补偿程序段中，C 点要离开工件轮廓一定距离，此距离应大于刀具半径。否则，刀具会损坏已加工完成的轮廓。为防止这种情况出现，建议在实训编程时先沿刀具长度方向退刀（用 G01），再取消半径补偿。

四、刀具半径补偿的应用

应用刀具半径补偿功能可以避免复杂的刀心轨迹计算，而直接用零件轮廓尺寸编程。但其功能不仅限于此，下面就介绍刀具半径补偿在其他方面的应用。

（1）用同一程序、同一尺寸的刀具，利用刀补值可进行粗、精加工。如图 7-8（a）所示，刀具半径为 r，精加工余量为 δ。粗加工时，输入刀具半径（$r+\delta$），则加工出点划线所示轮廓；精加工时，用同一程序、同一把刀具，但输入刀具半径 r，则加工出实线轮廓。

（2）刀具因磨损、重磨、换刀而引起半径改变后，不必修改程序，只需在刀具参数设置状态输入新的刀具半径值即可。如图 7-8（b）所示，1 为未磨损刀具，2 为磨损后刀具，两者直径不同。只需将刀具库中该刀具的刀具半径 r_1 改为 r_2，即可用同一程序进行加工，如图 7-8 所示。

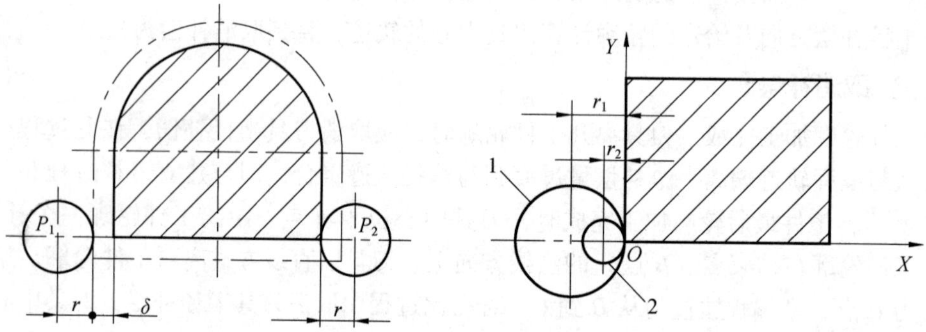

(a)　　(b)

图 7-8　刀具修磨或更换示意图

（3）利用刀补值控制轮廓尺寸精度。因刀具直径的输入值具有小数点后 2~4 位的精度，故利用刀补值可以控制轮廓尺寸精度。如图 7-9 所示，单面加工，若测得尺寸 L 偏大了 δ 值（实线轮廓），则将原来的刀补值 r 改为 $r-\delta$，即可获得尺寸 L（点划线轮廓）。

（4）利用刀具半径补偿功能，可利用同一程序加工同一公称尺寸的内、外两个型面。如图 7-9 所示，粗实线为零件的轮廓线，在编程时，当补偿量设为 $+r$ 时，刀具中心将沿轨迹 A 在工件轮廓外侧切削；当补偿量设为 $-r$ 时，刀具中心将沿轨迹 B 在工件轮廓内侧切削。这种功能大多用于模具加工，如图 7-10 所示，按轨迹 A 加工模具的阳模，按轨迹 B 加工模具的阴模。

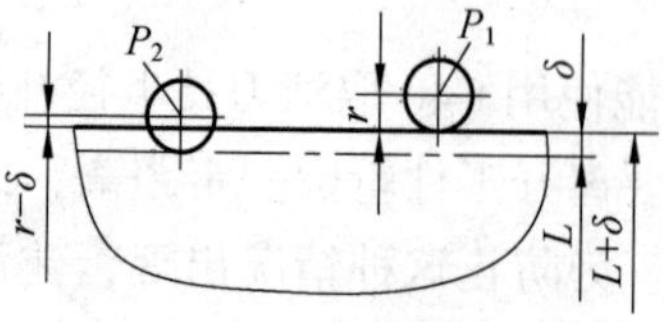

图 7-9　修改刀补数值示意图

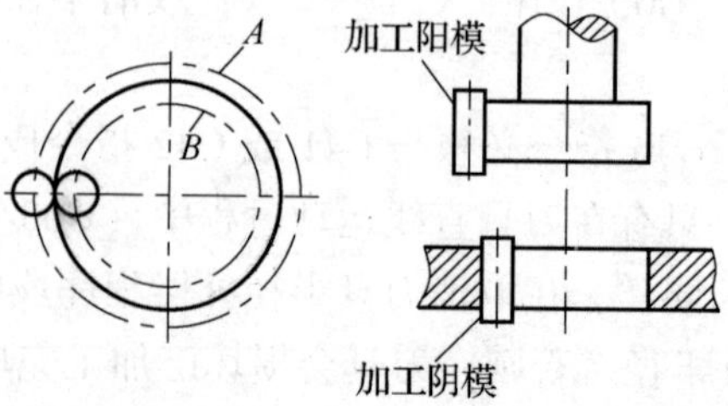

图 7-10　利用刀补正、负示意图

任务二　型腔铣

零件图如图 7-11 所示。

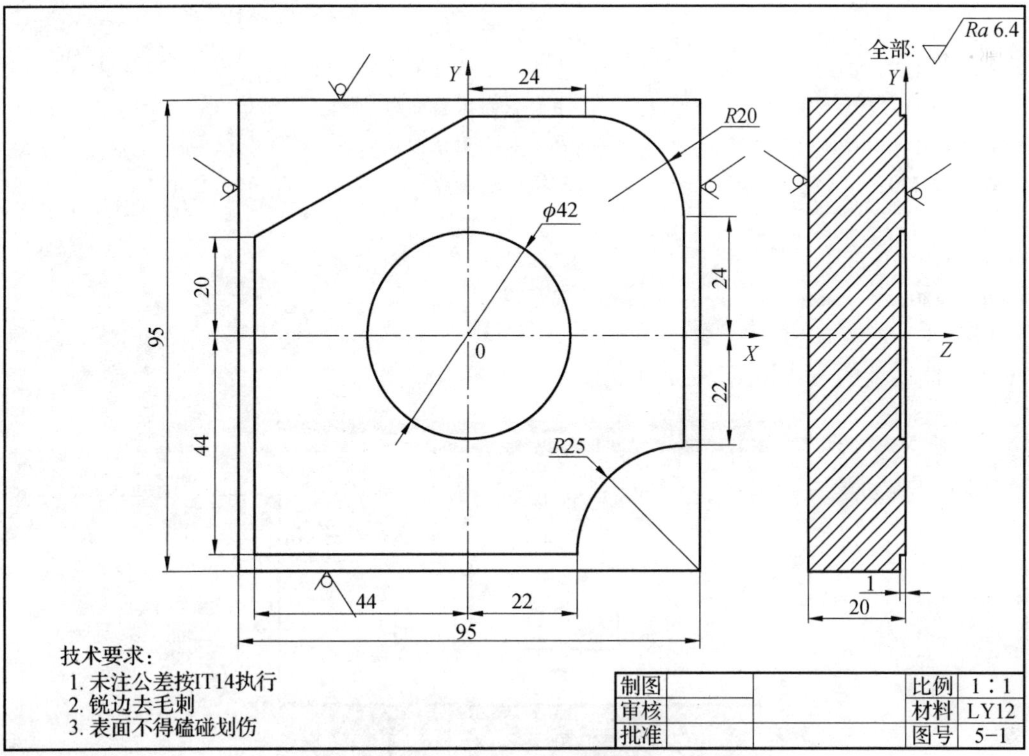

图 7-11　零件图

程序如下：

```
%
O5001                          ;程序号
N1 G40G80G49G69;               ;取消相关指令
N2 G90G0G54X0Y100Z30;          ;建立坐标系
N3 M03S1200;                   ;开启主轴,每分钟 1200 转
N4 Y70;                        ;快速移动到下刀点
N5 Z5;                         ;距工件表面 5mm
N6 G01Z-1F100;                 ;Z 轴直线插补,
N7 G41Y44D01F200;              ;在 Y 轴建立 1 号刀补,刀偏置
N8 X24;                        ;X 轴真线插补
N9 G02X44Y24R20                ;顺时针圆弧插补
N10 G01Y-22;                   ;Y 轴直线插补
N11 G03X22Y-44R25;             ;逆时针圆弧插补
```

```
N12 G01X-44;          ;X 轴真线插补
N13 Y20;              ;Y 轴直线插补
N14X0Y44;             ;X、Y 二轴直线插补
N15Y55;               ;Y 轴直线插补
N16G0Z5               ;Z 轴快速移动
N17 G40X0Y0;          ;取消刀具编置,移动到下一进刀点
N18 G01Z-1F100;       ;Z 轴直线插补,
N19 G41X21D012;       ;在 X 轴建立 2 号刀补,刀偏置
N20 G03I-21J0;        ;逆时针圆弧插补
N21 G01G40X0;         ;在 X 轴上取消刀偏
N22 G0Z30;            ;Z 轴快速移动
N23 M05;主轴停
N24 G40X0Y100;        ;回起给点
N25 M30;              ;程序停止
%
```

程序调试后的刀轨如图 7-12 所示。

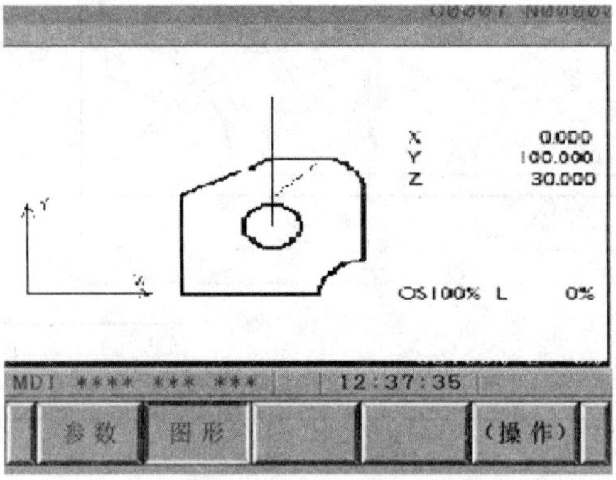

图 7-12　刀轨验证图

由于是初学，残余部份未编在程序中，可以用手动方式进行去除残余量。

任务三　带有刀具偏置功能的编程范例

一、简单零件的工艺分析

（一）图面分析

仔细阅读图纸，读懂图纸轮廓，尺寸标注是否完整、齐全。

（二）装夹及编程零点设置

该零件上、下、左、右基本对称，编程零点设置在工件中心。

(三) 结构分析

该零件的加工内容有凸台、凹腔等，由于初次加工，工件的公差比较大，所以，考虑直接用键铣刀加工，加工完成后，根据计算公式，修改尺寸，以达图纸要求，如图 7-13 所示。

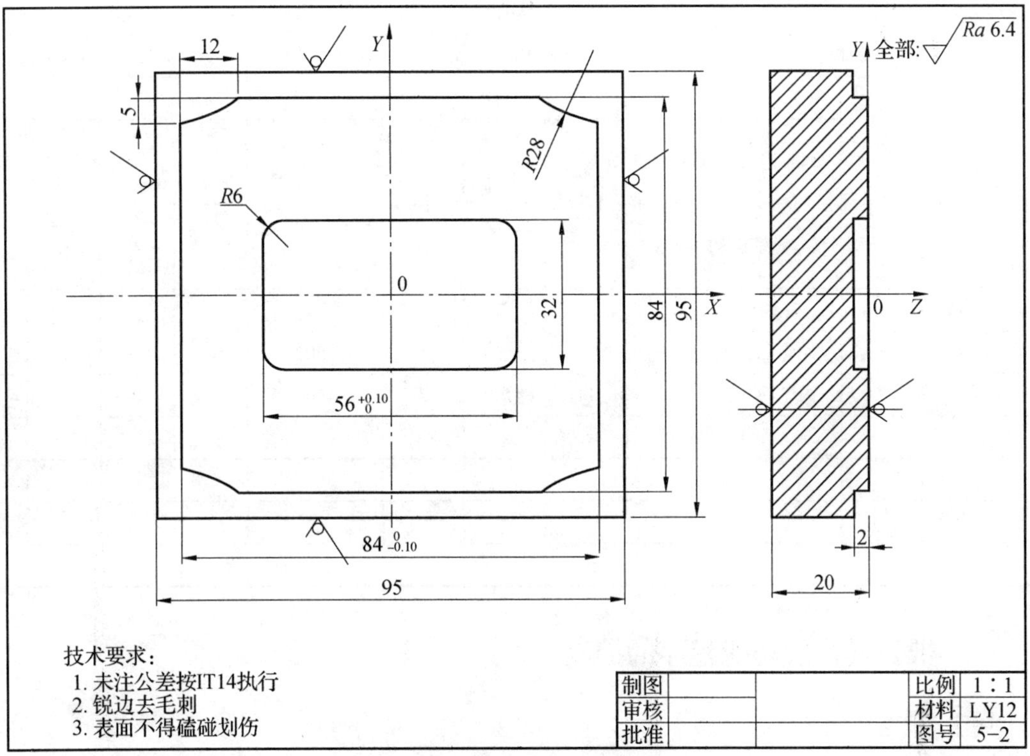

图 7-13　凸台轮廓零件图

二、制定工艺方案

(一) 机床的选择

采用 FANUC-0i-MC 数控铣床。

(二) 夹具的选择

采用平钳装夹。

(三) 刀具的选择

根据图纸内圆弧 R 为 6 mm，其精度未标注，故采用 ϕ10 键槽铣刀。

(四) 工量具选择

量程为 150 mm，精度为 0.02 mm 游标卡尺。

(五) 切削用量

切削参数根据刀具材料、被加工材料及加工深度确定，由于本次加工是第二次，加工的主轴转速及进给量不需要根据切削参数来定，可以根据初学者的心里承受力来确定。数控加工工序卡如表 7-1 所示。

在 FANUC 系统面板上相应的刀具补偿参数中输入刀补量 5.5 或 5.2 留有精加工余量。

表 7-1　数控加工工艺卡

<table>
<tr><td colspan="2">产品名称</td><td colspan="2">零件名称</td><td>产品图号</td><td colspan="3">使用设备</td><td>夹具名称</td><td colspan="4">车间</td></tr>
<tr><td colspan="2">实训科目 2</td><td colspan="2">凸板</td><td>5-2</td><td colspan="3">FANUC-0i-MC</td><td>平口钳</td><td colspan="4">数控实训车间</td></tr>
<tr><td colspan="2">材料牌号</td><td rowspan="2">毛坯</td><td>种类</td><td>板材</td><td colspan="3">刀具</td><td colspan="4">切削用量</td><td rowspan="3">备注</td></tr>
<tr><td colspan="2">LY12</td><td>规格</td><td>95×95×30</td><td rowspan="2">刀具号</td><td rowspan="2">刀具名称</td><td rowspan="2">刀补号</td><td rowspan="2">主轴转速 /(r·min^{-1})</td><td colspan="2">进给速度 V_f /(mm·min^{-1})</td><td rowspan="2">背切刀量</td></tr>
<tr><td>序号</td><td>工序名称</td><td>工步号</td><td colspan="2">工序工步内容</td><td>X、Y</td><td>Z</td></tr>
<tr><td>1</td><td>备料</td><td></td><td colspan="2">备料 95×95×30</td><td></td><td></td><td></td><td></td><td></td><td></td><td></td><td></td></tr>
<tr><td>2</td><td>数铣</td><td>1</td><td colspan="2">外轮廓，保证尺寸</td><td>T1</td><td>键铣刀</td><td>1</td><td>1500</td><td>500</td><td>120</td><td>2</td><td></td></tr>
<tr><td></td><td></td><td>2</td><td colspan="2">内轮廓，保证尺寸</td><td>T1</td><td>键铣刀</td><td>2</td><td>1500</td><td>450</td><td>100</td><td>2</td><td></td></tr>
<tr><td></td><td></td><td>3</td><td colspan="2"></td><td></td><td></td><td></td><td></td><td></td><td></td><td></td><td></td></tr>
<tr><td></td><td></td><td></td><td colspan="2"></td><td></td><td></td><td></td><td></td><td></td><td></td><td></td><td></td></tr>
<tr><td>3</td><td>检验</td><td></td><td colspan="2"></td><td></td><td></td><td></td><td></td><td></td><td></td><td></td><td></td></tr>
<tr><td colspan="3">拟　定</td><td colspan="2"></td><td colspan="2">审　核</td><td colspan="2"></td><td colspan="2">批　准</td><td colspan="2"></td></tr>
</table>

三、带刀具补偿功能程序的编制

程序如下：

```
%
O5002                              ;程序号
N1 G40G80G69G49;                   ;取消相关指令
N2 G90G0G54X0Y100Z30;              ;建立坐标系
N3 M03S1500;                       ;开启主轴,每分钟 1500 转
N4 X-80Y42;                        ;快速移动到下刀点
N5 Z5;                             ;距工件表面 5mm
N6 G01Z-2F100;                     ;Z 轴直线插补至加工深度 2mm
N7 G01G41X-55D01F500;              ;建立 1 号刀补,左偏置
N8 X30                             ;X 轴直线插补
N9 G03X42Y37R28;                   ;逆圆插补
N10 G01Y-37;                       ;Y 轴直线插补
N11 G03X30Y-42R28;                 ;逆圆插补
N12G01X-30                         ;X 轴直线插补
N13 G03X-42Y-37R28;                ;逆圆插补
N14 G01Y37;                        ;Y 轴直线插补
N15 G03X-30Y42R28;                 ;逆圆插补
```

```
N16 G01Y55;                ;Y 轴直线插补;准备切线切出
N17 G0Z5;                  ;快速移动,退至工件表面 5mm
N18 G40X0Y0;               ;取削刀补,快速移动到下一加工点
N19 G01Z-2F100             ;Z 轴直线插补
N20 G01G41X-22Y16D02;      ;建立 2 号刀补,左偏置
N21 G03X-28Y10R6;          ;逆圆插补
N22 G01Y-10;               ;Y 轴直线插补
N23 G03X-22Y-16R6;         ;逆圆插补
N24 G01X22;                ;X 轴直线插补
N25 G03X28Y-10R6;          ;逆圆插补
N26 G01Y10;                ;Y 轴直线插补
N27 G03X22Y16R6;           ;逆圆插补
N28 G01X-22;               ;X 轴直线插补
N29 G01G40Y3;              ;Y 轴直线插补(取消刀补、去除残余)
N30 X20;                   ;X 轴直线插补
N31 Y-3;                   ;Y 轴直线插补
N32 X-20;                  ;X 轴直线插补
N33 G0Z30                  ;Z 轴快速移动,退至起给平面
N34 M05;                   ;关闭主轴
N35 X0Y100;                ;X、Y 轴移动至起给点
N36 M30;                   ;程序结束
%
```

任务四　零件精度的保证方法

如图 7-14 所示为粗加工时所设置的偏置量。

基本原理：

(1) 粗加工前，在刀具表里各补偿号的刀具半径增大一定值（一般为 0.5 mm），即 5.5；

(2) 粗加工；

(3) 测量实际尺寸（内、外轮廓分别测量一个有公差要求的尺寸）；

(4) 根据加工精度要求（中间值）计算新刀补值，修改各刀具半径值重新加工（精加工）；

(5) 再测量。如果合格则加工结束，如大 1 丝（外轮廓）或小 1 丝（内轮廓）则不需要修改刀补，程序从头执行一遍；如

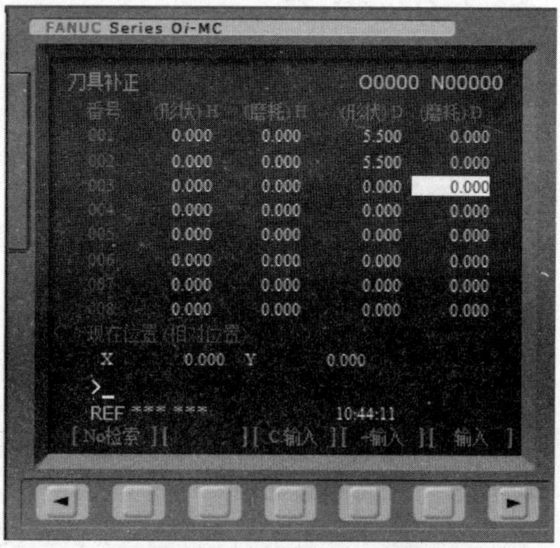

图 7-14　刀补的预设置量

与要求尺寸相差较多，则重新计算刀补值→修改刀补→加工，直到满足要求为止。

一、计算方法

（一）外轮廓计算

△=（实际测量尺寸-中间公差尺寸）/2

刀具半径值修改为：原刀补值-△

中间公差尺寸=基本尺寸+（上偏差+下偏差）/2

（二）内轮廓计算

△=（中间公差尺寸-实际测量尺寸）/2

刀具半径值修改为：原刀补值-△

无论内、外轮廓都可表示为：

△=|实际测量尺寸-中间公差尺寸|/2

二、计算步骤

（一）计算中间公差尺寸

中间公差尺寸=基本尺寸+（上偏差+下偏差）/2

（二）计算△

无论内、外轮廓都可表示为：

△=|实际测量尺寸-中间公差尺寸|/2

（三）计算新刀补

新刀具半径值=原刀补值-△

三、计算举例

（一）外轮廓计算

外轮廓实测尺寸为85.06，因为外轮廓的公差是0～-0.10，所以外轮廓最理想的尺寸为83.95。

根据上面公式*D*1=（实际测量尺寸-中间公差尺寸）/2=（85.06-83.95）/2=1.11/2=0.555。

新刀具半径值=原刀补值-△=5.5-0.555=4.945，*D*1修改为4.945。

（二）内轮廓计算

因为外轮廓的公差是+0.10～0，所以外轮廓最理想的尺寸为56.05，内轮廓实测尺寸为54.92。

根据上面公式△=（中间公差尺寸-实际测量尺寸）/2=（56.05-53.92）/2=1.13/2=0.565。

新刀具半径值=原刀补值-△=5.5-0.565=4.935，*D*2修改为4.935。

修改前、后的刀补参数对比图，如图7-15所示。

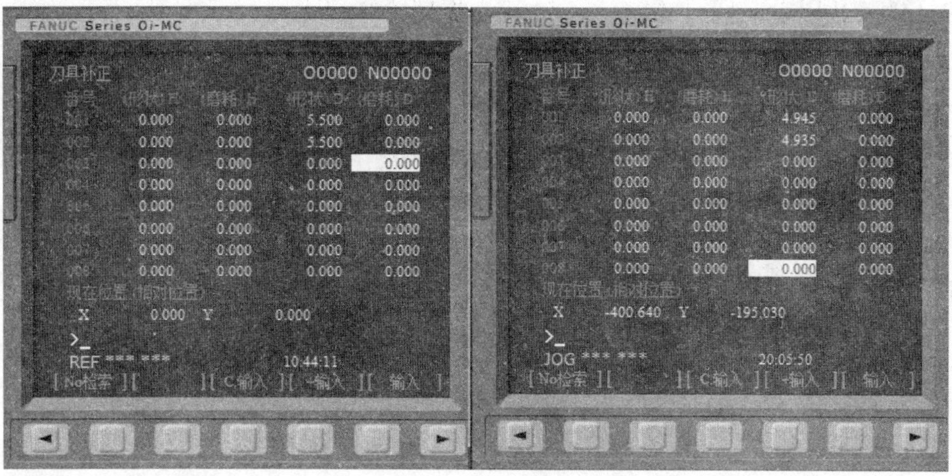

图 7-15　修改前、后的刀补参数

注意：(1) 在测量前，空加工一次以消除让刀因素。

(2) 公差比较大时，刀补参数只需精确到小数点后二位，依据四舍五入法则。

思考与练习

一、选择题

1. 一般说来，对工件加工表面的位置误差影响最大的是（　　）。

A. 机床静态误差　　B. 夹具误差

C. 刀具误差　　D. 工件的内应力误差

2. 圆弧加工指令 G02/G03 中 I、K 值用于指令（　　）。

A. 圆弧终点坐标　　B. 圆弧起点坐标

C. 圆心的位置　　D. 圆心相对于起点位置

3. 半径补偿仅能在规定的坐标平面内进行，使用平面选择指令 G17 可选择（　　）为补偿平面。

A. XOY 平面　　B. ZOX 平面　　C. YOZ 平面　　D. 任何平面

4. 应用刀具半径补偿功能时，如刀补值设置为负值，则刀具轨迹是（　　）。

A. 左补　　B. 右补

C. 不能补偿　　D. 左补变右补，右补变左补

5. 20f6、φ20f7、φ20f8 三个公差带（　　）。

A. 上、下偏差相同　　B. 上偏差相同、但下偏差不相同

C. 上、下偏差都不同　　D. 上偏差不相同，但下偏差相同

6. 在 G41 或 G42 指令的程序段中，可用（　　）指令建立刀尖半径补偿。

A. G00 或 G01　　　　　　　　B. G02 或 G03

C. G01 或 G02　　　　　　　　D. G01 或 G03

二、判断题

1. 一般加工中心设置是刀具补偿功能字 H12 表示使用 12 号刀的长度补偿，D12 表示使用 12 号刀的半径补偿。 (　　)

2. G43 在编程时只可作为长度补偿使用，不具备他用。 (　　)

3. 在形成刀补时的程序显示可以 G01G41X50Y60D-5D01。 (　　)

4. 出现 CRC 报警原因是刀具太小。 (　　)

5. 运用刀具补偿，只能是在绝对编程可以使用，增量值编程不能使用。 (　　)

6. 极限偏差和公差可以是正、负或者零值。 (　　)

三、编程题

对如图 7-16 所示零件图进行编程。

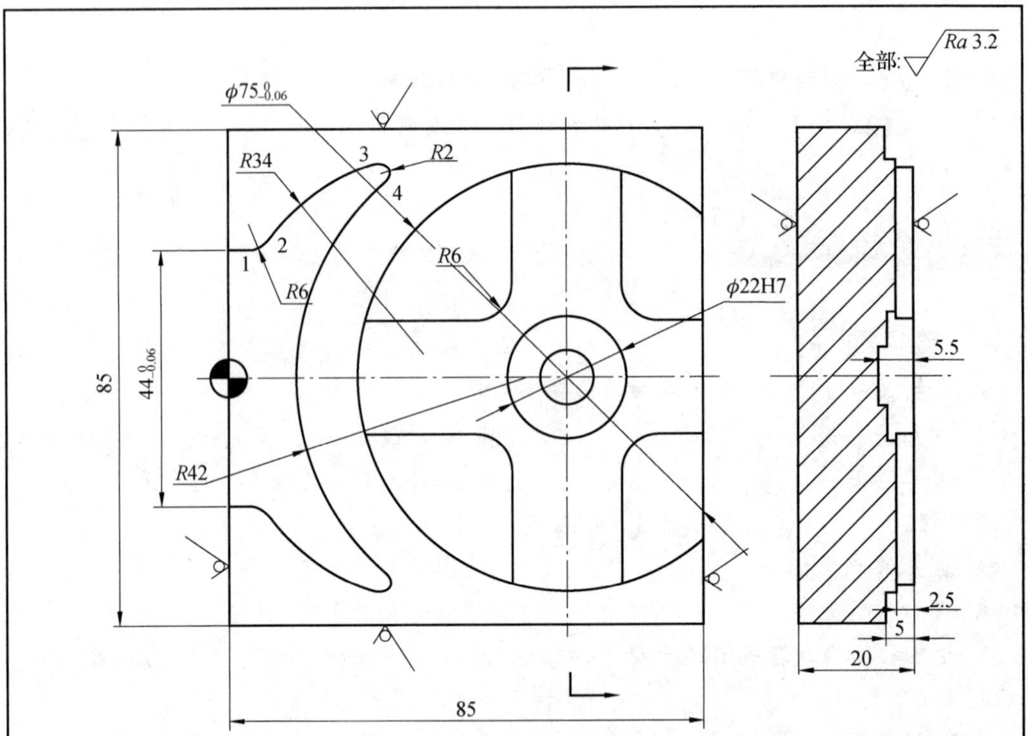

图 7-16　零件图

项目八　固定循环

学习目标

知识目标

（1）掌握控系统的孔加工循环 G73～G89、G98、G99 指令的编程格式及应用。

（2）掌握孔加工的方法。

（3）了解孔加工的走刀路线。

能力目标

（1）能分析孔系零件的结构特点，会分析孔系零件的工艺性能，能正确选择设备、刀具、夹具与切削用量，能编制加工工艺卡。

（2）具备正确编制、操作孔系零件控加工的能力。

任务一　固定循环指令及编程格式

一、孔加工固定循环

孔加工固定循环（G73，G74，G76，G80～G89）应用孔加工固定循环功能，使得其他方法需要几个程序段完成的功能在一个程序段内完成。

如表 8-1 所示列出了所有的孔加工固定循环。

表 8-1　固定循环指令

G 代号	加工运动（Z）轴负向	孔底动作	返回运动（Z）轴正向	应用
G73	分次，切削进给	—	快速定位进给	高速深孔钻削
G74	切削进给	暂定-主轴正转	切削进给	左螺纹攻丝
G76	切削进给	主轴定向，让刀	快速定位进给	精镗循环
G80	—	—	—	取削固定循环

续表

G 代号	加工运动（Z）轴负向	孔底动作	返回运动（Z）轴正向	应用
G81	切削进给	—	快速定位进给	普通钻削
G82	切削进给	暂定	快速定位进给	钻削或粗镗孔
G83	分次，切削进给	—	快速定位进给	深孔钻削循环
G84	切削进给	暂定-主轴反转	切削进给	右螺纹攻丝
G85	切削进给	—	切削进给	镗削循环
G86	切削进给	主轴停	快速定位进给	镗削循环
G87	切削进给	主轴正转	快速定位进给	反镗削循环
G88	切削进给	暂定-主轴定	手动	镗削循环
G89	切削进给	暂定	切削进给	镗削循环

一般地，一个孔加工固定循环完成以下 6 步操作，如图 8-1 所示。

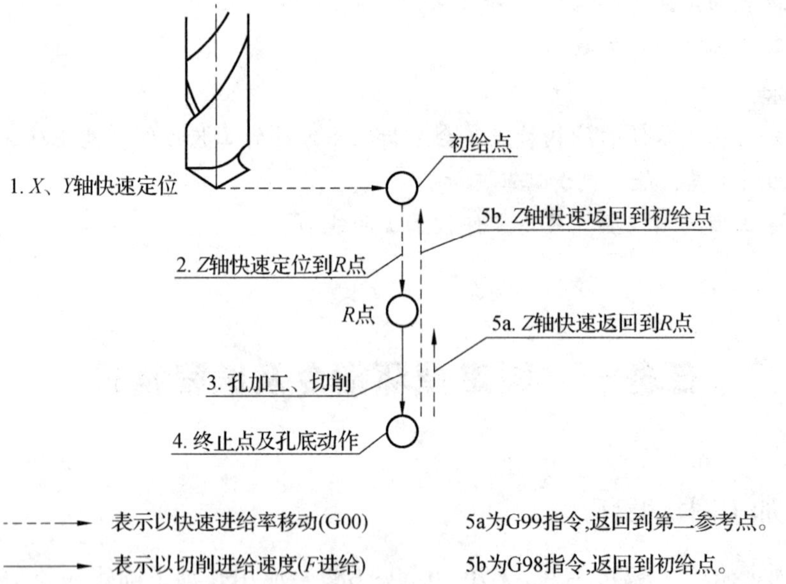

图 8-1　孔加工固定循环

在图 8-1 中初给点为钻孔循环的起给点，也称起给平面；*R* 点，是第二参考点，此点一般为距离工件上表面一定距离，以刀具在移动中，不接触工件，有一定的安全距离为宜；终止点，就是钻孔深度点，部分指令会在孔的底部会有一些准停、偏移等动作。

对孔加工固定循环指令的执行有影响的指令主要有 G90/G91 及 G98/G99 指令。图 8-2 示意了 G90/G91 对孔加工固定循环指令的影响。G98/G99 决定固定循环在孔加工完成后返回 R 点还是起始点，G98 模态下，孔加工完成后 *Z* 轴返回起始点；在 G99 模态下则返回 R 点。

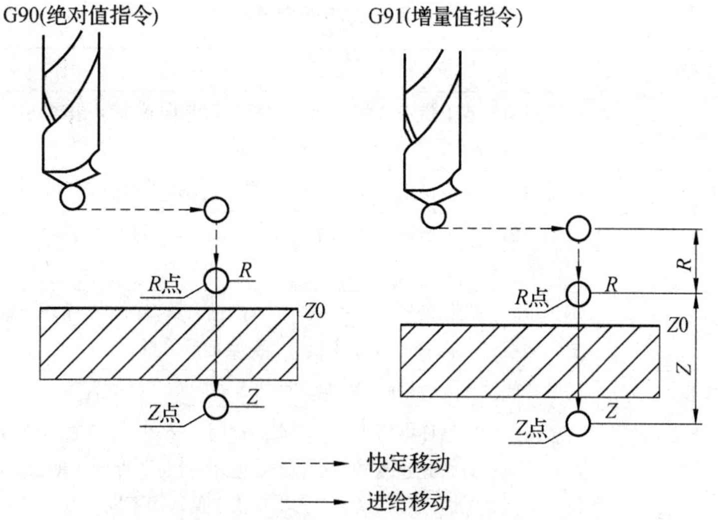

图 8-2　G90/G91 孔加工固定循环指令的影响

一般地，如果被加工的孔在一个平整的平面上，可以使用 G99 指令，因为 G99 模态下返回 *R* 点进行下一个孔的定位，而一般编程中 *R* 点非常靠近工件表面，这样可以缩短零件加工时间，但如果工件表面有高于被加工孔的凸台或筋时，使用 G99 时非常有可能使刀具和工件发生碰撞，这时就应该使用 G98，使 *Z* 轴返回初始点后再进行下一个孔的定位，这样就比较安全，如图 8-3 所示。

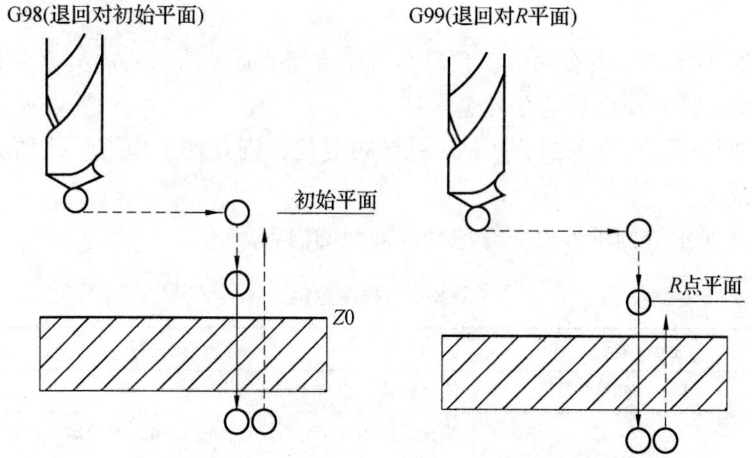

图 8-3　G98/G99 孔加工固定循环指令的影响

在 G73/G74/G76/G81～G89 后面，给出孔加工参数，格式如下：

G×× X Y Z R Q P F K；

如表 8-2 所示说明了各地址指定的加工参数的含义。

表 8-2　固定循环指令的参数

孔加工方式 G	见表 6-1
被加工孔位置参数 X、Y	以增量值方式下指定被加工孔的位置，刀具向被加工孔运动的轨迹和速度与 G00 相同
孔加工参数 Z	在绝对值方式下指定沿 Z 轴方向孔底的位置增量值方式下指定从 R 点到孔底的距离
孔加工参数 R	在绝对值方式下指定沿 Z 轴方向 R 的拉置，增量值方式下指定从初给点到 R 点的距离
孔加工参数 Q	用于指定深孔钻循环 G73 各 G83 中每次进刀量，精镗孔循环 G76 的反镗孔循环 G87 中的偏移（无需 G90 或 G91 模态，总是增量值指令）
孔加工参数 P	用于孔底动作有暂停的固定循环中指令的时间，单位为秒
孔加工参数 F	用于指定固定循环中的切削进给率，在固定循环中，从初给到 R 点及从 R 点到初给点的运动以快速进给的速度运行，从 R 点到 Z 点的运动以 F 指定的切削速度进行，而从 Z 点返回 R 点的运动则根据固定循环的不同，以 F 指定的速度或快速进给率运行
重复次数 K	指定固定循环在当前定位的重复次数，如果不指令 K，NC 认为 K=1，如果指令 K=0，则固定循环在当前不执行

由 G××指定的孔加工方式是模态的，如果不改变当前的孔加工方式模态或取消固定循环的话，孔加工模态会一直保持下去。使用 G80 或 01 组的 G 指令可以取消固定循环。孔加工参数也是模态的，即使孔加工模态被改变在被改变或固定循环被取消之前也会一直保持。可以在指令一个固定循环时或执行固定循环中的任何时候指定或改变任何一个孔加工参数。

重复次数 K 不是一个模态的值，它只在需要重复的时候给出。进给速率 F 则是一个模态的值，即使固定循环取消后它仍然会保持。

如果正在执行固定循环的过程中 NC 系统被复位，则孔加工模态、孔加工参数及重复次数 K 均被取消。

用如表 8-3 所示的例子可以更好地理解前面的内容。

表 8-3　程序范例

程序段号	程序内容	注　释
N10	S____M03;	给出转速，指定主轴正向旋转
N20	G81X_Y_Z_R_F_K_;	快速定位到 X、Y 指定点，以 Z、R、F 给定孔的加工数，使用 G81 给定的孔加工方式进行加工，并重复 K 次，在固定循环执行的开给，Z、R、F 是必要的孔加工参数
N30	Y__;	X 轴不动，Y 轴快速定位到指定点进行孔加工，孔加工参数及孔加工方式保持 N20 中的模态值，N20 中的 K 值此时不起作用
N40	G82X_P_K_;	孔加工方式被改变，孔加工参数 Z、R、F 保持模态值，给定孔加工参数 P 值，并指定重复次数
N50	G80X_Y_;	固定循环功能被取消，除 F 以外的所有孔加工参数均被取消

续表

程序段号	程序内容	注　释
N60	G85X_Y_Z_R_P_；	由于执行 N50 程序段后固定循环已被取消，所以必要的孔加工参数除 F 之外必须重新给定，即便这些参数和原值相比没有变化
N70	X_Z_；	X 轴定位到指定点进行孔加工，孔加工参数 Z 在此时在此程序段中被改变
N80	G98X_Y_；	定位到 X、Y 指定点进行孔加工，孔加工方式被改为 G98，R、P 由 N60 段指定，Z 由 N70 段指定
N90	G01X_Y_；	固定循环模态被取消，除 F 外，所有的孔加工参数都被取消

当加工在同一条直线上的等分孔时，可以在 G91 模态下使用 *K* 参数，*K* 的最大取值为 9 999。

G91 G81 X_Y_Z_R_F_K5；

以上程序段中，*X*、*Y* 给定了第一个被加工孔和当前刀具所在点的距离，各被加工孔的位置如图 8-4 所示。

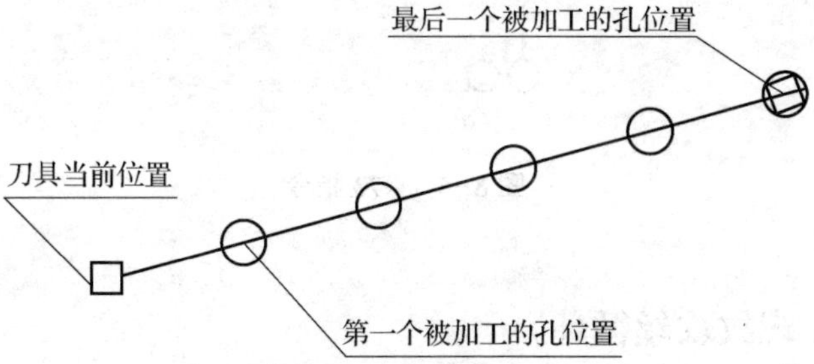

图 8-4　钻孔位置

二、G73（高速深孔钻削循环）

如图 8-5 所示，在高速深孔钻削循环中，从 *R* 点到 *Z* 点的进给是分段完成的，每段切削进给完成后 *Z* 轴向上抬起一段距离，然后再进行下一段的切削进给，*Z* 轴每次向上抬起的距离为 *d*，由机床参数给定，每次进给的深度由孔加工参数 *Q* 给定。该固定循环主要用于径深比较小的孔的加工（如 Φ5，深 70），每段切削进给完毕后 *Z* 轴抬起的动作起到了断屑的作用，如图 8-5 所示，表达了二种指令的高速钻孔循环，一个是 G98，另一个是 G99。

G73 编程格式如下：

G98（G99）G73X_Y_Z_R_Q_F_K_：

X_Y_：孔位数据。

Z_：工件表面 Z0 到孔底的距离。

R_：工件表面 Z0 距 R 点的距离。

Q_：主轴到孔底并准停后的刀具偏移动量。

F_：切削进给速度。

K_：重复次数（如果需要时）。

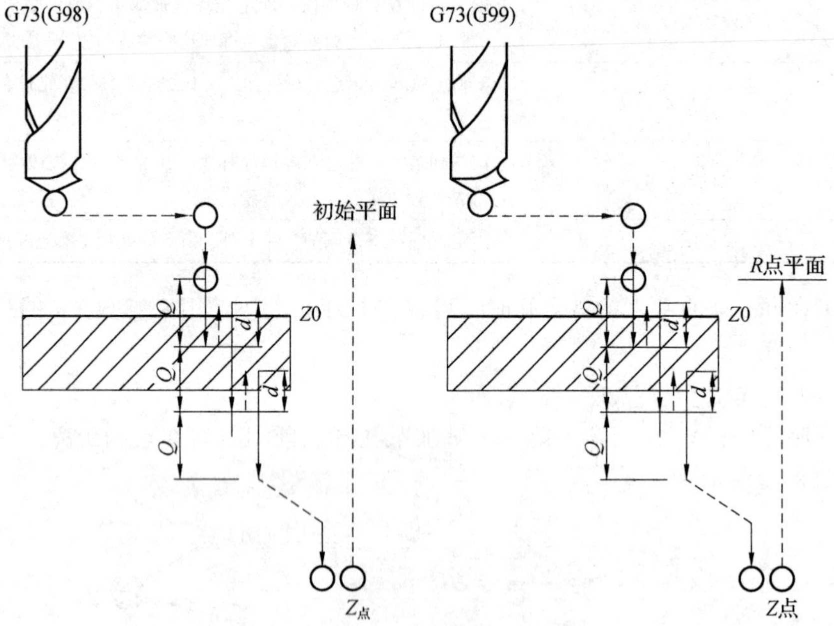

图 8-5　G73 指令

三、G74（左螺纹攻丝循环）

如图 8-6 所示，在使用左螺纹攻丝循环时，循环开始前必须给 M04 指令，使主轴反转，并且使 F 与 S 的比值等于螺距。另外，在 G74 或 G84 循环进行中，进给倍率开关和进给保持开关的作用将被忽略，即进给倍率被保持在 100%，而且在一个固定循环执行完毕前不能中途停止。

G74 编程格式如下：

G98（G99）G74X_Y_Z_R_P_F_K_：

X_Y_：孔位数据。

Z_：工件表面 Z0 到孔底的距离。

R_：工件表面 Z0 距 R 点的距离。

P_：暂定时间。

F_：切削进给速度。

K_：重复次数（如果需要时）。

注：这里的进给速度是主轴转速与螺距有关。

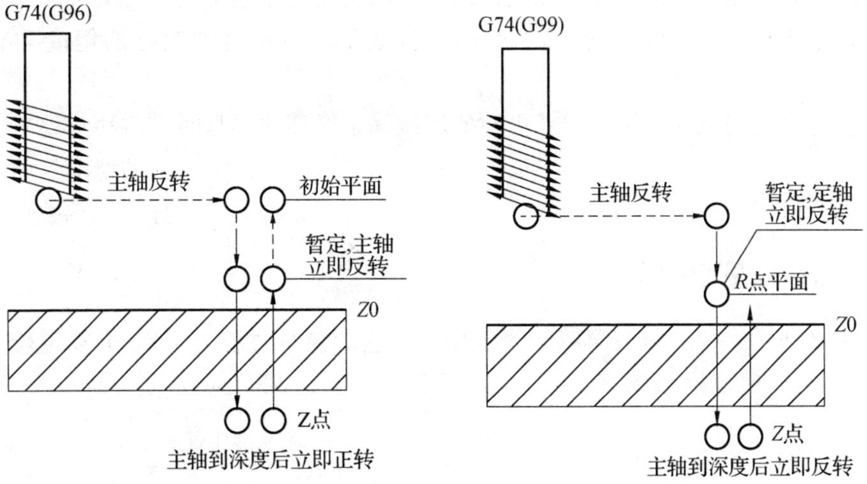

图 8-6　G74 指令

四、G76（精镗循环）

如图 8-7 所示是精镗孔的示意图，*X*、*Y* 轴定位后，*Z* 轴快速运动到 *R* 点，再以 *F* 给定的速度进给到 *Z* 点，然后主轴定向并向给定的方向移动一段距离，再快速返回初始点或 *R* 点，返回后，主轴再以原来的转速和方向旋转。在这里，孔底的移动距离由孔加工参数 *Q* 给定，*Q* 始终应为正值，移动的方向由机床参数给定。

G76 编程格式如下：

G98（G99）G76X_Y_Z_R_Q_Q_F_K_：

X_Y_：孔位数据。

Z_：工件表面 Z0 到孔底的距离。

R_：工件表面 Z0 距 R 点的距离。

Q_：每次切削进给的深度。

P_：在孔底的暂定时间

F_：切削进给速度。

K_：重复次数（如果需要时）。

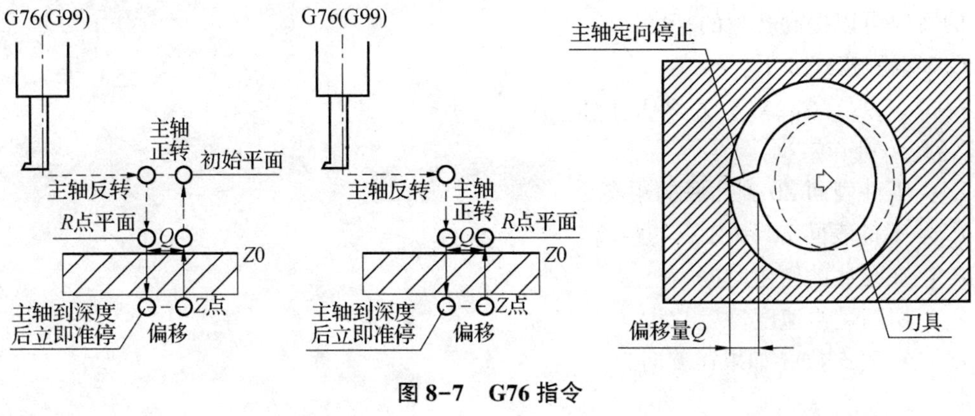

图 8-7　G76 指令

在使用该固定循环时，应注意孔底移动的方向是使主轴定向后，刀尖离开工件表面的方向，这样退刀时便不会划伤已加工好的工件表面，可以得到较好的精度和较低的粗糙度。

注意：每次使用该固定循环或者更换使用该固定循环的刀具时，应注意检查主轴定向后刀尖的方向与要求是否相符。如果加工过程中出现刀尖方向不正确的情况，将会损坏工件、刀具甚至机床！

五、G81（钻削循环）

如图 8-8 所示，G81 是最简单的固定循环，它的执行过程为：*X*、*Y* 轴定位，*Z* 轴快进到 *R* 点，以 *F* 速度进给到 *Z* 点，快速返回初始点（G98）或 *R* 点（G99），没有孔底动作。

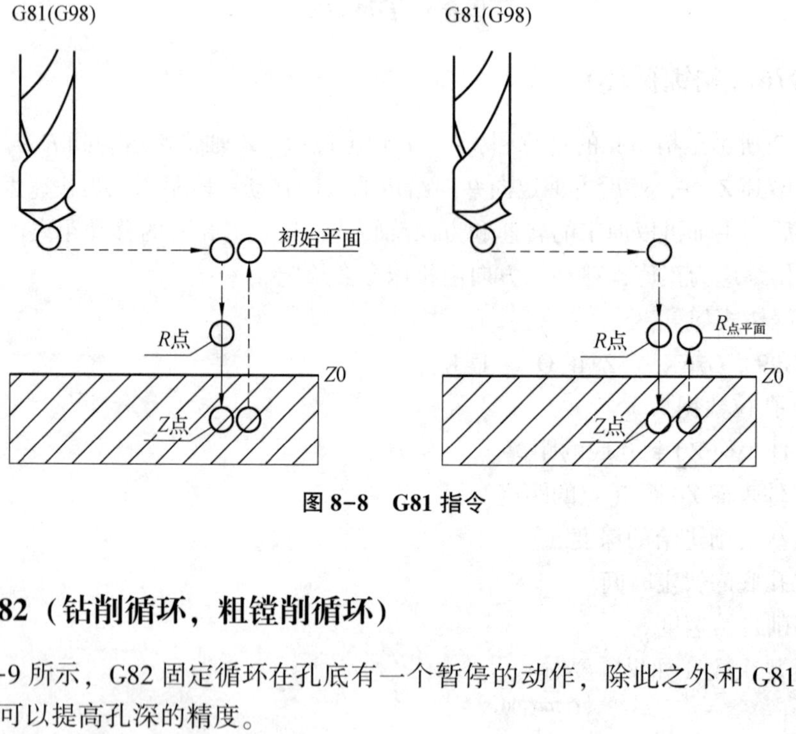

图 8-8　G81 指令

六、G82（钻削循环，粗镗削循环）

如图 8-9 所示，G82 固定循环在孔底有一个暂停的动作，除此之外和 G81 完全相同。孔底的暂停可以提高孔深的精度。

G82 编程格式如下：

G98（G99）G82X_Y_Z_R_P_F_K_：

X_Y_：孔位数据。

Z_：工件表面 Z0 到孔底的距离。

R_：工件表面 Z0 距 R 点的距离。

P_：在孔底的暂定时间

F_：切削进给速度。

K_：重复次数（如果需要时）。

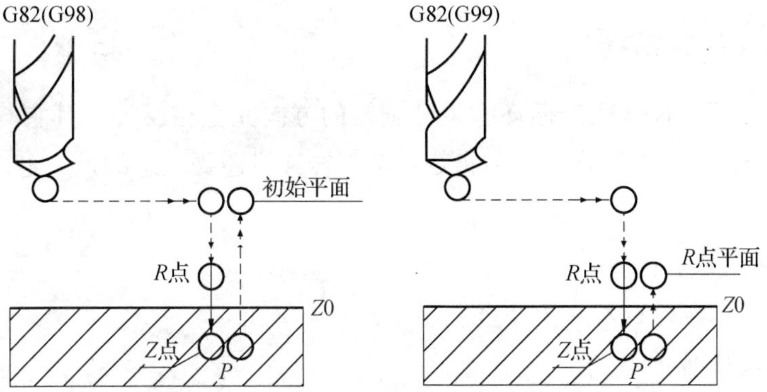

图 8-9　G82 指令

七、G83（深孔钻削循环）

如图 8-10 所示，和 G73 指令相似，G83 指令下从 *R* 点到 *Z* 点的进给分段完成。区别于 G73 指令，每段进给完成后，*Z* 轴返回 *R* 点，然后以快速进给速率运动到距离下一段进给起点上方 *d* 的位置开始下一段进给运动。

每段进给的距离由孔加工参数 *Q* 给定，*Q* 始终为正值，*d* 的值由机床参数给定。

G83 编程格式如下：

G98（G99）G83X_Y_Z_R_Q_F_K_：

X_Y_：孔位数据。

Z_：工件表面 Z0 到孔底的距离。

R_：工件表面 Z0 距 R 点的距离。

Q_：每次切削进给的深度。

F_：切削进给速度。

K_：重复次数（如果需要时）。

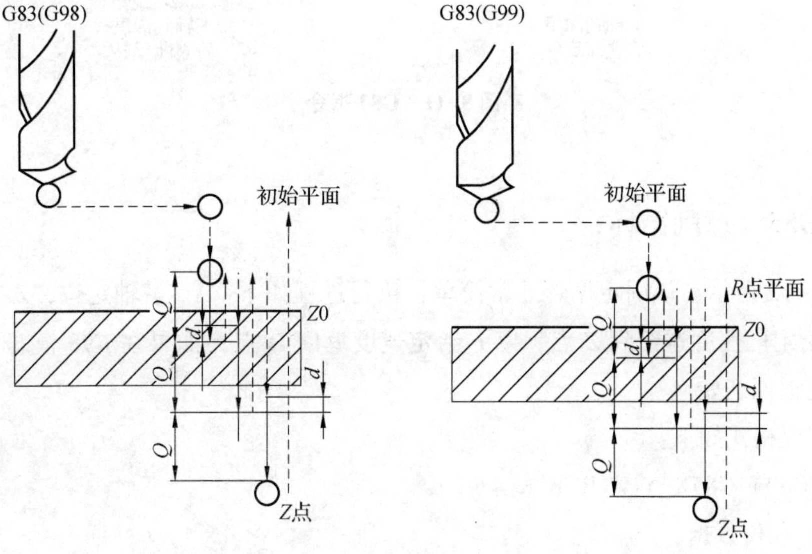

图 8-10　G83 指令

八、G84（攻丝循环）

如图 8-11 所示，G84 固定循环除主轴旋转的方向完全相反外，其它与左螺纹攻丝循环 G74 完全一样，注意在循环开始前指令主轴正转，但还要注意的是，走刀量 *F* 是主轴转速×螺距。

G84 编程格式如下：

G98（G99）G84X_Y_Z_R_P_F_K_：

X_Y_：孔位数据。

Z_：工件表面 Z0 到孔底的距离。

R_：工件表面 Z0 距 R 点的距离。

F_：切削进给速度。

K_：重复次数（如果需要时）。

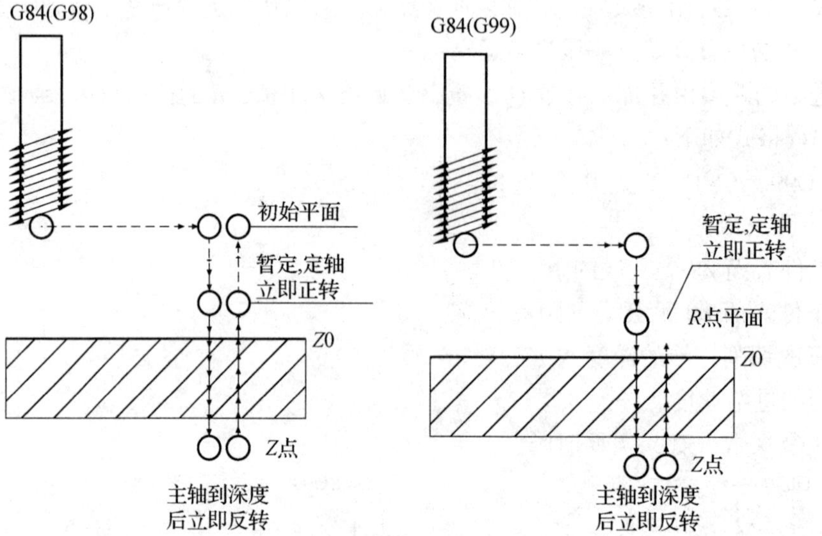

图 8-11　G84 指令

九、G85（镗削循环）

如图 8-12 所示，该固定循环非常简单，执行过程如下：*X*、*Y* 轴定位，*Z* 轴快速到 *R* 点，以 *F* 给定的速度进给到 *Z* 点，以 *F* 给定速度返回 *R* 点，如果在 *G*98 模态下，返回 *R* 点后再快速返回初始点。

G85 编程格式如下：

G98（G99）G85X_Y_Z_R_F_K_：

X_Y_：孔位数据。

Z_：工件表面 Z0 到孔底的距离。

R_：工件表面 Z0 距 R 点的距离。

F_：切削进给速度。

K_：重复次数（如果需要时）。

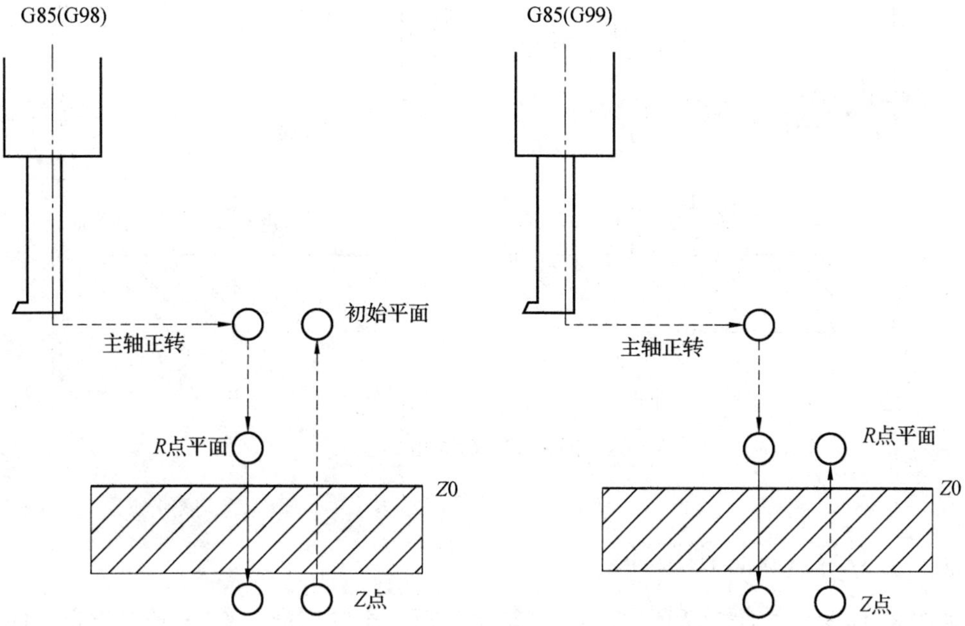

图 8-12　G85 指令

十、G86（镗削循环）

如图 8-13 所示，该固定循环的执行过程和 G81 相似，不同之处是 G86 中刀具进给到孔底时使主轴停止，快速返回到 R 点或初始点时再使主轴以原方向、原转速旋转。

G86 编程格式如下：

G98（G99）G86X_Y_Z_R_F_K_：

X_Y_：孔位数据。

Z_：工件表面 Z0 到孔底的距离。

R_：工件表面 Z0 距 R 点的距离。

F_：切削进给速度。

K_：重复次数（如果需要时）。

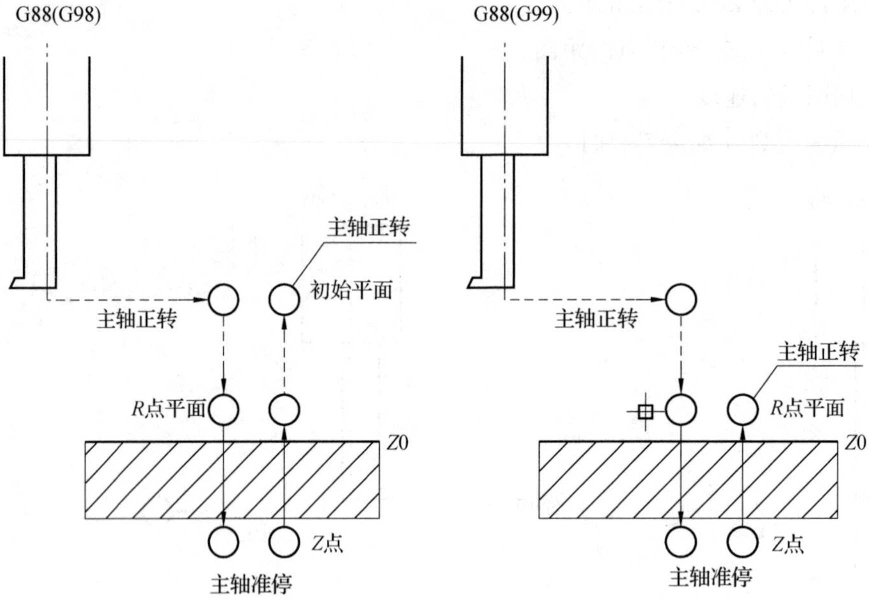

图 8-13　G86 指令

十一、G87（反镗削循环）

如图 8-14 所示，G87 循环中，*X*、*Y* 轴定位后，主轴定向，*X*、*Y* 轴向指定方向移动由加工参数 *Q* 给定的距离，以快速进给速度运动到孔底（*R* 点），*X*、*Y* 轴恢复原来的位置，主轴以给定的速度和方向旋转，*Z* 轴以 *F* 给定的速度进给到 *Z* 点，然后主轴再次定向，*X*、*Y* 轴向指定方向移动 *Q* 指定的距离，以快速进给速度返回初始点，*X*、*Y* 轴恢复定位位置，主轴开始旋转。

G87 编程格式如下：

G98G87X_Y_Z_R_Q_P_F_K_；

X_Y_：孔位数据。

Z_：工件表面 Z0 到孔底的距离。

R_：工件表面 Z0 到 R 点的距离（孔底）

Q_：刀具偏移量。

P_：暂定时间。

F_：切削进给速度。

K_：重复次数（如果需要时）。

该指令不能使用 G99，注意事项同 G76。

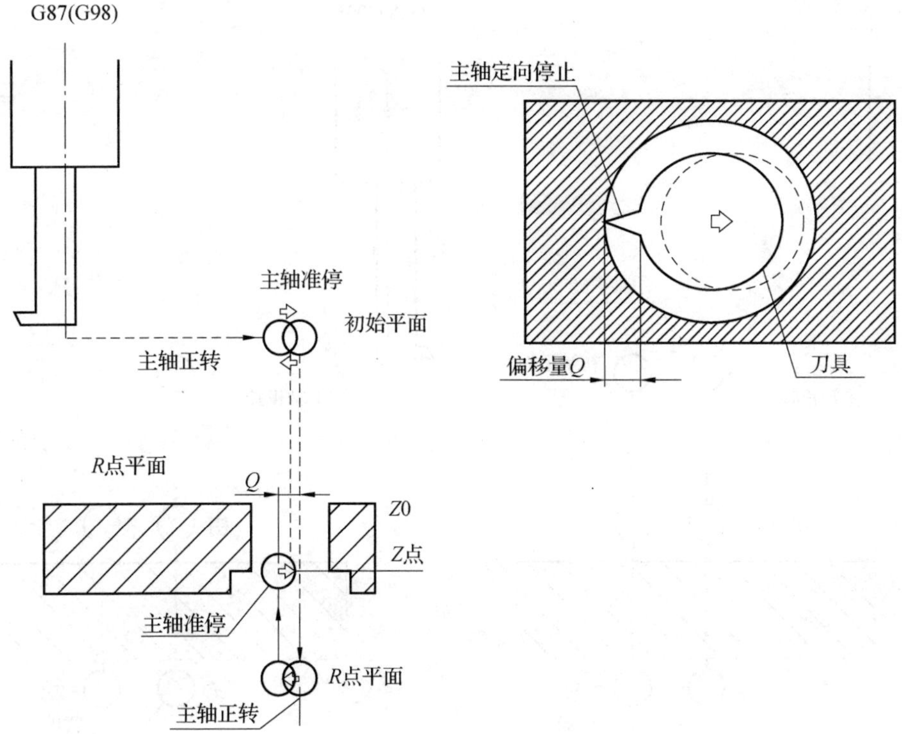

图 8-14　G87 指令

十二、G88（镗削循环）

如图 8-15 所示，固定循环 G88 是带有手动返回功能的用于镗削的固定循环。

G88 编程格式如下：

G98（G99）G88X_Y_Z_R_P_F_K_：

X_Y_：孔位数据。

Z_：工件表面 Z0 到孔底的距离。

R_：工件表面 Z0 到 R 点的距离。

P_：孔底暂定时间。

F_：切削进给速度。

K_：重复次数（如果需要时）。

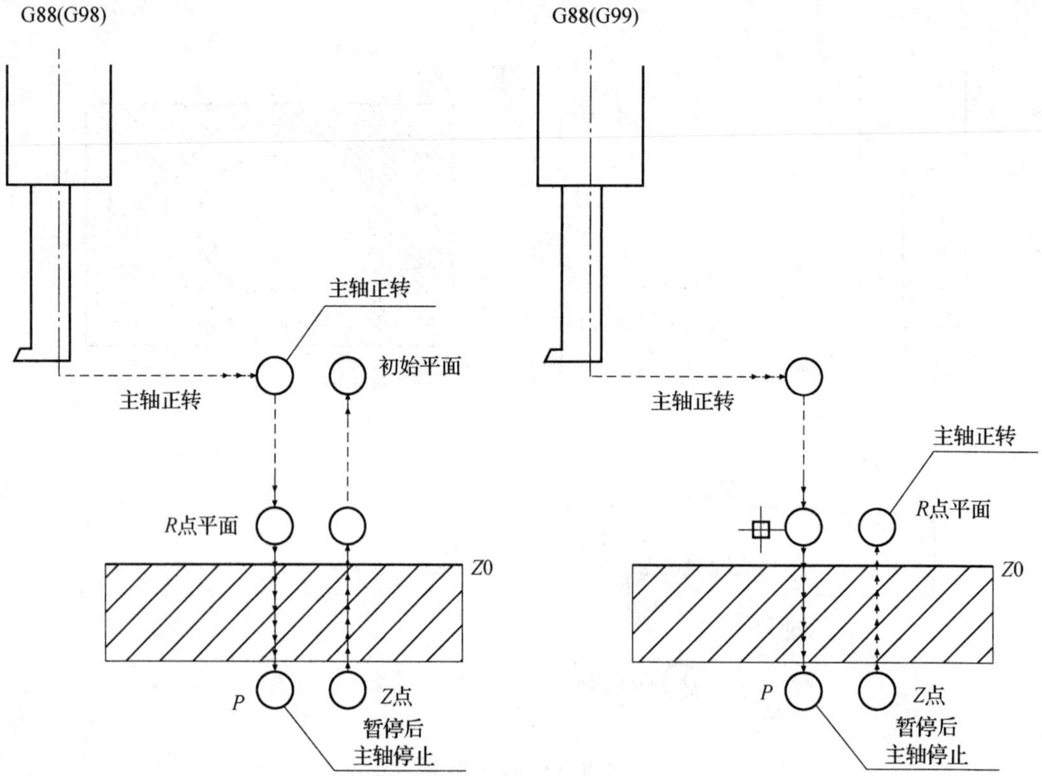

图 8-15　G88 指令

十三、G89（镗削循环）

如图 8-16 所示，该固定循环在 G85 的基础上增加了孔底的暂停。

G89 编程格式如下：

G98（G99）G89X_Y_Z_R_P_F_K_；

X_Y_：孔位数据。

Z_：工件表面 Z0 到孔底的距离。

R_：工件表面 Z0 到 R 点的距离。

P_：孔底的停刀时间。

F_：切削进给速度。

K_：重复次数（根据需要）。

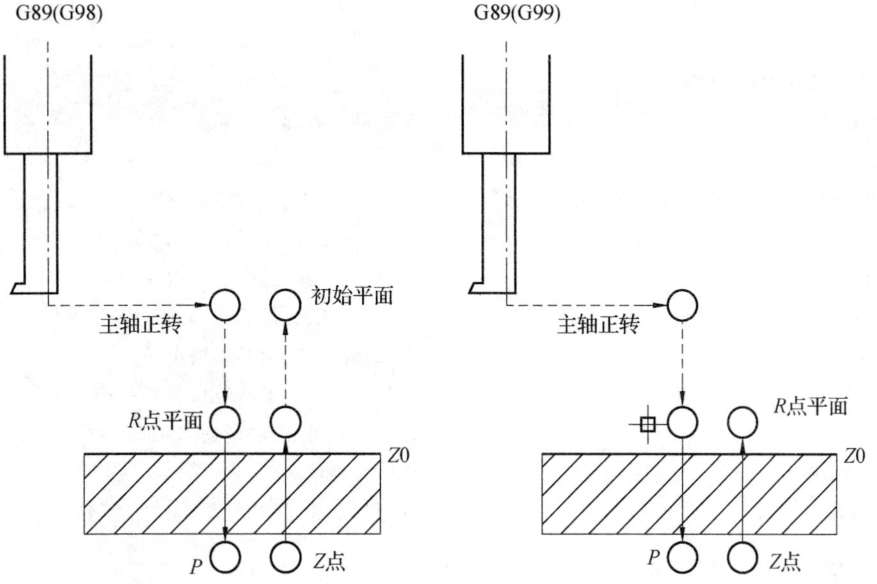

图 8-16　G89 指令

十四、刚性攻丝方式

在攻丝循环 G84 或反攻丝循环 G74 的前一程序段指令 M29S××××；则机床进入刚性攻丝模态。NC 执行到该指令时，主轴停止，然后主轴正转指示灯亮，表示进入刚性攻丝模态，其后的 G74 或 G84 循环被称为刚性攻丝循环，由于刚性攻丝循环中，主轴转速和 Z 轴的进给严格成比例同步，因此可以使用刚性夹持的丝锥进行螺纹孔的加工，并且还可以提高螺纹孔的加工速度，提高加工效率。

使用 G80 和 01 组 G 代码都可以解除刚性攻丝模态，另外复位操作也可以解除刚性攻丝模态。使用刚性攻丝循环需注意以下事项：

（1）G74 或 G84 中指令的 F 值与 M29 程序段中指令的 S 值的比值（F/S）即为螺纹孔的螺距值。

（2）Sxxxx 必须小于 0617 号参数指定的值，否则执行固定循环指令时出现编程报警。

（3）F 值必须小于切削进给的上限值 4000 mm/min 即机床参数规定值，否则出现编程报警。

（4）在 M29 指令和固定循环的 G 指令之间不能有 S 指令或任何坐标运动指令。

（5）不能在攻丝循环模态下指令 M29。

（6）不能在取消刚性攻丝模态后的第一个程序段中执行 S 指令。

（7）不要在试运行状态下执行刚性攻丝指令。

十五、G80（取消固定循环）

G80 取消所有的固定循环，执行正常的操作。R 点和 Z 点也被取消，这意味着在增量方式中，R=0 和 Z=0。其它钻孔数据也被取消（消除）。

程序如下：

```
%
N1G90G0G54X0Y100Z50;
N2 M03S1200;                          主轴转速开启
N3Z30;                                先到一定位置高度
N4G90G99G88X300Y-200X-30R3F100;       定位：镗1孔，然后返回R点。
N5X250;                               定位：镗2孔，然后返回R点。
N6X200;                               定位：镗3孔，然后返回R点。
N7X150;                               定位：镗4孔，然后返回R点。
N8X100;                               定位：镗5孔，然后返回R点。
N9G98X50;                             定位：镗6孔，然后返回初给平面。
N10G80Z50;                            返回到参考点，取消固定循环。
N11X0Y100;                            返回到起始点
N12M30;                               程序结束并返回到程序头。
%
```

十六、使用孔加工固定循环的注意事项

（1）编程时需注意在固定循环指令之前，必须先使用 S 和 M 代码指令主轴旋转。

（2）在固定循环模态下，包含 X、Y、Z、A、R 的程序段将执行固定循环，如果一个程序段不包含上述的任何一个地址，则在该程序段中将不执行固定循环，G04 中的地址 X 除外。另外，G04 中的地址 P 不会改变孔加工参数中的 P 值。

（3）孔加工参数 Q、P 必须在固定循环被执行的程序段中被指定，否则指令的 Q、P 值无效。

（4）在执行含有主轴控制的固定循环（如 G74、G76、G84 等）过程中，刀具开始切削进给时，主轴有可能尚未达到指令转速。这种情况下，需要在孔加工操作之间加入 G04 暂停指令。

（5）由于 01 组的 G 代码也起到取消固定循环的作用，所以不能将固定循环指令和 01 组的 G 代码写在同一程序段中。

（6）如果执行固定循环的程序段中指令了一个 M 代码，M 代码将在固定循环执行定位时被同时执行，M 指令执行完毕的信号在 Z 轴返回 R 点或初始点后被发出。使用 K 参数指令重复执行固定循环时，同一程序段中的 M 代码在首次执行固定循环时被执行。

（7）在固定循环模态下，刀具偏置指令 G45~G48 将被忽略（不执行）。

（8）单程序段开关置上位时，固定循环执行完 *X*、*Y* 轴定位、快速进给到 *R* 点及从孔底返回（到 *R* 点或到初始点）后，都会停止。即需要按循环启动按钮 3 次才能完成一个孔的加工。3 次停止中，前面的两次是处于进给保持状态，后面的一次是处于停止状态。

（9）执行 G74 和 G84 循环时，*Z* 轴从 *R* 点到 *Z* 点和 *Z* 点到 *R* 点两步操作之间如果按进给保持按钮的话，进给保持指示灯立即会亮，但机床的动作却不会立即停止，直到 *Z* 轴返回 *R* 点后才进入进给保持状态。另外 G74 和 G84 循环中，进给倍率开关无效，进给倍率被固定在 100%。

任务二　固定循环编程范例

说明：本任务只按数控铣来编程，从点中心孔起，到镗孔部分固定循环编程举例。编程例题如图 8-17 所示。

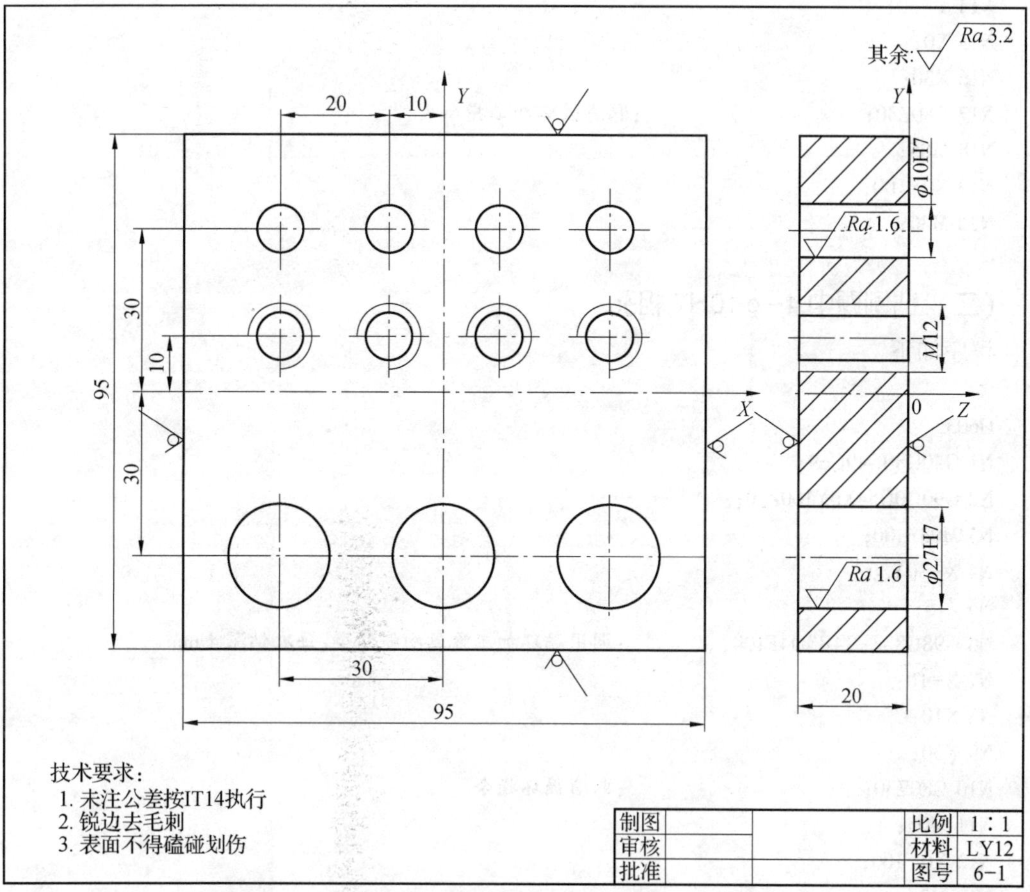

图 8-17　孔系零件图

(一) 点例题中所有的中心孔

程序如下：

```
%
O6031
N1 G40G80G49G69;
N2 G90G0G54X0Y100Z30;
N3 M03S400;
N4 X-30Y30;
N5 Z15;
N6 G98G81Z-2R3F100;            ;调用循环加工中的点钻功能
```

```
N7 X-10;
N8 X10;
N9 X30;
N10 Y10;
N11 X10;
N12 X-10;
N13 X-30;
N14 Y-30;
N15 X0;
N16 X30;
N17 G80Z30;                          ;取消循环加工指令
N18 M05;
N19 X0Y100;
N20 M30;
%
```

（二）钻例题中 4-ϕ10H7 粗孔

程序如下：

```
%
O6032
N1 G40G80G49G69;
N2 G90G0G54X0Y100Z30;
N3 M03S400;
N4 X-30Y30;
N5 Z15;
N6 G98G83Z-24R3Q4F100;             ;调用循环加工啄钻功能指令,每次钻深 4 mm
N7 X-10;
N8 X10;
N9 X30;
N10 G80Z30;                         ;取消循环指令
N11 M05;
N12 X0Y100;
N13 M30;
%
```

（三）钻例题中铰 4-ϕ10H7 精加工

程序如下：

```
%
O6033
N1 G40G80G49G69;
N2 G90G0G54X0Y100Z30;
N3 M03S60;
N4 X-30Y30;
N5 Z15;
N6 G98G81Z-24R4F50;                ;调用循环加工指令,铰孔量,可用点钻功能
```

```
N7 X-10;
N8 X10;
N9 X30;
N10 G80Z30;                    ;取消循环加工
N11 M05;
N12 X0Y100;
N13 M30;
%
```

(四) 攻例题中 4-M12 螺孔（粗孔同 B，孔位置数据而更改）

程序如下：

```
%
O6034
N1 G40G80G49G69;
N2 G90G0G54X0Y100Z30;
N3 M03S300;
N4 X-30Y10;
N5 Z15;
N6 G98G84Z-24R4F525;           ;调用循环加工指令中的攻丝功能
N7 X-10;
N8 X10
N9 X30;
N10 G80Z30;                    ;取消循环加工
N11 M05;
N12 X0Y100;
N13 M30;
%
```

(五) 精镗孔例题中 3-ϕ20H7 孔（粗加工孔省略）

程序如下：

```
%
O6035
N1 G40G80G49G69;
N2 G90G0G54X0Y100Z30;
N3 M03S2000;
N4 X-30Y-30;
N5 Z15;
N6 G98G76Z-22R4Q0.2F300;          ;调用循环镗孔指令,Q0.2 表示主轴停止后移动 0.2 mm
N7 X0;
N8 X30;
N9 G80Z30;                        ;取消循环指令
N10 M05;
N11 X0Y100;
N12 M30;
%
```

注：在镗加工时，一定要看准刀具准定方向，当偏移量过小，看不清时，可以 EXT 坐标系的 Z 中，输入 100，然后在 G98G76Z-22R4Q0.2F300，这程序中修改 Q 量，如改成 G98G76Z-22R4Q30F300，仔细看准准停，正确判断好方向，然后确定刀具装在主轴上的方向，最后把 Q30 改回原数据 Q0.2。

任务三　固定循环运用与实操

固定循环运用如图 8-18 所示。

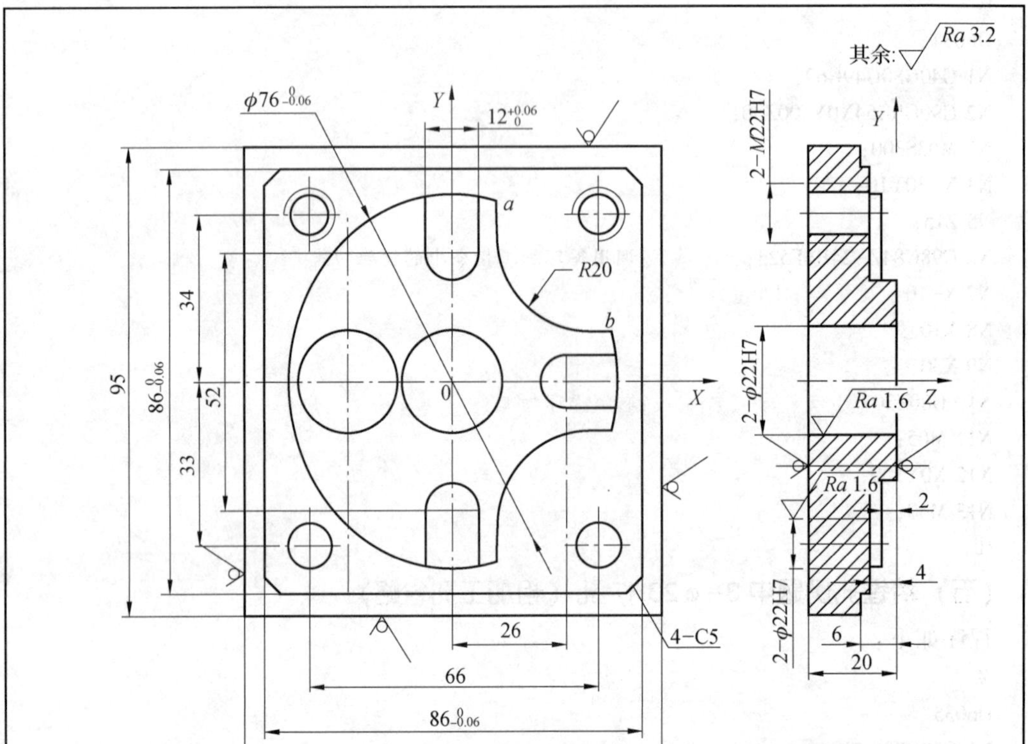

图 8-18　固定循环运用零件图

一、多工序零件的工艺分析

（一）图面分析

仔细阅读图纸，读懂图纸轮廓，尺寸标注是否完整、齐全。

（二）装夹及编程零点设置

编程零点的设置设为工件上表面对称中心处，不仅表现为该零件是对称结构，更重要的是该图示表达的设计基准为上表面对称中心。

（三）结构分析

该零件的加工内容有凸台，有孔、螺纹等，先加工外轮廓，再加工三槽，加工好后，根据计算公式、修改尺寸、以达图纸要求。然后，点所有中心孔、铰孔的粗孔、铰孔、螺纹孔粗孔、2-ϕ22 粗孔及镗孔。

二、制定多工序的工艺方案

（一）机床的选择

采用 FANUC-0i-MC 数控铣床。

（二）夹具的选择

采用平钳装夹。

（三）刀具的选择

根据图纸内圆弧 R 为 6 mm，其精度未标注，故采用 ϕ10 铣刀、ϕ2 中心钻、ϕ10.3 钻头 mm、M12H7 丝攻、ϕ9.8 mm 钻头、ϕ10H7 铰刀、ϕ21 mm 钻头及 22 镗刀。

（四）工量具选择

量程为 75~100 mm 千分尺寸，精度为 0.01 mm 游标卡尺、M12H7 螺纹塞规、ϕ10H7 塞规、ϕ22H7 塞规或三点式千分尺。

（五）切削用量

切削参数根据刀具材料、被加工材料及加工深度确定，由于加工次数较少，可以根据自已的心里承受力来确定，具体见数控加工工序卡，如表 8-4 所示。

表 8-4　数控加工工艺卡

<table>
<tr><td colspan="2">产品名称</td><td colspan="2">零件名称</td><td>产品图号</td><td colspan="3">使用设备</td><td>夹具名称</td><td colspan="4">车间</td></tr>
<tr><td colspan="2">实训科目 3</td><td colspan="2">异型板</td><td>6-2</td><td colspan="3">FANUC-0i-MC</td><td>平口钳</td><td colspan="4">数控实训车间</td></tr>
<tr><td colspan="2">材料牌号</td><td rowspan="2">毛坯</td><td>种类</td><td>板材</td><td colspan="3">刀具</td><td colspan="4">切削用量</td><td rowspan="4">备注</td></tr>
<tr><td colspan="2">LY12</td><td>规格</td><td>95×95×30</td><td rowspan="2">刀具号</td><td rowspan="2">刀具名称</td><td rowspan="2">刀补号</td><td rowspan="2">主轴转速 /(r·min^{-1})</td><td colspan="2">进给速度 V_t /(mm·min^{-1})</td><td rowspan="2">背切刀量</td></tr>
<tr><td>序号</td><td>工序名称</td><td>工步号</td><td colspan="2">工序工步内容</td><td>X、Y</td><td>Z</td></tr>
<tr><td>1</td><td>备料</td><td></td><td colspan="2">备料 95×95×30</td><td></td><td></td><td></td><td></td><td></td><td></td><td></td><td></td></tr>
<tr><td>2</td><td>数铣</td><td>1</td><td colspan="2">86×86 台阶
程序号（6601）</td><td>T1</td><td>ϕ10
铣刀</td><td>1</td><td>2000</td><td>800</td><td>200</td><td>6</td><td></td></tr>
</table>

续表

		2	异型台阶 程序号（6601）	T1	¢10 铣刀	2	2000	800	200	4	
		3	三缺口程序号（6601）	T1	¢10 铣刀	3	2000	800	200	2	
		4	所有中心孔 （程序号 6602）	T2	中心钻	/	3000	/	100		
		5	钻 2-M12 粗孔 （程序号 6603）	T3	¢10.3 钻头	/	700	/	100		
		6	攻 2-M12H7 螺孔 （程序号 6604）	T4	M12 丝攻	/	300	/	525		
		7	钻 2-¢10H7 粗孔 （程序号 6605）	T5	¢9.8 钻头	/	750	/	120		
		8	铰 2-¢10H7 孔 （程序号 6606）	T6	¢10H7 铰刀	/	60	/	50		
		9	钻 ¢22H7 粗孔 （程序号 6607）	T7	¢21 钻头	/	600	/	120		
		10	镗 ¢22H7 孔 （程序号 6608）	T8	¢24 精镗刀	/	2200	/	150		
3	检验										
拟 制				审 核				批 准			

三、多工序编程程式

（1）加工工步号的 1、2、3 的内容，刀具为 ¢10 键槽铣刀，程序号为 O6601，程序如下：

```
%
O6601
N1 G40G80G48G69;
N3 G90G0G54X0Y100Z50;
N5 M03S3000;
N7 X30Y70;
N9 Z5;
N11 G01Z-6F200;
N13 G41Y55D01F600;                    ;加工四边型台阶
N15 Y43X38;
N17 X43Y38;
N19 Y-38;
N21 X38Y-43;
N23 X-38;
N25 X-43Y-38;
```

```
N27 Y38;
N29 X-38Y43;
N31 X55;
N33 G0Z5
N35 G40X0Y55;
N37 G01Z-4F400
N39 G41X-15D02;                    ;加工异型轮廓
N41 Y38;
N43 X0
N45 G02X10Y36.661R38;
N47 G01Y30;
N49 G03X30Y10R20;
N51 G01X36.661;
N53 G02Y-10R38;
N55 G01X30;
N57 G03X10Y-30R20;
N59 G01Y-36.661;
N61 G02X0Y36R-38;
N63 G01X15;
N65 G01G40X43Y36;                  ;取消刀补,去除残余部份
N67 Y34;
N69 X20;
N71 Y25;
N73 X55;
N75 G0Y-25;
N77 G01X20;
N79 Y-34;
N81 X43;
N83 Y-43;
N85 X15;
N87 G0Y-55;
N89 X-24;
N91 G01Y-41;
N93 X-40;
N95 Y-28;
N97 X-55;
N99 G0Y28;
N101 G01X-40;
N103 Y41;
N105 X-24;
N107 Y55;
N109 G0Z5;
```

```
N111 G40X0Y55;
N113 G01Z-2F300;
N115 G01G41X-6D03F400;              ;加工三缺口
N117 Y26;
N119 G03X6R6;
N121 G01Y55;
N123 G40X0;
N125 G0Z5;
N127 X55Y0;
N129 G01Z-2F300;
N131 G01G41Y6D03F400;
N133 X26;
N135 G03Y-6R6;
N137 G01X55;
N139 G01G40Y0;
N141 G0Z5;
N143 X0Y-55;
N145 G01Z-2F300;
N147 G41X6D03F400;
N149 Y-26;
N151 G03X-6R6;
N153 G01Y-55;
N155 G40X0;
N157 G0Z50;
N159 M05;
N161 X0Y100;
N163 M30;
%
```

(2) 加工工步号的 4 的内容，刀具为 ϕ2 中心钻，程序号为 O6602，程序如下：

```
%
06602
N1 G40G80G48G69;
N2 G90G0G54X0Y100Z50;
N3 M03S3000;
N4 X-33Y34;
N5 Z30;
N6 G98G81Z-6R3F100;
N7 Y-33;
N8 X33;
N9 Y34;
N10 G98G81X0Y0Z-2R3F100;
N12 X-24;
```

N13 G80Z50；

N14 M05；

N15 X0Y100；

N16 M30

%

（3）加工工步号的 5 的内容，刀具为 ¢10.3 钻头，程序号为 O6603，程序如下：

%

O6603；

N1 G40G80G48G69；

N2 G90G0G54X0Y100Z50；

N3 M03S600；

N4 X-33Y34；

N5 Z30；

N6 G98G83Z-25R3Q4F100；

N7 X33

N8 G80Z50；

N9 M05；

N10 X0Y100；

N11 M30；

%

（4）加工工步号的 6 的内容，刀具为 M12H7 丝攻，程序号为 O6604，程序如下：

%

O6604

N1 G40G80G48G69；

N2 G90G0G54X0Y100Z50；

N3 M03S300；

N4 X-33Y34；

N5 Z30；

N6 G98G84Z-25R3F525；

N7 X33；

N8 G80Z50；

N9 M05；

N10 X0Y100；

N11 M30；

%

（5）加工工步号的 7 的内容，刀具为 ¢9.8 钻头，程序号为 O6605，程序如下：

%

O6605

N1 G40G80G48G69；

N2 G90G0G54X0Y100Z50；

N3 M03S800；

N4 X-33Y-33；

```
N5 Z30;
N6 G98G83Z-25R3Q4F120;
N7 X33;
N8 G80Z50;
N9 M05;
N10 X0Y100
N11 M30;
%
```

(6) 加工工步号的 8 的内容，刀具为 ¢ 10H7 铰刀，程序号为 O6606，程序如下：

```
%
06606
N1 G40G80G48G69;
N2 G90G0G54X0Y100Z50;
N3 M03S60;
N4 X-33Y-33;
N5 Z30;
N6 G98G81Z-25R3F50;
N7 X33;
N8 G80Z50;
N9 M05;
N10 X0Y100;
N11 M30;
%
```

(7) 加工工步号的 9 的内容，刀具为 ¢ 21 钻头，程序号为 O6607，程序如下：

```
%
06607
N1 G40G80G48G69;
N2 G90G0G54X0Y100Z50;
N3 M03S600;
N4 X0Y0;
N5 Z30;
N6 G98G83Z-25R3Q4F100;
N7 X-24;
N8 G80Z50;
N9 M05;
N10 X0Y100;
N11 M30;
%
```

(8) 加工工步号的 10 的内容，刀具为 ¢ 22 精镗刀，程序号为 O6608，程序如下：

```
%
06608
```

```
N1 G40G80G48G69;
N2 G90G0G54X0Y100Z50;
N3 M03S2200;
N4 X0Y0;
N5 Z30;
N6 G98G76Z-25R3Q0.2F200;
N7 X-24;
N8 G80Z50;
N9 M05;
N10 X0Y100;
N11 M30;
%
```

四、多工序的零件加工方法

（1）开机，回原点，并在平口钳中装入相应用规格的毛坯工件，如图 8-19 所示。

（2）把上面的程序输入到 FANUC 系统中，并调出 6601 程序。

（3）主轴上用手动方式装上 ϕ10 键铣刀，如图 8-20 所示。

图 8-19　装夹好后的零件

图 8-20　刀具在主轴上

利用主轴上的刀具，用双边试切削对刀法，进行对刀，*X*、*Y* 轴对刀与上述所述一样，这里不再赘述，*Z* 方向在工件的上表面，如图 8-21 所示。

图 8-21　Z 轴的对刀

这时，把界面切换到 FANUC 系统的 G54 的坐标系界面，输入 Z0 按“测量”键，Z 轴的参数自动输入至系统中，如图 8-22 所示。

并在 G56 坐标系中 *X*、*Y* 也同时输入，以作备份，如图 8-23 所示。

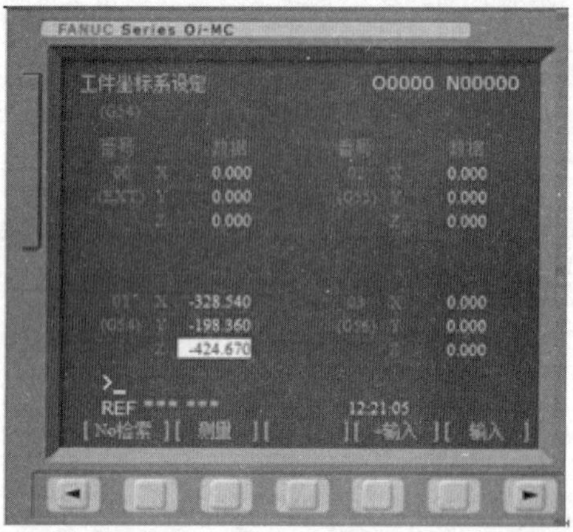

图 8-22 Z 轴数据采集

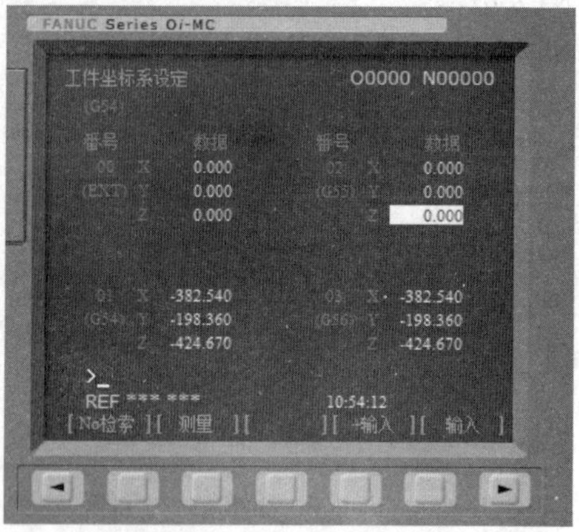

图 8-23 在 G56 中备份的数据

注：此处在 G56 地址寄存器中输入相同 G54 的数值，只为在误操作使 G54 数据被清除或更改的情况下能快速方便地根据 G56 中的数据重新设置 G54 的数据，这个做法与在个人的笔记本上记录或手机拍照留存记录的效果相当，只是更为简便。然后从系统中调 6601 程序，如图 8-24 所示。

注意，刀补号与程序不能搞错，刀补号、程序、G54 坐标系三者中，其中一个发生错误，就有可能发生撞刀。为了避免发生撞刀现象，在调试程序时，可以在 G54 上方的 EXT 坐标的 Z 中，输入“10”或“20”，如图 8-25 所示。

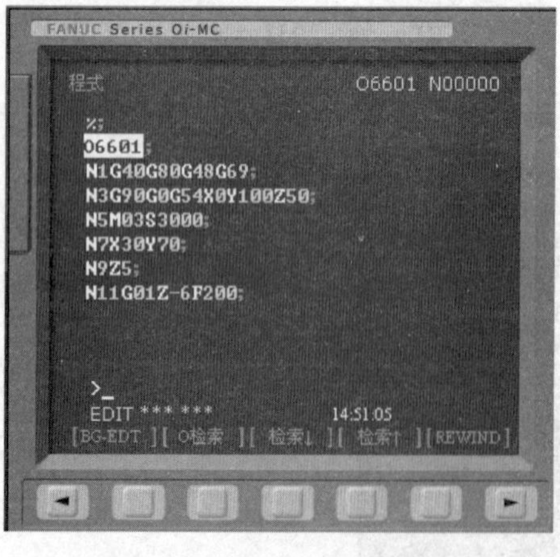

图 8-24 调取 6601 程序

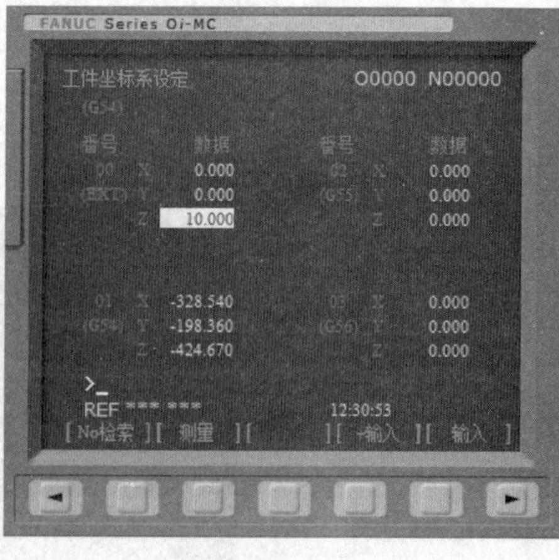

图 8-25 在 EXT 坐标系中 Z 加入 10 mm

在

的刀补界面中，1 号半径输入“5.2”，2 号刀补输入“5.2”，3 号刀补同样输入“5.2”，如图 8-26 所示。

再进行程序调试。调试完成后，EXT 中的 Z 改为“0. 000”，如图 8-27 所示。

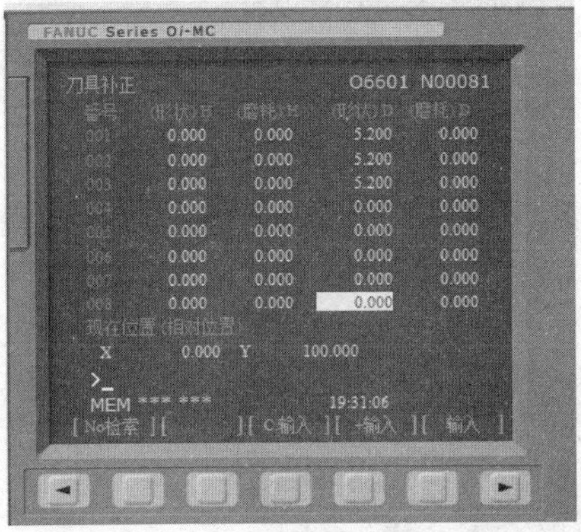

图 8-26　在刀补地址中输入刀具半径

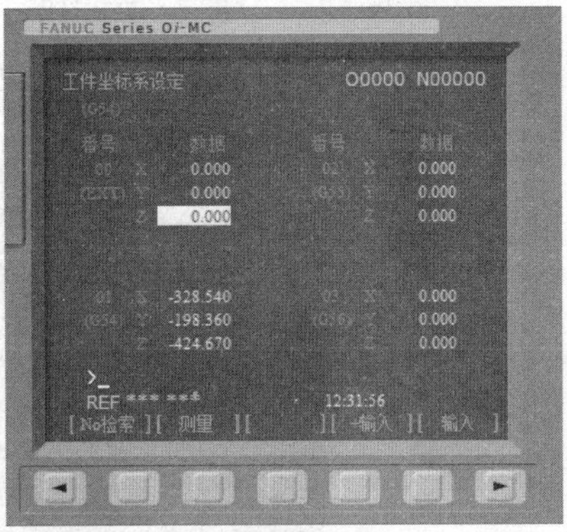

图 8-27　EXT 坐标中改回“0”

进行加工，加工完成的零件，如图 8-28 所示。

图 8-28　加工好的轮廓

当加工完成后，还不能更换刀具，要测量工件，修改刀具半径补偿，所加工的三个轮廓全部达到公差要求，如图 8-29 所示为修改好刀补的显示。

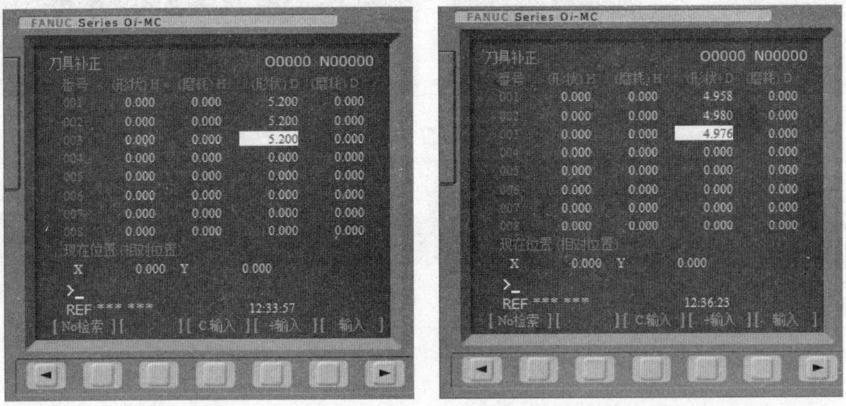

图 8-29　刀补更改前后的对比

加工完成后，还不能换中心钻。还要继续测量工件上的尺寸，需要所要的轮廓尺寸达到图纸要求，才能换上中心钻，然后中心钻对刀，如图 8-30 所示。

图 8-30　中心钻加工前在 Z 向对刀时的刀具与工件相对位置

这时，可以直接在 G54 的坐标系的 Z 方向，直接输入“Z0”按“测量”键，如图 8-31（a）所示。过程与图 8-22、图 8-23 相同。更改好的参数如图 8-31（b）所示。

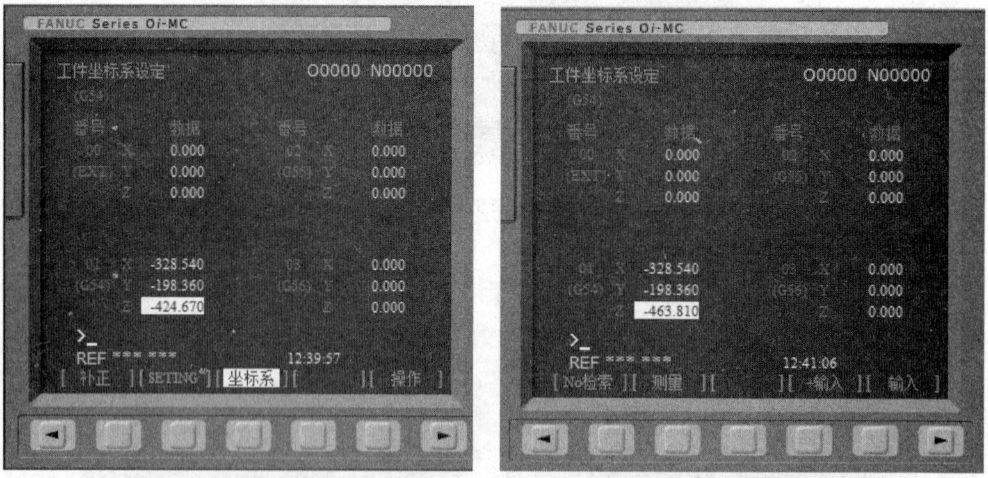

(a)中心钻更改前的Z轴数据　　(b)中心钻更改后的Z轴数据

图 8-31　中心钻加工前 Z 向对刀数据输入

然后调入程序 6602 程序，如图 8-32 所示，点图纸上的所有孔的定位孔。

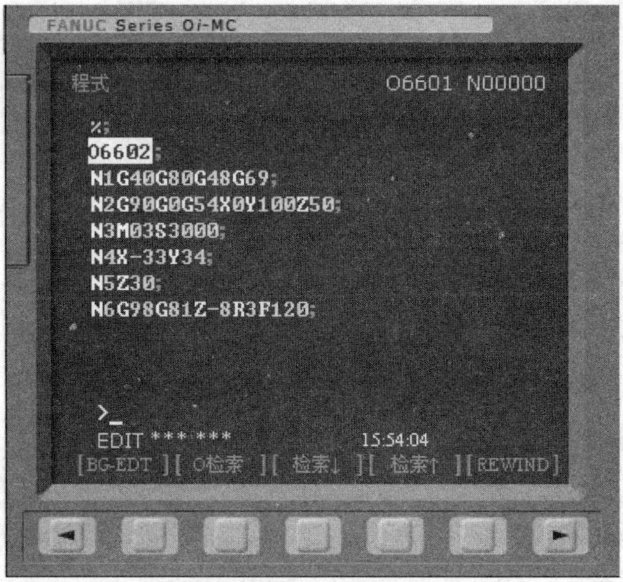

图 8-32　调入 6602 程序

调入程序后，进行点中心孔。当然此时，也可以按上面所说，在 EXR 坐标系中加 8 或 10 mm 检查一下程序。加工效果如图 8-33 所示。

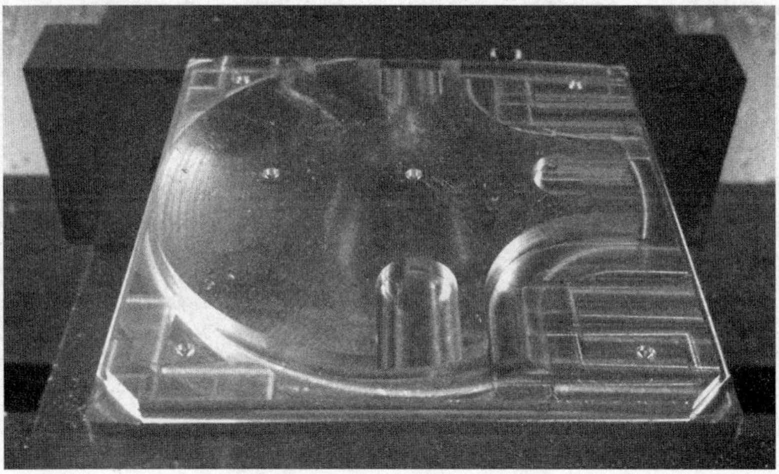

图 8-33　点完中心孔的图

点好中心孔后主轴上的刀具更换为 10.3 钻头，并把钻头用手动方式移动到工件上表面，如图 8-34 所示。

图 8-34　钻头加工前在 Z 向对刀时的刀具与工件相对位置

此时，与点中心孔一样，在 G54 坐标系中的 Z 重新输入 Z 方向新坐标。如图 8-35 所示。

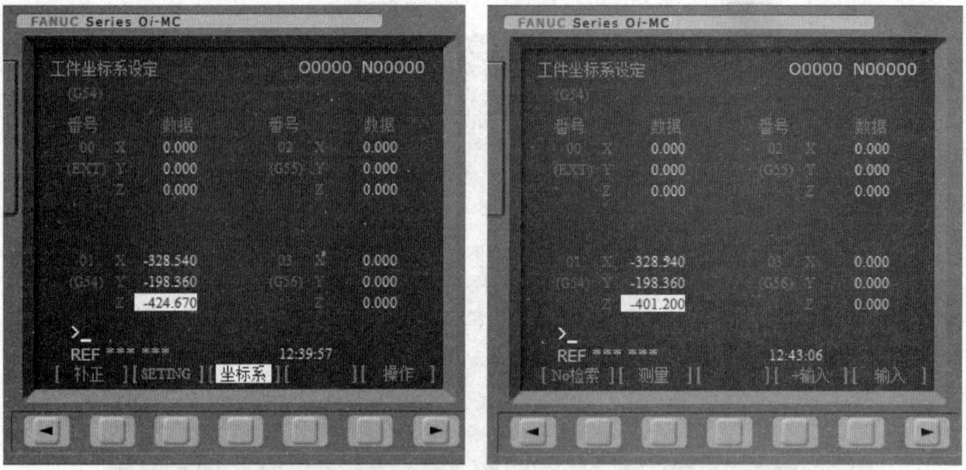

(a) ¢ 10.3钻头更改前的Z轴数据　　(b) ¢ 10.3钻头更改后的Z轴数据

图 8-35　钻孔加工前 Z 向对刀数据输入

对完刀后，调入程序号 6603 号程序，加工 M12 的螺纹底孔底孔直径为 ¢ 10.3 mm，如图 8-36 所示。

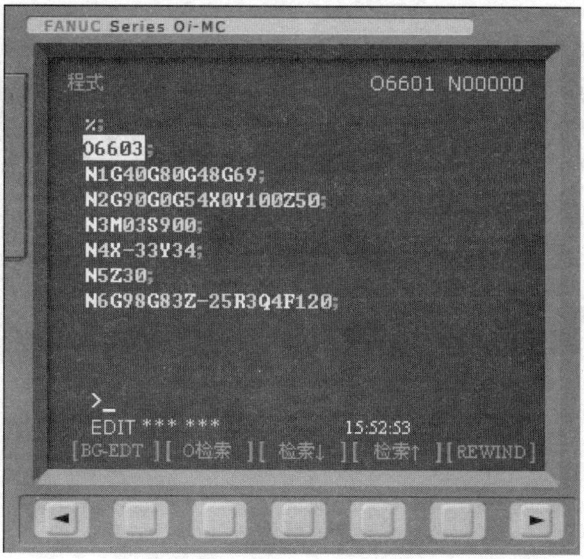

图 8-36　调入 6603 程序

注意，一定要先对好刀，把参数输入 G54 坐标系中后才能调程序，不然很容易引起撞刀。同样，也可以在 EXT 坐标系中输入零件厚度加个钻尖长度，如工件厚是 20，再加上钻尖长 5，EXT 中的 Z 输入“25”（因为钻孔深度 25 mm），然后试程序。调完后，改回零，再进行加工。加工后的效果如图 8-37 所示。

钻好粗孔后，主轴上换上 M12H7 丝攻，与上述内容类似，丝攻对刀，如图 8-38 所示。

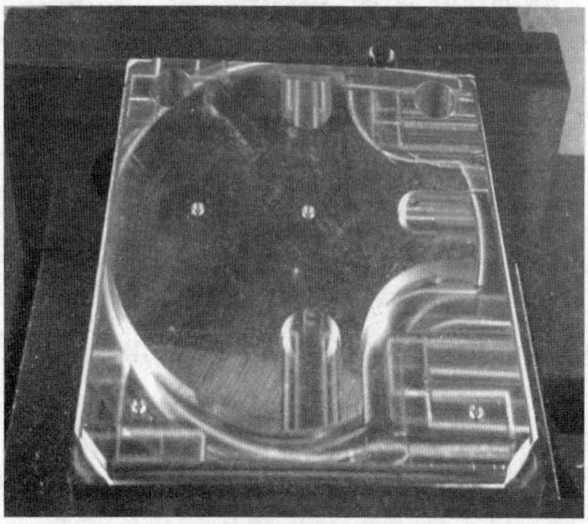

图 8-37　钻好上方二 ¢ 10.3 底孔的图

图 8-38　丝锥加工前在 Z 向对刀

然后，在 G54 坐标系中更改 Z 方向坐标值，如图 8-39 所示。

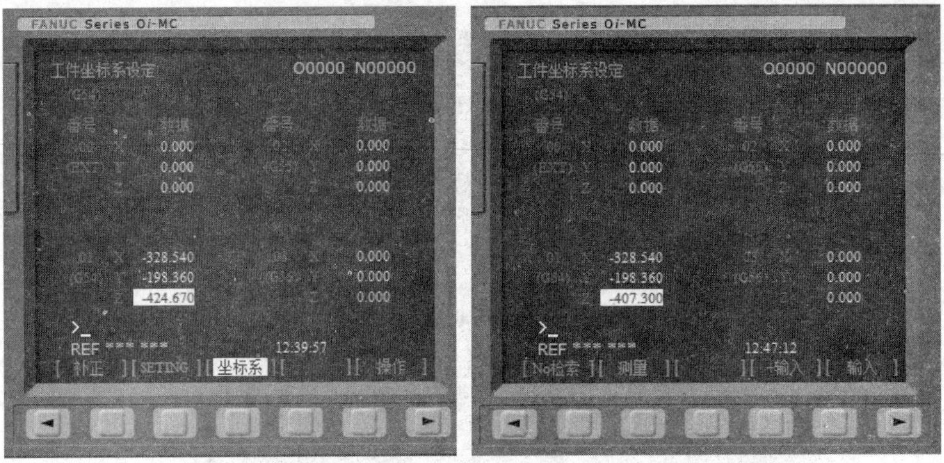

(a)丝攻更改前的Z轴数据 (b)丝攻更改后的Z轴数据

图 8-39 丝锥加工前 Z 向对刀数据输入

调入程序 6604 的攻丝程序如图 8-40 所示。

值得注意的是，攻螺纹时，一定要注意程序中的主轴转速与 F 进给速度，假设不匹配，轻则造成“烂牙”，重则造成刀具断在孔内无法取出！这里需注意：F = 主轴转速 × 螺距。攻好螺纹的实体图如图 8-41 所示。

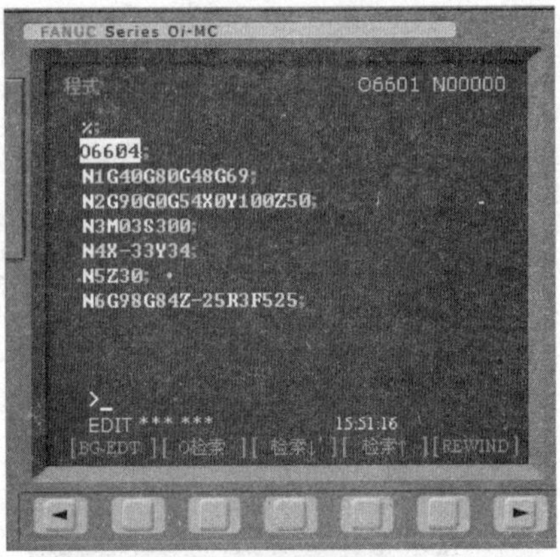

图 8-40 调入 6604 程序

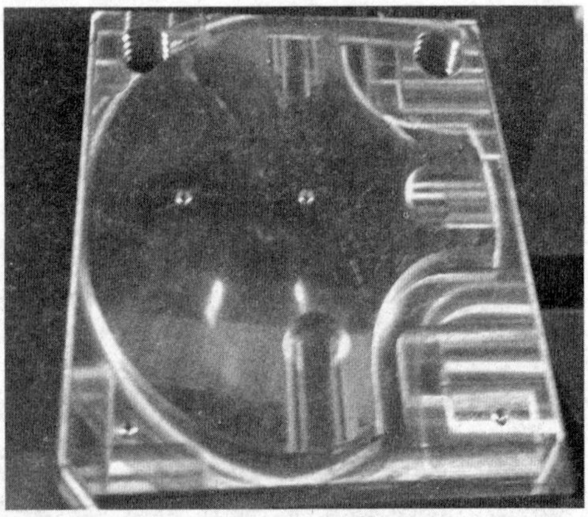

图 8-41 攻 M12 螺纹的图

攻螺纹结束后，图纸中二孔 ¢ 10H7 的粗孔，因此，还得更换 ¢ 9.8 钻头，对刀，如图 6-42 所示。由于 M12 螺纹底孔的孔径与 ¢ 10H7 的底孔直径不同，所以，必须分开加工，¢ 10H7 对刀的图如图 8-42 所示。

图 8-42　¢9.8 钻头在加工前对刀时的刀具与工件相对位置

然后，还是跟前述内容相同，在 G54 坐标系中更改 Z 方向数据，如图 8-43 所示。

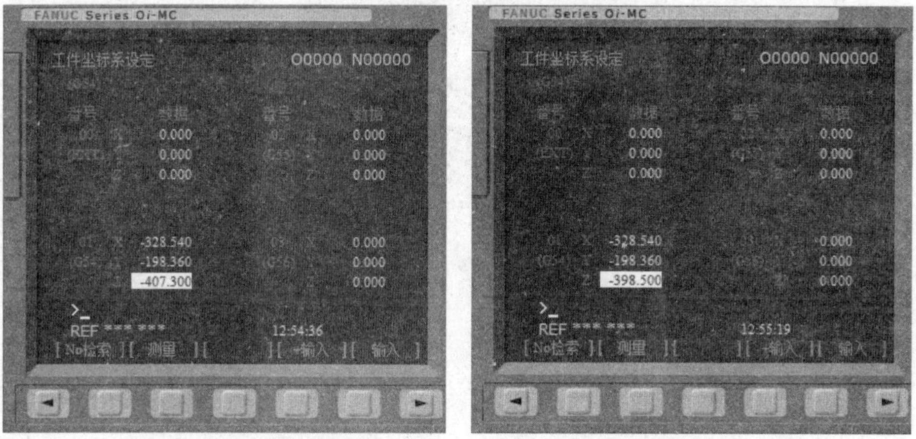

(a) ¢9.8钻头更改前的Z轴数据　　(b) ¢9.8钻头更改后的Z轴数据

图 8-43　¢9.8 钻头加工前 Z 向对刀数据输入

调整好 Z 轴数据后，调出钻二孔 ¢10 的程序 6605，钻孔 ¢9.8 底孔。铰孔时，余量一般是单边留 0.05~0.1 mm，所以选用 ¢9.8 钻头较为合适，调入钻孔后的程序图如图 8-44 所示。

加工好后的图如图 8-45 所示。

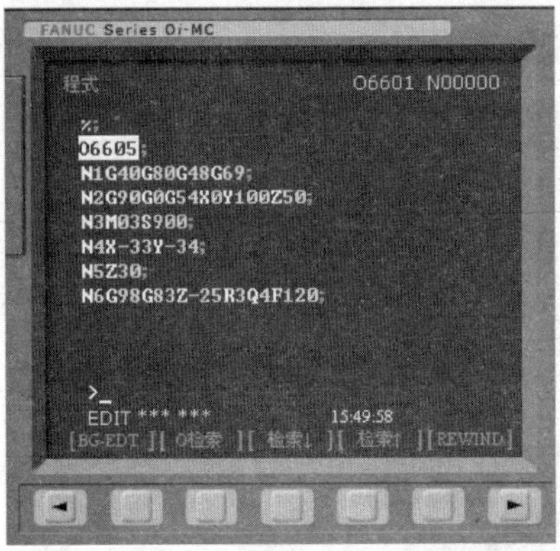

图 8-44　调用 6605 程序

图 8-45　钻好二 ¢ 11. 8 底孔

当加工完后 ¢ 12H7 粗孔后，换 ¢ 12H7 铰刀，然后 Z 方向对刀，如图 8-46 所示。

图 8-46　¢ 12H7 铰刀在加工前对刀时的刀具与工件相对位置

当铰刀对好刀后，跟前面一样，要把 Z 轴的数据输入 G54 坐标系中，如图 8-47 所示。

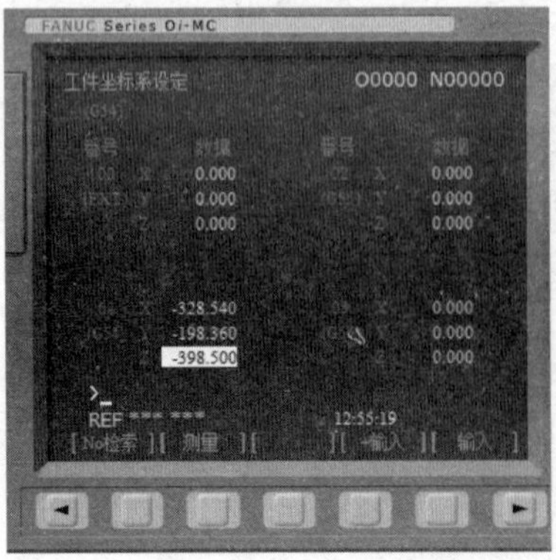

(a) ¢ 10H7铰刀更改前的Z轴数据

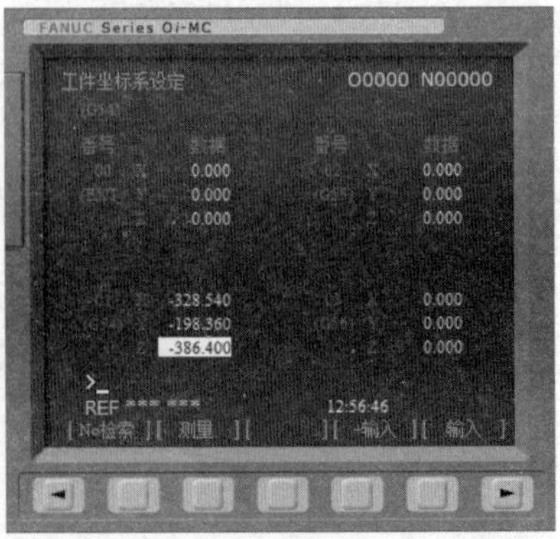

(b) ¢ 10H7铰刀更改后的Z轴数据

图 8-47　铰刀加工前 Z 向对刀数据输入

输入数据后，调出铰孔的程序 6606，如图 8-48 所示转速不要过高，转速越高，离心力越大，铰出来的孔径就会超差，所以，以最低转速加工铰孔过程。

铰孔后，还有两道工序没完成，（1）是 ¢ 24H7 的粗孔；（2）是 ¢ 24H7 的精加工，所以，还得换上 ¢ 23 的钻头，来进行 ¢ 24H7 的底孔加工，如图 8-49 所示，¢ 23 钻头对刀。

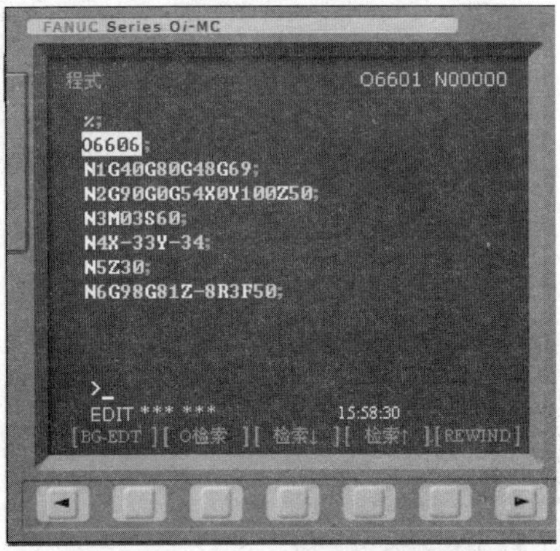

图 8-48　调出铰孔 6606 程序

图 8-49　¢ 23 钻头在加工前对刀

对完刀后，同样要把 *Z* 轴的数据输入到 G54 坐标系中，如图 8-50 所示。

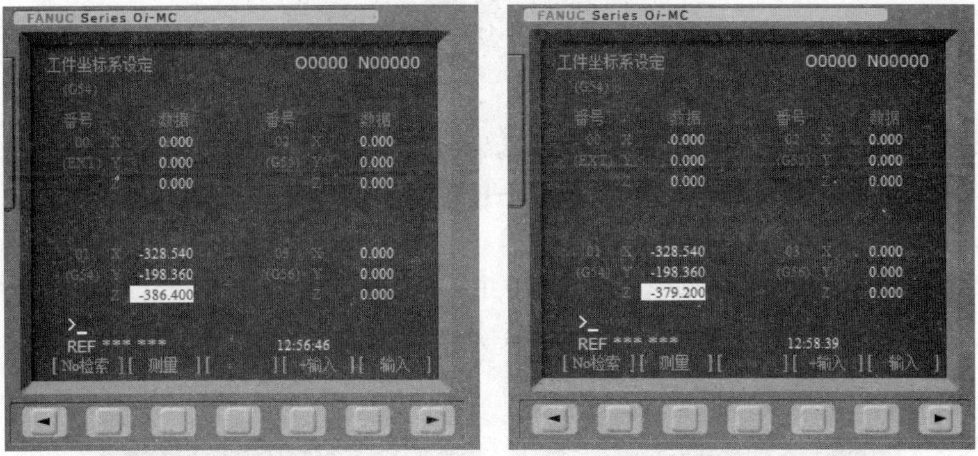

(a) ¢ 23钻头更改前的Z轴数据　　(b) ¢ 23钻头更改后的Z轴数据

图 8-50　¢ 23 钻头加工前 Z 向对刀数据输入

当 G54 坐标系中的数据输入后，调出 ¢ 24H7 粗加工程序 6607，如图 8-51 所示。然后进行孔加工，加工好后的图如图 8-52 所示。

图 8-51　调用 6607 程序

图 8-52　加工好二 ¢ 23 粗孔

当 ¢ 24H7 粗孔加工完成后换最后一把镗刀，先对刀后进行镗孔，如图 8-53 所示。

图 8-53　¢ 24H7 镗刀在加工前对刀

先把镗刀的 *Z* 方向数据输入 G54 坐标系中，如图 8-54 所示。

(a) ¢ 24H7精镗刀更改前的Z轴数据　(b) ¢ 24H7精镗刀更改后的Z轴数据

图 8-54　¢ 24H7 镗刀加工前 *Z* 向对刀数据输入

输入数据后，先不要调出镗孔程序，由于在精镗指令在孔加工时，要有一个退刀量 Q，若方向调反，轻则会破坏孔表面质量，重则可能导致产品质量事故或设备事故，所以，先编一镗孔程序，来判断刀尖准停方向。在 EXT 坐标系中的 Z，输入“100”，再先编一个镗孔程序，程序如下：

```
%
O0001
G40G80G49G69;
G90G0G54X0Y100Z100;
M03S50;
X0Y0;
Z50;
G98G76Z-3R3Q0.2;
G80Z100;
X0Y100;
M30;
%
```

把此程序输入系统后，即可运行，这时，肯定在偏移 0.2 mm 看不清移动就结束了，那就把 Q0.2 改成 Q50 后运行，正确判断好准停方向后，是刀尖向左，还是刀尖向右（一般来说，是刀尖向左），把 Q50 改回 Q0.2，试运行。然后，在 MDI 方式，输入“M19”，把镗刀装入主轴孔中，如图 8-55 所示，然后，调出精镗孔程序 6608，如图 8-56 所示。

图 8-55　主轴上换好的镗刀

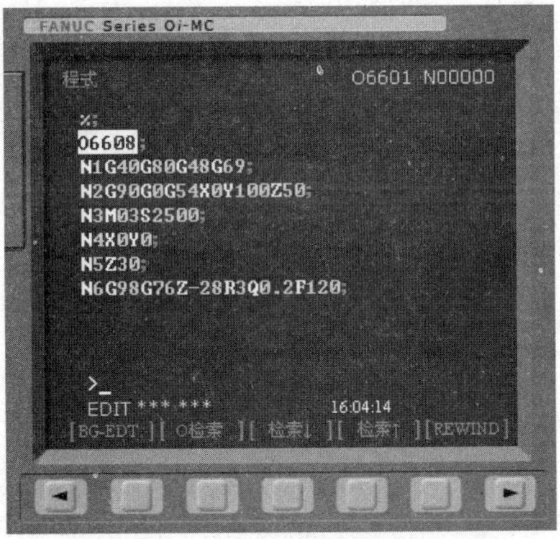

图 8-56　调用 6608 程序

当 ¢24H7 孔的程序执行完成后，一般都要用内径靠表或内测千分尺进行孔径测量，以保证 ¢24H7 的孔达图纸要求，最后加工完成的零件如图 8-57 所示。

图 8-57 最终加工后的图

思考与练习

一、选择题

1. 孔加工，选择（　　）方式时，Z 是指自 R 点到孔底平面上 Z 点的距离。

A. G99　　B. G90　　C. G98　　D. G91

2. 数控铣床 FANUC 系统中，G73 X_Y_Z_R_Q_P_F_语句中的 R 值表示（　　）。

A. 直径的大小　　B. 半径的大小

C. 中间点 R 的大小　　D. 螺纹的过渡圆弧

3. 正转，刀具以进给速度向下运动钻孔，到达孔底位置后，快速退回，这一钻孔指令是（　　）。

A. G81　　B. G82　　C. G83　　D. G84

4. （（50. 0，50. 0）坐标点上，钻一个深 10 mm 的孔，Z 轴坐标零点位于零件表面上，则指令为（　　）。

A. G85 X50. 0 Y50. 0 Z-10. 0 R0. 0 F50;

B. G81 X50. 0 Y50. 0 Z-10. 0 R0. 0 F50;

C. G81 X50. 0 Y50. 0 Z-10. 0 R5. 0 F50;

D. G83 X50. fl Y50. 0 Z-10. 0 R5. 0 F50;

5. 行程序“G98 G81 R3. 0 Z-5. 0F50;”后钻孔深度是（　　）。

A. 5 mm　　B. 3 mm　　C. 8 mrsi　　D. 2 mm

6. 麻花钻的锋角为（　　）。

A. 118°　　B. 35°~40°　　C. 50°~55°　　D. 112°

7. 在（　　）中，用主轴电机控制攻丝过程。

A. 刚性攻丝方式　　B. 换刀方式　　C. 弹性夹头攻丝　　D. 钻孔方式

二、判断题

1. ANUC 系统中，G83 用于精镗循环。　　（　　）

2. 铣床的孔加工固定循环功能，使用一个程序段即可完成线性排列孔加工的全部动作。 （ ）

3. 孔容易出现的主要问题是排屑和冷却困难。 （ ）

4. 铰刀的齿槽有螺旋槽和直槽两种。其中直槽铰刀切削平稳、振动小、寿命长、铰孔质量好，尤其适用于铰削轴向带有键槽的孔。 （ ）

5. 加工的程序中 G98G83Z-20R4Q2F100 中，*R* 是钻头半径。 （ ）

6. 机床采用多把刀加工零件时，只需第一把刀对好建立工件坐标系即可。 （ ）

三、编程题

完成如图 8-58 所示的编程。

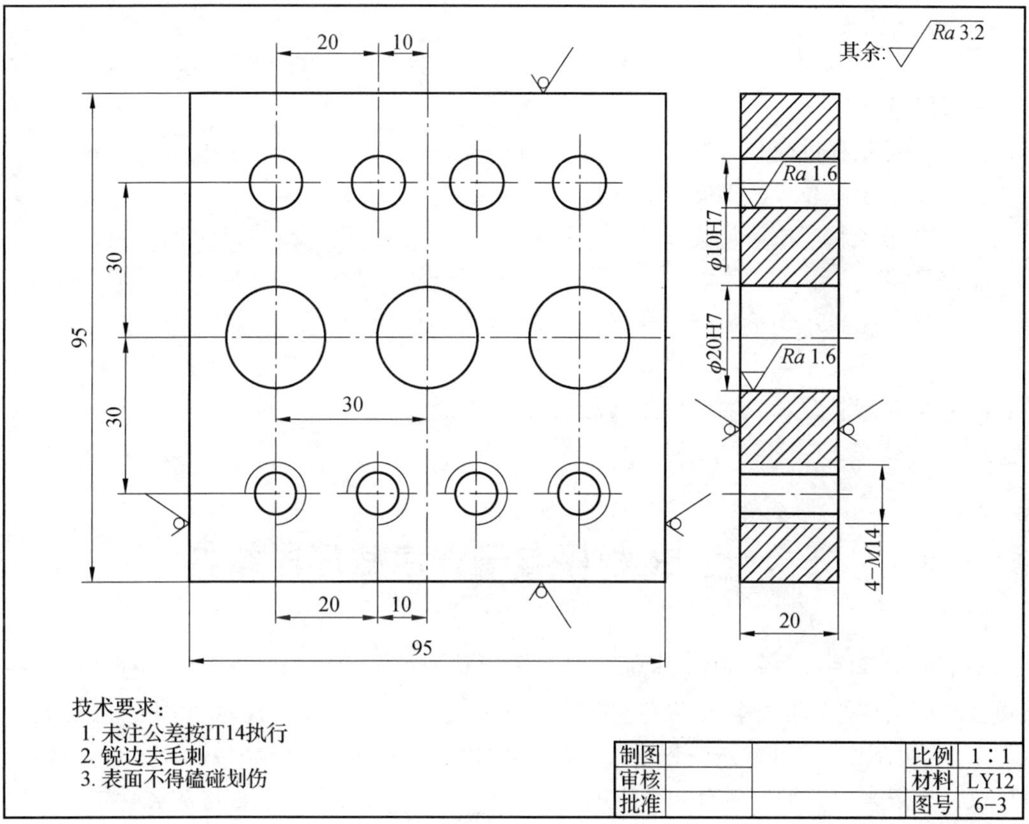

图 8-58 零件图

项目九 子程序

学习目标

知识目标

(1) 了解子程序的作用及格式。

(2) 了解子程序中的 M98、M99 及 P 的含意。

(3) 会用子程序来简化编程。

能力目标

(1) 掌握子程序调用指令。

(2) 熟练掌握子程序调用格式及用法。

(3) 掌握增量值编程在绝对值编的运用。

任务一 主程序与子程序程序段结构

一个加工程序由许多程序段构成，程序段是构成加工程序的基本单位。程序段由一个或更多的词构成并以程序段结束符（EOB，ISO 代码为 LF，EIA 代码为 CR，屏幕显示为“;”）作为结尾。另外，一个程序段的开头可以有一个可选的顺序号 N××××用来标识该程序段，一般来说，顺序号有两个作用：一是运行程序时便于监控程序的运行情况，因为在任何时候，程序号和顺序号总是显示在 CRT 的右上角；二是在分段跳转时，必须使用顺序号来标识调用或跳转位置。必须注意，程序段执行的顺序只和它们在程序存储器中所处的位置有关，而与它们的顺序号无关，也就是说，如果顺序号为 N20 的程序段出现在顺序号为 N10 的程序段前面，也一样先执行顺序号为 N20 的程序段。如果某一程序段的第一个字符为“/”，则表示该程序段为条件程序段，即可选跳段开关在上位时，不执行该程序段，而可选跳段开关在下位时，该程序段才能被执行。

当程序中出现某些固定顺序或者重复出现的程序段时，可以将这一部份程序段抽出，并按照一定格式写成一个程序，将这段轨迹编成子程序存储在机床的程序存储器中以备调用，这个程序就是子程序，调用子程序的程序，称为主程序。一般地，NC 执行主程序的指令，但当执行到一条子程序调用指令时，NC 转向执行子程序，在子程序中执行到返回指令时，再回到主程序。

当一个主程序调用一个子程序时，该子程序可以调用另一个子程序，这样的情况称之为子程序的两重嵌套。一般机床可以允许最多达四重的子程序嵌套。在调用子程序指令中，可以指令重复执行所调用的子程序，可以指令重复最多达 999 次。

一个子程序应该具有如下格式：

0××××；　　子程序号
…………；
…………；　　子程序内容
…………；
…………；
M99；　　返回主程序

在程序的开始，应该有一个由地址 O 指定的子程序号，在程序的结尾，返回主程序的指令 M99 是必不可少的。M99 可以不必出现在一个单独的程序段中，作为子程序的结尾，这样的程序段也是合理的：

G90 G00 X0 Y100. M99；

在主程序中，调用子程序的程序段应包含如下内容：

M98 P×××××××；

在这里，地址 P 后面所跟的数字中，后面的四位用于指定被调用的子程序的程序号，前面的三位用于指定调用的重复次数：

M98 P51002；调用 1002 号子程序，重复 5 次。

M98 P1002；调用 1002 号子程序，重复 1 次。

M98 P50004；调用 4 号子程序，重复 5 次。

子程序调用指令可以和运动指令出现在同一程序段中：

G90 G00 X-75. Y50. Z53. M98 P40035；

该程序段指令 X、Y、Z 三轴以快速定位进给速度运动到指令位置，然后调用执行 4 次 35 号子程序。

包含子程序调用的主程序，程序执行顺序如下列：

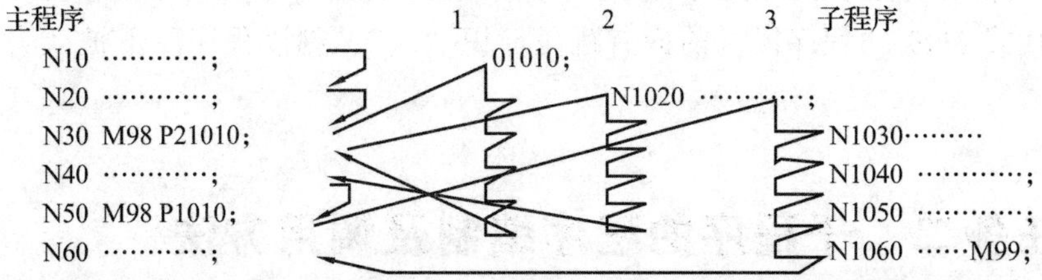

和其他 M 代码不同，M98 和 M99 执行时，不向机床发送信号。

当 NC 找不到地址 P 指定的程序号时，发出 PS 报警。

子程序调用指令 M98 不能在 MDI 方式下执行，如果需要单独执行一个子程序，可以在程序编辑方式下编辑如下程序，并在自动运行方式下执行。

× ×××；

M98 P××××;

M02（或 M30）;

在 M99 返回主程序指令中，可以用地址 P 来指定一个顺序号，当这样的一个 M99 指令在子程序中被执行时，返回主程序后并不是执行，紧接着调用子程序的程序段后的程序段，而是转向执行具有地址 P 指定的顺序号的程序段，如下例：

```
主程序                          子程序
N10 …………;                      01010;
N20 …………;                              N1020 …………;
N30 M98 P1010;                          N1030 …………;
N40 …………;                              N1040 …………;
N50 …………;                              N1050 …………;
N60 …………;                              N1060 …………;
N70 …………;                              N1070 M99 P60;
```

这种主-子程序的执行方式只有在程序存储器中的程序能够使用，DNC 方式下不能使用。

如果 M99 指令出现在主程序中，执行到 M99 指令时，将返回程序头，重复执行该程序。这种情况下，如果 M99 指令中出现地址 P，则执行该指令时，跳转到顺序号为地址 P 指定的顺序号的程序段。

大部分情况下，将该功能与可选跳段功能联合使用。如下例：

```
N10…………;
N20…………;
N30…………;            可选跳开关置于上位时
/N40 M99 P20;
N50…………;
N60…………;
N70 M02;
可选跳开关置于下位时
```

当可选跳段开关置于下位时，跳段标识符不起作用，M99P20 被执行，跳转到 N20 程序段，重复执行 N20 及 N30（如果 M99 指令中没有 P20，则跳转到程序头，即 N10 程序段），当可选跳段开关置于上位时，跳段标识符起作用，该程序段被跳过，N30 程序段执行完毕后执行 N50 程序段，直到 N70M02；结束程序的执行。值得注意的是：如果包含 M02、M30 或 M99 的程序段，前面有跳段标识“/”，则该程序段不被认为是程序的结束。

任务二　子程序的程序编制及调用方法

加工内容如下：

铣加工如图 9-1 所示，加工 800 个 ¢8 孔，孔深 5 mm，故采用调用子程序编程。

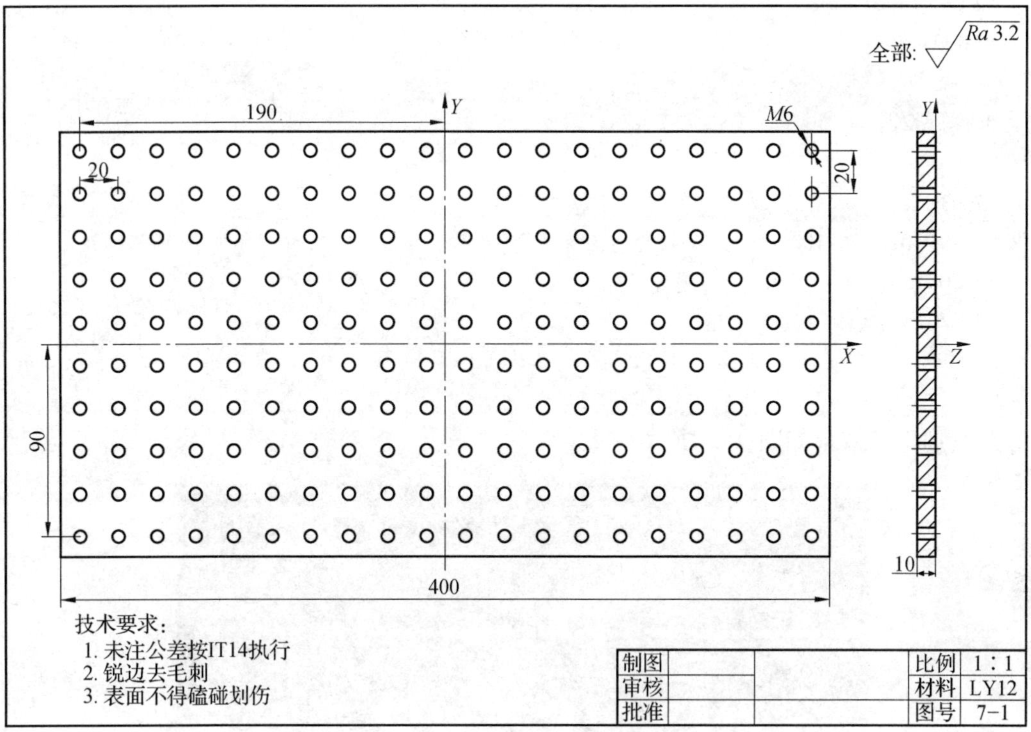

图 9-1　孔加工

程序如下:

主程序

```
%
O7001
N1 G40G80G49G69;
N2 G90G0G54X0Y100Z30;
N3 M03S1200;
N4 X-190Y90;
N5 Z5;
N6 M98P107002;          ;调用子程序,子程序号为 7002 次数为 10 次
N7 G90G0Z30;            ;运用增量值编程后,一定要回到绝对值
N8 M05;
N9 X0Y100;
N10 M30;
%
```

子程序 1

```
%
O7002
N1 M98P207003;          ;调用子程序,子程序号为 7003 次数为 20 次
```

```
N2 G0X-400Y-20;
N3M99;                    ;返回主程序
%
```

子程序 2

```
%
O7003
N1 G91G01Z-16F100;        ;运用增量值编程
N2 G0Z16;
N3 X20;
N4 M99;                   ;返回主程序
%
```

仿真加工的效果如图 9-2 所示。

图 9-2　仿真效果图

由于 G91 G81 X_Y_Z_R_F_K5；由于在机房使用的是仿真软件，与实际机在程序执行上，存在一定差别，其中 G91、K5 指令，仿真不识别，未采用，故应采用增量值编程。

任务三　增量值编程与子程序调用编程范例

加工内容：20 条腰圆槽。

一、有规律图形的工艺分析

（一）图面分析

仔细阅读图纸（图 9-3），读懂图纸轮廓，尺寸标注是否完整、齐全。

（二）装夹及编程零点设置

该零件上、下、左、右基本对称，编程零点设置在工件中心。

（三）表面粗糙度

孔表面粗糙度、精度要求较高，故粗加工后需要精加工。

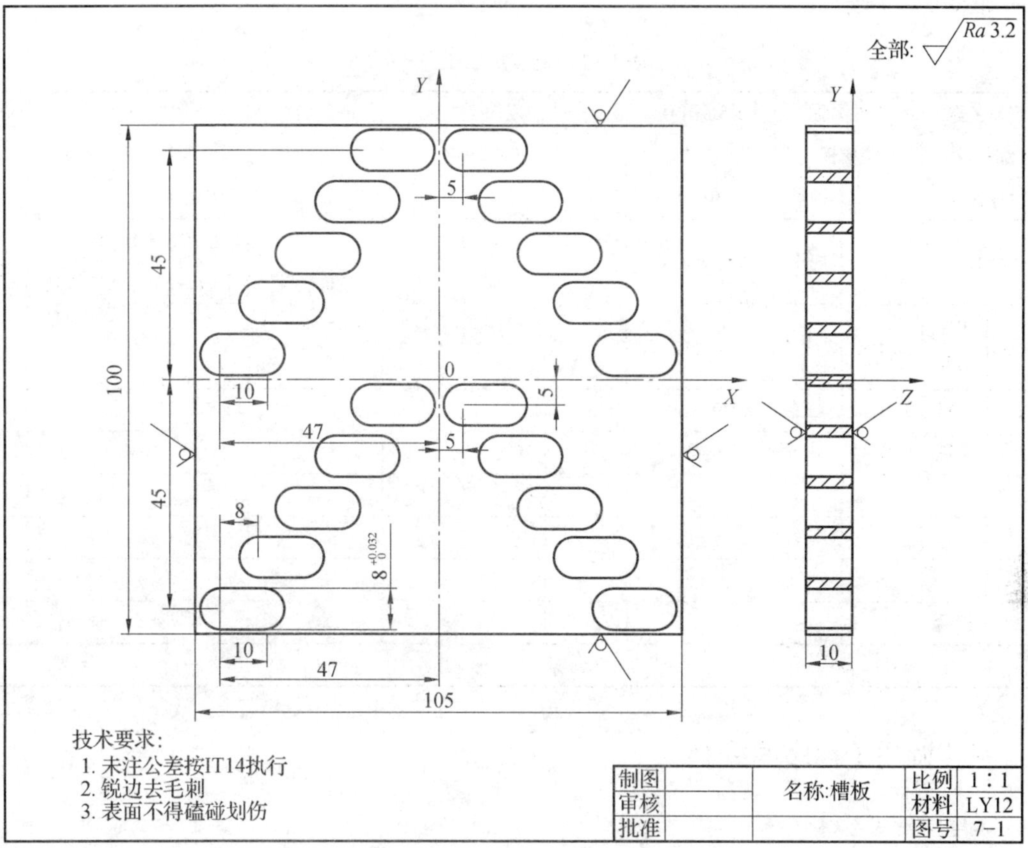

图 9-3　规则槽型板零件图

二、制定科学的工艺方案

(一) 机床的选择

采用 FANUC-0i-MC 数控铣床。

(二) 夹具的选择

考虑该零件为块类其装夹方法为平口钳夹持。

(三) 刀具的选择

根据图纸，采用 ϕ6 键槽铣刀。

(四) 工量具选择

量程为 150，精度为 0.02 游标卡尺。

(五) 切削用量

切削参数是根据刀具材料、被加工材料及加工深度来确定，由于经历多次加工，所以，主轴转速采用 4 000 r/min，下刀进给量 $F=100$，进给刀量 $F=300$ mm/min。具体表工序卡如表 9-1 所示。

表 9-1　数控加工工艺卡

<table>
<tr><td colspan="2">产品名称</td><td colspan="2">零件名称</td><td>产品图号</td><td colspan="3">使用设备</td><td>夹具名称</td><td colspan="4">车间</td></tr>
<tr><td colspan="2">实训科目 4</td><td colspan="2">多槽板</td><td>7-2</td><td colspan="3">FANUC-0i-MC</td><td>平口钳</td><td colspan="4">数控实训车间</td></tr>
<tr><td colspan="2">材料牌号</td><td rowspan="2">毛坯</td><td>种类</td><td>板材</td><td colspan="3">刀具</td><td colspan="4">切削用量</td><td rowspan="3">备注</td></tr>
<tr><td colspan="2" rowspan="1">LY12</td><td>规格</td><td>95×95×30</td><td rowspan="2">刀具号</td><td rowspan="2">刀具名称</td><td rowspan="2">刀补号</td><td rowspan="2">主轴转速 /(r·min⁻¹)</td><td colspan="2">进给速度 V_t /(mm·min⁻¹)</td><td rowspan="2">背切刀量</td></tr>
<tr><td>序号</td><td>工序名称</td><td>工步号</td><td colspan="2">工序工步内容</td><td>X、Y</td><td>Z</td></tr>
<tr><td>1</td><td>备料</td><td></td><td colspan="2">备料 95×95×30</td><td></td><td></td><td></td><td></td><td></td><td></td><td></td><td></td></tr>
<tr><td>2</td><td>数铣</td><td>1</td><td colspan="2">加工腰型槽</td><td>1</td><td>键铣刀</td><td>1</td><td>4000</td><td>300</td><td>100</td><td>2</td><td></td></tr>
<tr><td></td><td></td><td></td><td colspan="2"></td><td></td><td></td><td></td><td></td><td></td><td></td><td></td><td></td></tr>
<tr><td></td><td></td><td></td><td colspan="2"></td><td></td><td></td><td></td><td></td><td></td><td></td><td></td><td></td></tr>
<tr><td></td><td></td><td></td><td colspan="2"></td><td></td><td></td><td></td><td></td><td></td><td></td><td></td><td></td></tr>
<tr><td>3</td><td>检验</td><td></td><td colspan="2"></td><td></td><td></td><td></td><td></td><td></td><td></td><td></td><td></td></tr>
<tr><td colspan="2">拟　定</td><td colspan="2"></td><td colspan="2">审　核</td><td colspan="2"></td><td colspan="2">批　准</td><td colspan="3"></td></tr>
</table>

三、调用子程序的编制

主程序如下：

```
%
O7201
N1 G40G80G49G69;
N2 G90G0G54X0Y100Z30;
N3 M03S4000;
N4 X-47Y5;
N5 Z5;
N6 M98P57002;              ;调用 7002 的子程序
N7 G90G0X-47Y-45;          ;运用增量值编程后,一定要回到绝对值
N8 M98P57002;              ;再次调用 7002 子程序
N9 G90G0X5Y-5;             ;运用增量值编程后,一定要回到绝对值
N10 M98P57003;             ;再次调用 7003 子程序
N11 G90G0X5Y45;            ;运用增量值编程后,一定要回到绝对值
N12 M98P57003;             ;再次调用 7003 子程序
N13 G90G0Z30;              ;运用增量值编程后,一定要回到绝对值
N14 M05;
N15 X0Y100;
N16 M30;
%
```

子程序 1 如下：

```
%
O7202
N1 G91G01Z-7F100;              ;运用增量值编程
N2 X10F300;
N3 G01Z-2F100;
N4 X-10F300;
N5 G01Z-2F100;
N6 X10F300;
N7 G01Z-2F100;
N8 X-10F300;
N9 Z-3F100;
N10 X10F300;
N11 G01G41Y4D01;               ;调用刀具半径补偿,左补偿
N12 X-10;
N13 G03Y-8R4;
N14 G01X10;
N15 G03Y8R4;
N16 G01G40Y-4;
N17 G0Z16;
N18 X-2Y10;
N19 M99;                       ;返回主程序指令
%
```

子程序 2

```
%
O7203
N1 G91G01Z-7F100;              ;运用增量值编程
N2 X10F300;
N3 G01Z-2F100;
N4 X-10F300;
N5 G01Z-2F100;
N6 X10F300;
N7 G01Z-2F100;
N8 X-10F300;
N9 Z-3F100;
N10 X10F300;
N11 G01G41Y4D01;               ;调用刀具半径补偿,左补偿
N12 X-10;
N13 G03Y-8R4;
N14 G01X10;
N15 G03Y8R4;
```

```
N16 G01G40Y-4;
N17 G0Z16
N18 X-2Y-10;
N19 M99;                    ;返回主程序指令
%
```

程序运行的仿真加工后效果如图 9-4 所示。

图 9-4　程序运行后的结果图

思考与练习

一、选择题

1. 程序中同样轨迹的加工部分，只需制作一段程序，把它称为（　　），其余相同的加工部分通过调用该程序即可。

A. 循环程序　　B. 轨迹程序　　C. 代码程序　　D. 子程序

2. M98 P20010 表示调用（　　）次子程序。

A. 1　　B. 2　　C. 20　　D. 10。

3. 程序中的 M98，也称为（　　）。

A. G 指令　　B. M 指令　　C. T 指令　　D. S 指令

4. 程序中调用子程序的指令是（　　）。

A. M06　　B. M19　　C. M98　　D. M99

5. 现代数控系统中系统都有子程序功能，并且子程序（　　）嵌套。

A. 只能有一层　　B. 可以有限层　　C. 可以无限层　　D. 不能

二、判断题

1. 数控铣需要用子程序，加工中心不需要用子程序。（　　）

2. 数控铣有子程序功能，数控车床则没有子程序功能。（　　）

3. 循环功能不属于子程序。（　　）

4. 如果想录入子程序，只能在 MDI 方式下进行。（　　）

5. 增量值编程，不能使用子程序。　（　　）

6. 子程序中，不能带循环指令。　（　　）

三、编程题

完成如图 9-5 所示的零件图编程。

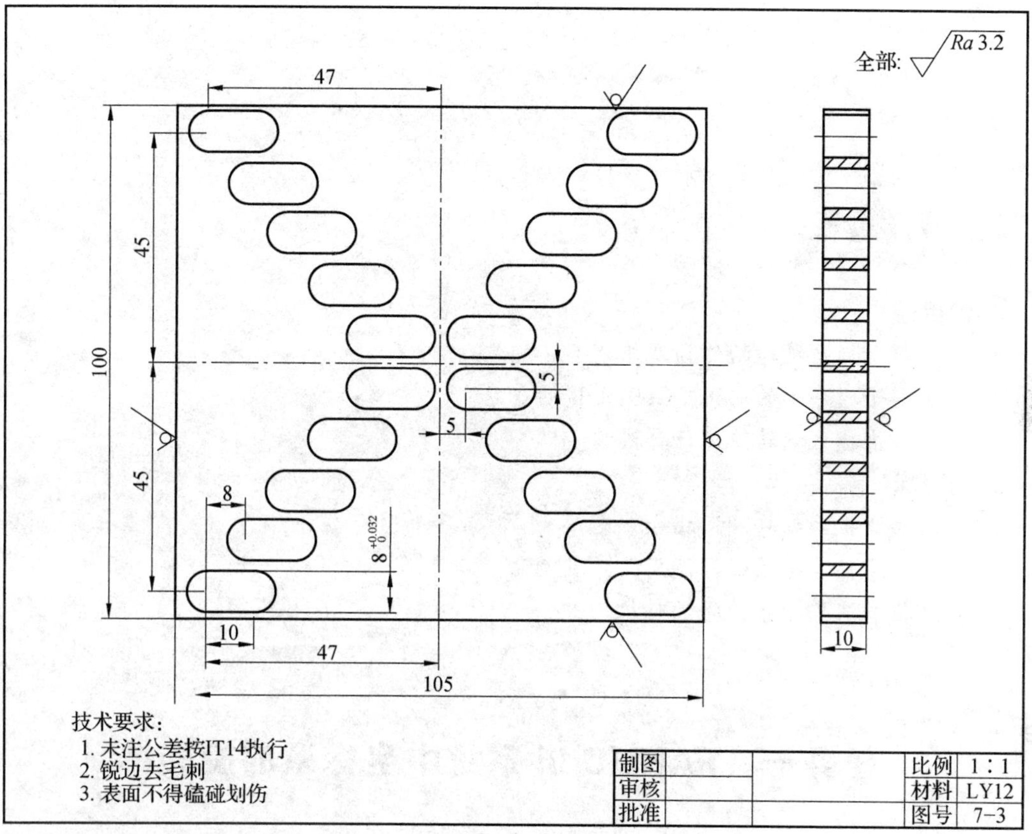

图 9-5　零件图

项目十　坐标系旋转与极坐标

学习目标

知识目标

(1) 了解坐标系旋转的作用及格式。

(2) 了解子程序中的G68、G69及P的含意。

(3) 会用坐标系旋转简化计算过程。

能力目标

(1) 掌握坐标系旋转调用指令。

(2) 熟练掌握坐标系旋转调用格式及用法。

(3) 掌握取消坐标系旋转的时机。

任务一　FANUC 0i 系统中坐标系的旋转

如果工件中的某些结构为倾斜布置（与工件坐标系的坐标轴成一定角度），则在编程中基点坐标计算比较复杂，给编程带来很大麻烦。对该部分结构进行编程时，可利用数控系统提供的坐标系旋转命令，使工件坐标系旋转一定的角度，此时，倾斜结构上基点坐标可直接从尺寸标注得到或经过简单换算得到。这样可大大减小编程工作量，方便编程。如图8-1所示，对轮廓ABCD将原工件坐标系XOY逆时针旋转15°后，各基点坐标便可从尺寸标注中直接得到。

通过使用这一功能，在安装的工件处在相对于机床旋转的位置上这样的情况，即可通过旋转指令进行补偿。此外，当需要使一个图形进行形状旋转时，通过编写一个形状子程序，在使其旋转后调用该子程序，即可缩短编程所需的时间和程序长度，坐标系旋转后的形状如图10-1所示。

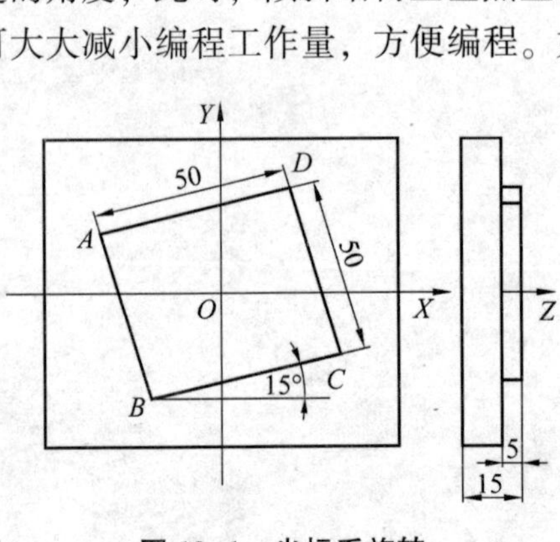

图10-1　坐标系旋转

一、坐标旋转编程格式

$\left\{\begin{matrix}G17\\G18\\G19\end{matrix}\right\}$ G68α_β_R_ ;　　坐标旋转开始。

:　　坐标旋转方式

:　　(坐标旋转)

G69;　　坐标旋转取消

G19（G18 或 G19）：选择包含要旋转的形状的平面。

α_β_：用于 X、Y、Z 轴中的 2 个轴的绝对指令，这 2 个轴与当前所指定的平面选择指令（G17~G19 的其中之一）对应。

此值令为相对于 G68 以后的指令值的旋转中心坐标值。

R_：通过设定将正值作为逆时针旋转方向的旋转角度的指令参数 RIN（No. 5400#0），即可选择指令始终被认为是一个绝对指令，还是被认为是一个 G 代码的绝对（G90）/增量（G91）指令。

单位：0. 001deg。

指令范围：-360,000~360,000。

如图 10-2 所示为旋转示意图。

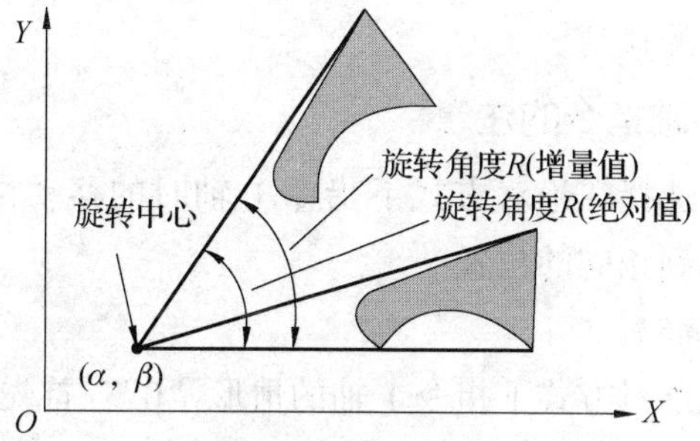

图 10-2　坐标系旋转

二、坐标系旋转解释

(一) 平面选择

用于平面选择的指令 G 代码（G17、G18、G19）可在含有坐标旋转的指令 G 代码（G68）的程序段前面指定。在坐标系旋转方式下，不应指定 G17、G18 或 G19。

(二) 坐标系旋转方式下的增量指令

针对在指定 G68 后，在绝对指令之前的增量指令，指定了 G68 时的刀具位置即被认为是旋转中心。

（三）旋转中心

在没有指定旋转中心的情况下，指定 G68 时的当前刀具位置成为旋转中心。

（四）旋转角度指令

当省略旋转角度指令（R_）时，在参数（No. 5410）中设定的值被认为是角度。旋转角度指令（R_），在将参数 FRD（No. 11630#0）设定为“1”时，可以采用 0.000 01 deg 单位（10 万分之 1）。这种情况下的指令范围为-36 000 000≤R≤36 000 000。

（五）坐标旋转取消

坐标旋转取消指令的 G 代码（G69），可以与别的指令一起指定在相同的程序段中。

三、坐标系旋转的限制

（一）与返回参考点/坐标系相关的指令

在坐标旋转方式下，不能指定与参考点有关的 G 代码（G27、G28、G29、G30 等）和用来改变坐标系的指令（G52~G59、G92 等）。在指定这些 G 代码时，请先取消坐标旋转方式。没有取消坐标旋转方式就指令时，会发出报警（PS0412）。

（二）增量指令

紧跟在坐标旋转取消（G69）之后的最初的移动指令必须用绝对值来指定。如果是增量指令，则不会进行正确的移动。

（三）坐标旋转的 1 轴指令的注意

通过如下参数，可以选择在绝对方式下指令 1 轴时的移动位置。2 轴指令的情况下，与参数设定无关，并移动到相同的位置。

参数 AX1（No. 11600#5）。

坐标旋转方式下，在绝对方式下指令 1 轴的情形“0”：首先，由旋转前的坐标系计算指令位置，使坐标旋转。

“1”：首先，坐标系旋转，然后在该坐标系上移动到指令位置。

（FS0i 兼容规格）

由于本参数，尚未指令的轴的坐标的操作将会变化，所以移动的位置不同。

[例]

```
G90 G0 X0 Y0;
G01 X10. Y10. F600;
G68 X0 Y0 R45;. ···· 坐标旋转指令
Y14.142; ······· 1 轴指令
G69;
```

AX1（No. 11600#5）=“0”的情形：

由旋转前的坐标系（XY）计算指令位置，使坐标旋转。因此，在轴指令的指令下，尚未指令的 X 轴的位置成为 X10，指令位置成为（X10，Y14. 142）。然后移动到使其旋转 45 度的移动位置（X-2. 929，Y17. 071），如图 10-3（a）所示为无坐标系指令的移动，如图 10-3（b）所示为加了坐标系旋转的移动。

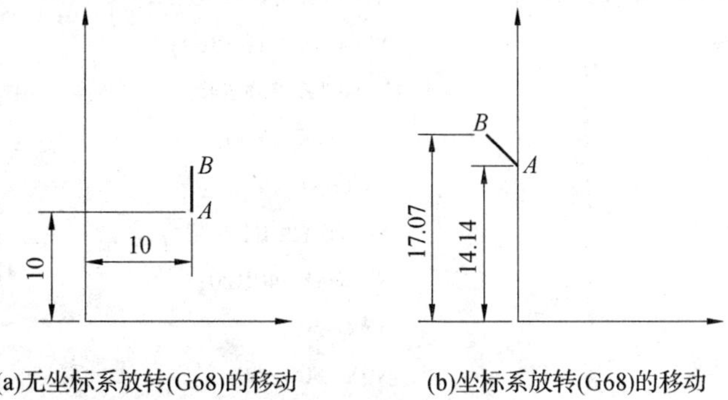

图 10-3　旋转坐标运用

变换为使坐标旋转指令前的坐标值（X10，Y10）旋转 45 度后，在坐标系（X' Y'）中的坐标值（X' 14. 142，Y' 0）。然后移动到指令位置（X' 14. 142，Y' 14. 142），即移动位置（X0，Y20）。

具体执行的程序为：

```
G90 G0 X0 Y0;
G01 X10.  Y10.  F600;
G68 X0 Y0 R45;. ····坐标旋转指令
X14. 142Y14. 142; ···  轴指令
G69;
```

如图 10-4（a）所示为没加坐标系旋转的程序图，（b）为加了坐标系旋转指令的图，（c）为坐标系不旋转与旋转叠加的示意图。

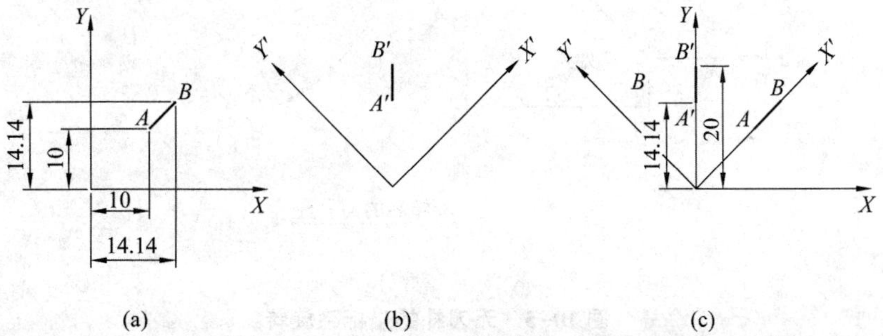

图 10-4　执行程序移动与坐标系旋转的对比

四、绝对、增量指令在坐标系旋转中的运用

绝对值编程	增量值编程
N1G90G69X-50Y-50Z30；	N1G90X-50Y-50Z30；
N2G68X70Y30R60；	N2G68X70Y30R60；
N3G01Z-5F200	N3G91Z-35F200；
N4G01X0Y0；	N4G01X50Y50；
N5X100；	N5X100；
N6G02Y30R15；	N6G02Y30R15；
N7G03X0R20；	N7G03X-40R20；
N8Y0；	N8Y-30；
N9X-50Y-50；	N9X-50Y-50；
N10G0Z30；	N10G0Z35；
N11G69；	N11G69；
N102M30；	N12M30；

这是绝对编程与增量值编程的程序对比，如图 10-5 所示是无刀补坐标系旋转程序运行结果。

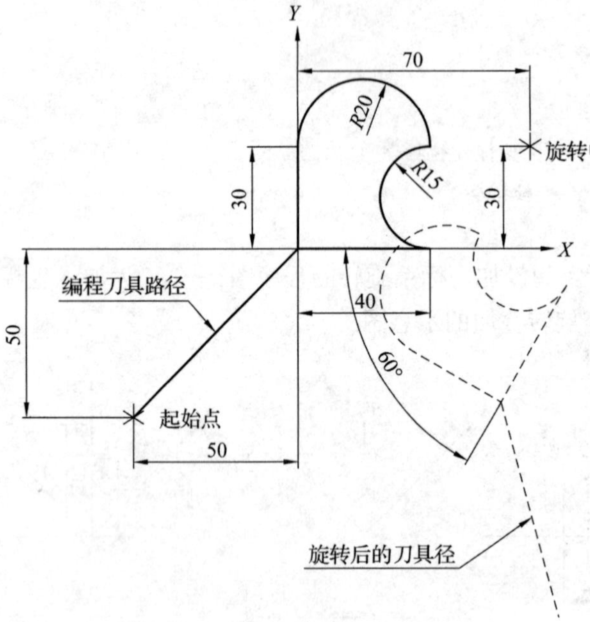

图 10-5 无刀补的坐标系旋转

五、刀具半径补偿在坐标旋转中的运用

也可以在刀具半径补偿方式下指定 G68 和 G69。

旋转平面必须与刀具半径补偿平面的平面一致。

绝对值编程方式	增量值编程方式
N1G90G0G54X0Y100Z30；	N1G90X0Y100Z30；
N2M03S2500；	N2M03S2500
N3X0Y0；	N3X0Y0；
N4Z5；	N4Z5；
N5G68X0Y0R-30	N568X0Y0R-30；
N6G01Z-5F200	N6G91G01Z-10F200；
N7G41X10Y15D01；	N7G01G41X10Y15D01；
N8Y80；	N8Y65；
N9X80；	N9X70；
N10G02Y30R25	N10G02Y-50R25；
N11G01X0；	N11X-80；
N12G40Y0；	N12G40Y-30；
N13G0Z30；	N13G0Z35；
N14G69；	N14G69；
N15X0Y100；	N15G90G0X0Y100；
N16M30；	N16M30；

上面介绍的是绝对值编程与增量值编程方法，如图 10-6 所示是带有刀补的坐标系旋转的结果。

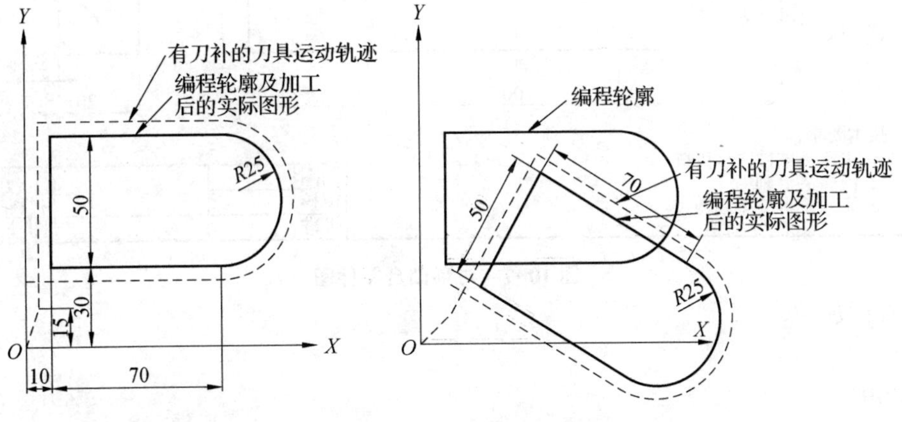

(a)无坐标系旋转　　(b)有坐标系旋转

图 10-6　带有刀补的坐标旋转结果图

任务二 调用坐标系编程范例

程序例题零件图如图 10-7 所示。

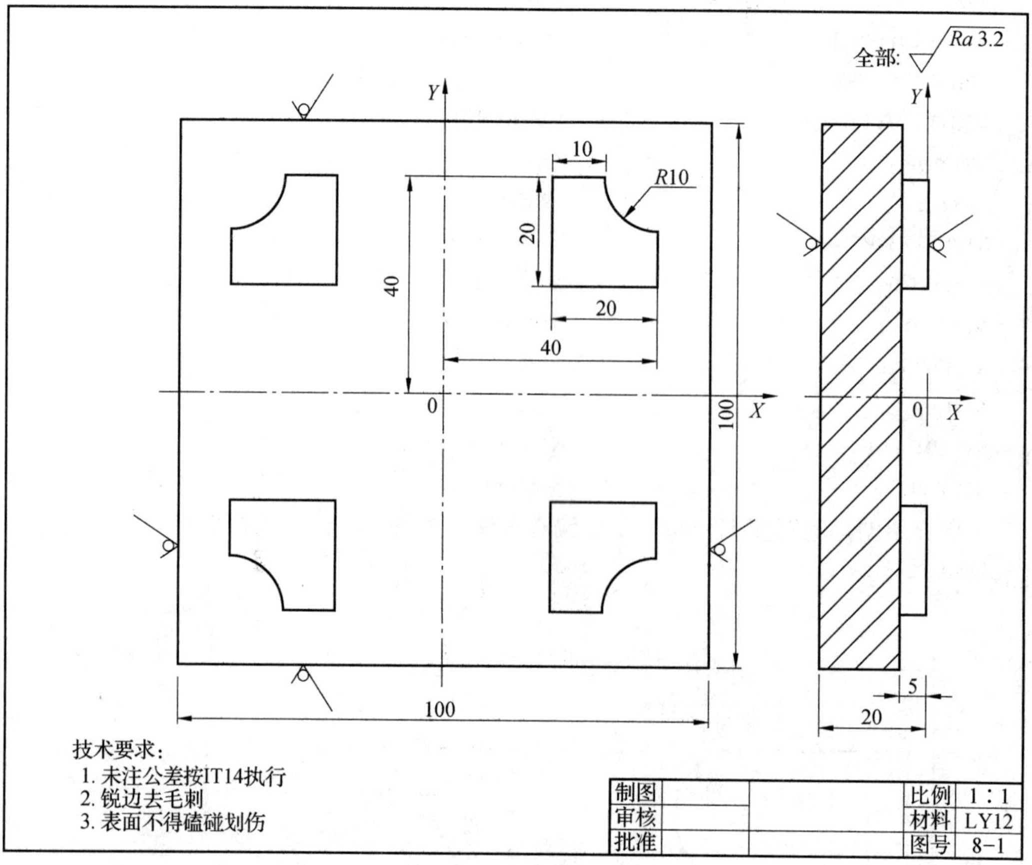

图 10-7 对称凸台零件图

主程序如下：

```
%
O8001
N1 G40G80G49G69;
N2 G90G0G54X0Y100Z30;
N3 M03S3000;
N4 X0Y0;
N5 Z5;
N6 M98P8002;              ;调用子程序,子程序号为 8002
N7 G68X0Y0R90;            ;坐标系旋转,逆时针转 90°
N8 M98P8002;              ;调用子程序,子程序号为 8002
N90 G69;                  ;取消坐标系旋转
```

```
N10G68X0Y0R180;            ;坐标系旋转,逆时针转 180°
N11 M98P8002;              ;调用子程序,子程序号为 8002
N12 G69;                   ;取消坐标系旋转
N13 G68X0Y0R270;           ;坐标系旋转,逆时针转 270°
N14 M98P8002;              ;调用子程序,子程序号为 8002
N15 G69;                   ;取消坐标系旋转
N16 G90G0Z30;
N27 M05;
N18 X0Y100;
N19 M30;
%
```

子程序如下：

```
%
O8002
N1 G91G01Z-10F100;
N2 G01G41X20Y15D01F500;
N3 Y25;
N4 X10;
N5 G03X10Y-10R10;
N6 G01Y-10;
N7 X-25;
N8 G01G40X-15Y-20;
N9 G0Z10;
N10 M99;
%
```

仿真加工后的效果如图 10-8 所示。

图 10-8　是程序运行后的结果

任务三　坐标系旋转的零件加工

加工内容：外轮廓凸台、内轮廓及孔。

加工中心综合零件图如图 10-9 所示。

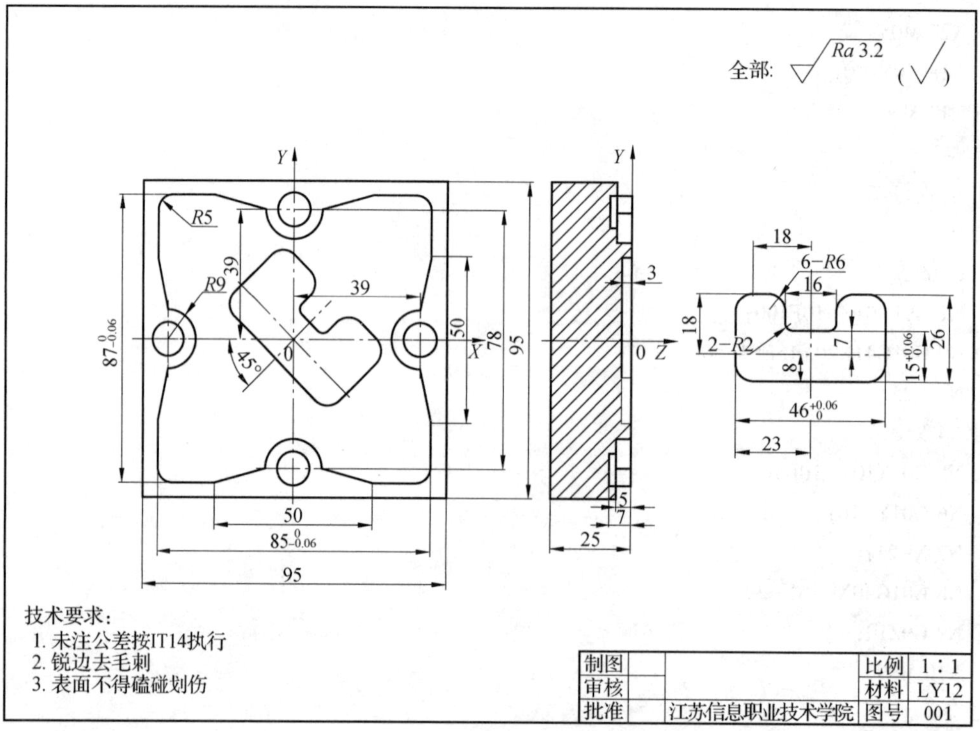

图 10-9　加工中心综合零件图

一、根据图纸分析加工步骤

（一）图面分析

仔细阅读图纸，读懂图纸轮廓，尺寸标注是否完整、齐全。

（二）装夹及编程零点设置

该零件上、下、左、右基本对称，编程零点设置在工件中心。

（三）结构分析

该零件的加工内容有凸台、凹腔、孔等，由于内腔要加工，考虑到读者尚处于初学阶段，暂不考虑采用螺旋下刀及斜线下刀故，采用键铣刀，加工完轮廓后再加工孔类。

（四）表面粗糙度

孔表面粗糙度、精度要求较高，故粗加工后要精加工。

二、制定合理的工艺方案

(一) 机床的选择

采用 FANUC-0i-MC 数控铣床。

(二) 夹具的选择

考虑该零件为块类其装夹方法为平口钳夹持。

(三) 刀具的选择

根据图纸，采用 ¢10 键槽铣刀，中心钻，¢9.8 钻头及 ¢12H7 铰刀。

(四) 工量具选择

量程为 150 mm，精度为 0.02 mm 游标卡尺。

(五) 切削用量

切削参数是根据刀具材料、被加工材料及加工深度来确定，由于加工的次数较少，要以安全为主，因此，主轴转速采用 4 000 r/min，走刀量 F=500 mm/min。

具体数控加工工序卡如表 10-1 所示。

表 10-1　数控加工工艺卡

产品名称		零件名称	产品图号		使用设备			夹具名称	车间		
实训科目 5		衬底板	8-2		FANUC-0i-MC			平口钳	数控实训车间		
材料牌号		毛坯	种类	板材	刀具			切削用量			备注
LY12			规格	95×95×25					进给速度 V_t /(mm·min^{-1})		
序号	工序名称	工步号	工序工步内容	刀具号	刀具名称	刀补号	主轴转速 /(r·min^{-1})	X、Y	Z	背切刀量	
1	备料		备料 95×95×25								
2	数铣	1	外轮廓	T1	铣 刀	1	4000	500	350	5	
		2	内轮廓	T2	铣 刀	2	4000	400	150	3	
		3	点中心孔	T3	中心钻	/	3500	/	100	/	
		4	¢10H7 粗孔	T4	钻头	/	800	/	120	/	
		5	铰孔	T5	铰刀	/	60	/	50	/	
3	检验										
拟　定			审　核				批　准				

三、编程范例

1. 加工内、外轮廓，刀具采用 ¢10

程序如下：

```
%
O8201
N1 G40G80G49G69;
N2 G90G0G54X0Y100Z30;
N3 M03S400;
N4 Y70;
N5 Z5;
N6 G01Z-5F500;
N7 G41X-25D01;
N8 Y43.5;
N9 X-9Y39;
N10 G03X9R9;
N11 G01X25Y43.5;
N12 X37.5;
N13 G02X42.5Y38.5R5;
N14 G01Y25;
N15 X39Y9;
N16 G03Y-9R9;
N17 G01X42.5Y-25;
N18 Y-38.5;
N19 G02X37.5Y-43.5R5;
N20 G01X25;
N21 X9Y-39;
N22 G03X-9R9;
N23 G01X-25Y-43.5;
N24 X-37.5;
N25 G02X-42.5Y-38.5R5;
N26 G01Y-25;
N27 X-39Y-9;
N28 G03Y9R9;
N29 G01X-42.5Y25;
N30 Y38.5;
N31 G02X-37.5Y43.5R5;
N32 G01X0;
N33 G0Z5;
N34 G40X0Y0;
N35 G68X0Y0R-45;                ;标系旋转,顺时针旋转角度为 45°
N36 G01Z-3F150;
N37 G01G41Y7D02;
N38 X-6;
N39 G02X-8Y9R2;
N40 G01Y12;
```

```
N41 G03X-14Y18R6;
N42 G01X-17;
N43 G03X-23Y12R6;
N44 G01Y-2;
N45 G03X-17Y-8R6;
N46 G01X17;
N47 G03X23Y-2R6;
N48 G01Y12;
N49 G03X17Y18R6;
N50 G01X14;
N51 G03X8Y12R6;
N52 G0Y9;
N53 G02X6Y7R2;
N54 G01X-10;
N55 G0Z20;
N56 G40X0Y0;
N57 G69;                        ;取消坐标旋转
N58 /G0X55Y5;                   ;去除残余量,在精加工时,可以使用跳段
N59 /G01Z-5F300;
N60 /X42;
N61 /Y-5;
N62 /X55;
N63 /G0Y-55;
N64 /X5;
N65 /G01Y-42;
N66 /X-5;
N67 /Y-55;
N68 /G0X-55;
N69 /Y-5;
N70 /G01X-42;
N71 /Y5;
N72 /X-55;
N73 /G0Y55;
N74 /X-5;
N75 /G01Y42;
N76 /X5;
N77 /Y55;
N78 Z30;
N79 X0Y100;
N80 M30;
%
```

2. 点 4-¢10H7 的定位中心孔

程序如下:

```
%
O8202
N1 G40G80G49G69;
N2 G90G0G54X0Y100;
N3 M03S3000;
N4X39Y0;
N5 G98G81Z-7R3F100;
N6 X0Y-39;
N7 X-39Y0;
N8 X0Y39;
N9 G80Z30;
N10 M05;
N11 X0Y100;
N12 M30;
%
```

3. 钻 4-¢10H7 粗孔

程序如下:

```
%
O8203
N1 G40G80G49G69;
N2 G90G0G54X0Y100;
N3 M03S800;
N4X39Y0;
N5 G98G83Z-30R3Q4F100;
N6 X0Y-39;
N7 X-39Y0;
N8 X0Y9;
N9 G80Z30;
N10 M05;
N11 X0Y100;
N12 M30;
%
```

4. 铰 4-¢10H7 孔

程序如下:

```
%
O8004
N1 G40G80G49G69;
N2 G90G0G54X0Y100;
N3 M03S60;
```

N4X39Y0;
N5 G98G81Z-25R3F50;
N6 X0Y-39;
N7 X-39Y0;
N8 X0Y39;
N9 G80Z30;
N10 M05;
N11 X0Y100;
N12 M30;
%

在加工前必须在 FANUC 系统的刀具偏置补偿中预先设定刀具半径偏置，并要留有一定的精加工余量，以便达图纸公差要求；如图 10-10 所示为修改好刀补量的示意图。在长度补偿地址中，有数据存在，可以不管，因为，没调用长度补偿指令。

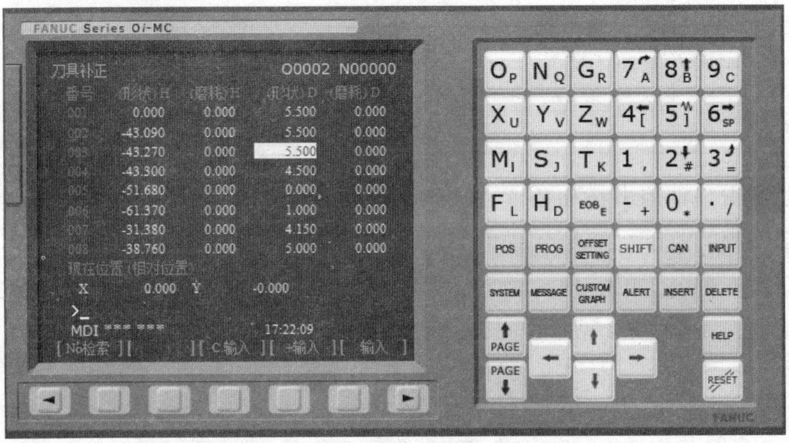

图 10-10　留有精加工余量的刀补

当外形加工好后，按图纸公差要求，修改刀具半径，以达公差要求，然后换中心钻点孔，然后再钻孔，最后铰孔，以完成加工任务。如图 10-11 所示为仿真加工后的效果图。

图 10-11　是粗加工后的仿真图

任务四　极坐标编程

【实训目标】

（1）了解 FANUC 系统极坐标绝对值编程方式。

（2）了解 FANUC 系统极坐标增量值编程方式。

（3）掌握 G16 调用格式编程方法。

（4）掌握 G15 取消格式编程方法。

【知识准备】

能较熟练的使用极坐标指令

序号	指令名称	指令含意	组别	备注
1	G16	极坐标调用		
2	G16	极坐标的取消		
3	Y	极角		

极坐标功能指令是用半径和角度来表示平面中的任意一点的坐标值。运用极坐标编程会大大的降低编程的难度，缩短编程的周期，提高数控加工的效率。

极坐标就是一个公式的转换，极坐标系中的两个坐标 r 和 θ 可以由下面公式转换为直角坐标系下的值，如图 10-12 所示。

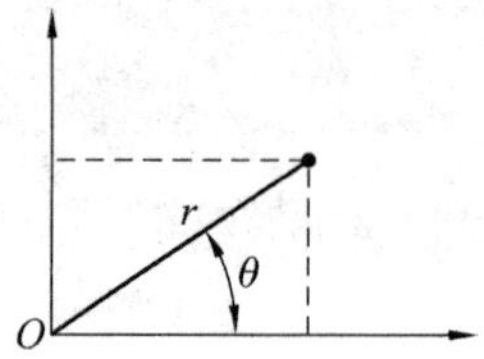

图 10-12　直角系关系

$$\cos\theta = x/r$$

$$x = r \times \cos\theta$$

$$\sin\theta = y/r$$

$$y = r \times \sin r$$

一、极坐标编程的种类

绝对值编程与增量值编程：

G90 与 G91。

有二种方法指令刀具的移动：绝对指令和增量值指点令。在绝对指令值中，编制程序段终点的坐标值；而在增量值指令中，编制两点间移动距离（位移量）。G90 和 G91 分别于指令绝对值编程或增量值编程。

二、极坐标指令格式

绝对值编程　　　　　G90IP_

增量值编程　　　　　G91IP_

起屹点位置如图 10-13 所示。

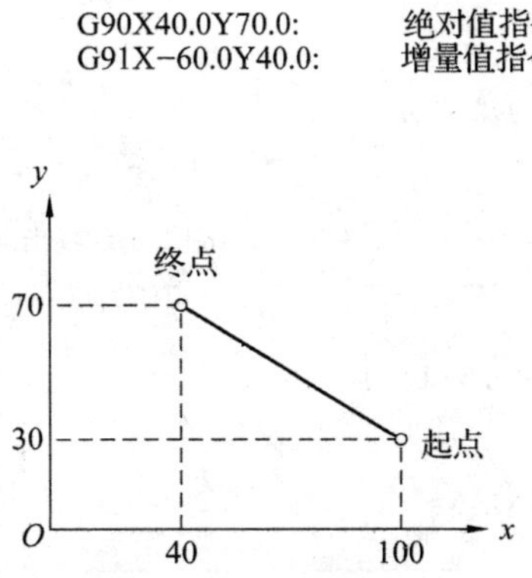

图 10-13　起屹点位置

三、极坐标指令运用

（一）极坐标指令 G15、G16

终点的坐标值可以用极坐标（半径和角度）输入。

角度的正向是坐标平面的第一轴正沿逆时针转动的转向，而负方向是沿顺时针转动的方向。半径和角度均可以用绝对指令或增量值指令（G90、G91）。

（二）指令格式

```
G□□G○○G16;          极坐标指令(极坐标方式)开始
G00 IP__;  ┐
•          │           极坐标指令
•          ┘
G15;                   极坐标指令(极坐标方式)取消

  G16    : 极坐标指令开始
  G15    : 极坐标指令取消
  G□□   : 极坐标指令的平面选择(G17、G18或G19)
  G○○   : 极坐标指令的中心选择(G90或G91)
            G90时工件坐标系的原点为极坐标的中心
            G91时当前位置为极坐标的中心
  IP__   : 构成极坐标指令的平面的轴地址和指令值
            平面的第1轴：指定极坐标的半径
            平面的第2轴：指定极坐标的角度
```

（1）将工件坐标系的原点设为极坐标的中心时。

①以绝对值指定半径值。

②工件坐标系的原点成为极坐标的中心。

但在使用局部坐标系（G52）时，局部坐标系的原点成为极坐标的中心。

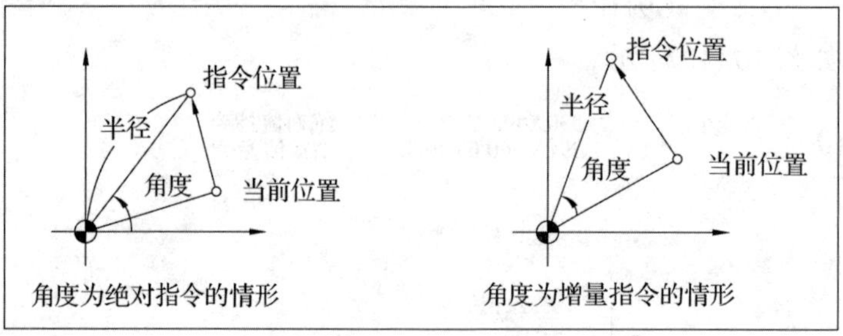

（2）将当前位置设为极坐标的中心时。

①以增量值指定半径值。

②当前位置被设为极坐标的中心。

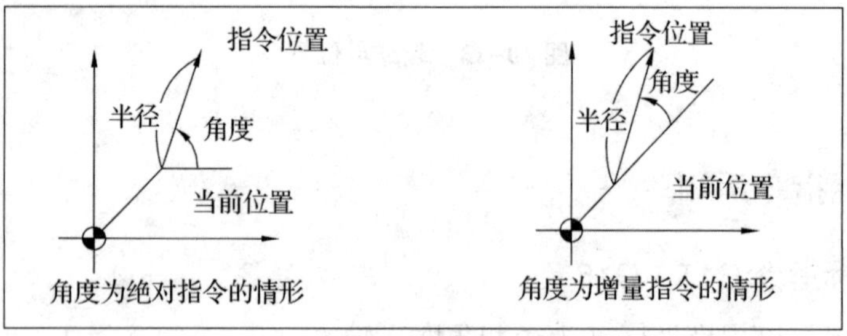

四、举例

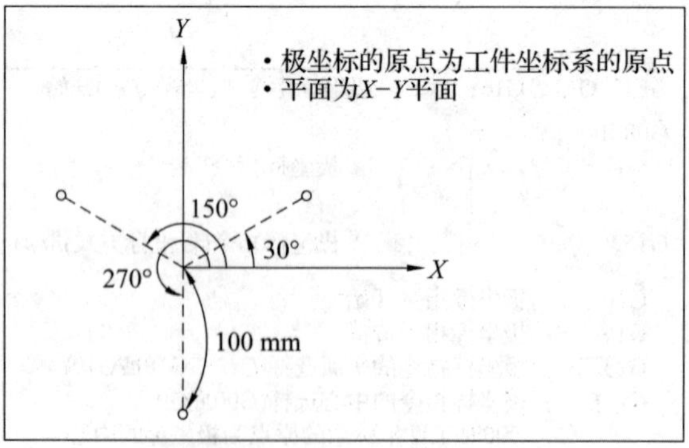

（一）用绝对值指令指定角度和半径

（1）用绝对值编程方式。

。

。

。

N10 G17G90G16

指定极坐标指令和选择 X、Y 平面，设定工件坐标系的零点作为极坐标系原点。

N20G81X100. 0Y30. 0Z-20. 0R0. 5F200. 0

调用钻孔循环、指定 100 mm 距离（极径）和 30 度的角度：

N30Y150

指定 100 mm 距离（极径）和 150 度的角度：

N40Y270

指定 100 mm 距离（极径）和 270 度的角度：

N50G15G80

取消极坐标指令、取消钻孔循环指令。

。

。

。

（2）用增量值编程方式。

。

。

。

N10 G17G90G16

指定极坐标指令和选择 X、Y 平面，设定工件坐标系的零点作为极坐标系原点：

N20G81X100. 0Y30. 0Z-20. 0R0. 5F200. 0

调用钻孔循环、指定 100 mm 距离（极径）和 30 度的角度：

N30G91Y120

指定 100 mm 距离（极径）和+120 度的增量角度：

N40Y120

指定 100 mm 距离（极径）和+120 度的增量角度：

N50G15G80

取消极坐标指令、取消钻孔循环指令。

（二）限止

（1）在极坐标方式中指定半径。

在极坐标方式中，对圆弧插补或螺旋线插补（G02、G03）用 *R* 指定半径。

（2）在极坐标方式轴指出不属于极坐标指令的部分。

下列指令的轴，不属于极坐标指令部分：
①停止（G04）。
②可编程序的输入（G10）。
③设定局部坐标系（G52）。
④工件坐标系转换（G92）。
⑤选择机床坐标系（G53）。
⑥存储行程检测（G22）。
⑦坐标系旋转（G68）。
⑧比例缩放）G51）。
（3）任意角度倒角和拐角圆弧过渡。
在极坐标方式中不能指定任意角度倒角和拐角圆弧过渡。

任务五　极坐标编程范例

程序例图如图 10-14 所示。

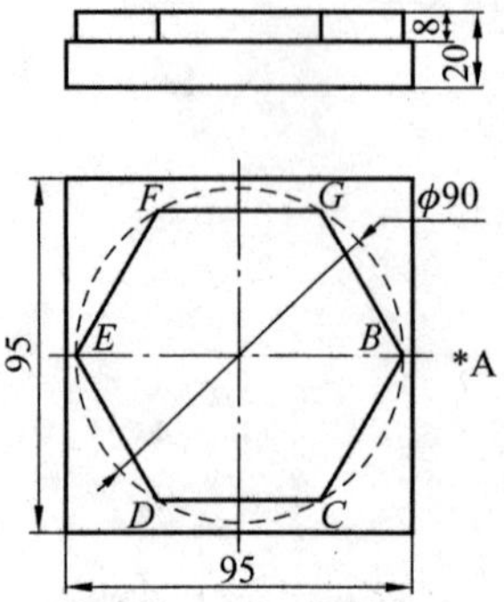

图 10-14　例题图

极坐标编程加工正六边形内接圆 ¢ 90，铣消深度 80 mm。

绝对值编程

```
%
1010
G40G80G49G69G15
G90G0G54X0Y100Z50
M03S3000
X60Y10          至下刀点 A
Z5
G01Z-5F300
```

增量值编程

```
%
1011
G40G80G49G69G15
G90G0G54X0Y100Z50
M03S3000
X60Y10          至下刀点 A
Z5
G01Z-5F300
```

G41X45D01	建刀补	G41X45D01	建刀补
Y0	起给点 *B*	Y0	起给点 *B*
G16	调用极坐标指令	G16	调用极坐标指令
Y300	到达 *C* 点	Y-60	到达 *C* 点
Y240	到达 *D* 点	Y-60	到达 *D* 点
Y180	到达 *E* 点	Y-60	到达 *E* 点
Y120	到达 *F* 点	Y-60	到达 *F* 点
Y60	到达 *G* 点	Y-60	到达 *G* 点
Y0	返回到起给点 *B*	Y-60	返回到起给点 *B*
G15	取消极坐标指令	G15	取消极坐标指令
G90G01Y-20	重新设置一下坐标系	G90G01Y-20	重新设置一下坐标系
G40X60Y10	返回到下刀点并取消刀补	G40X60Y10	返回到下刀点取消刀补
G0G54Z50			
X0Y100			
M30			
%			

效果图如图 10-15 所示。

图 10-15　仿真效果图

任务六　极坐标零件加工

加工内容：外轮廓凸台、上下圆弧槽、中间圆孔及十字槽。

程序例题图如图 10-16 所示。

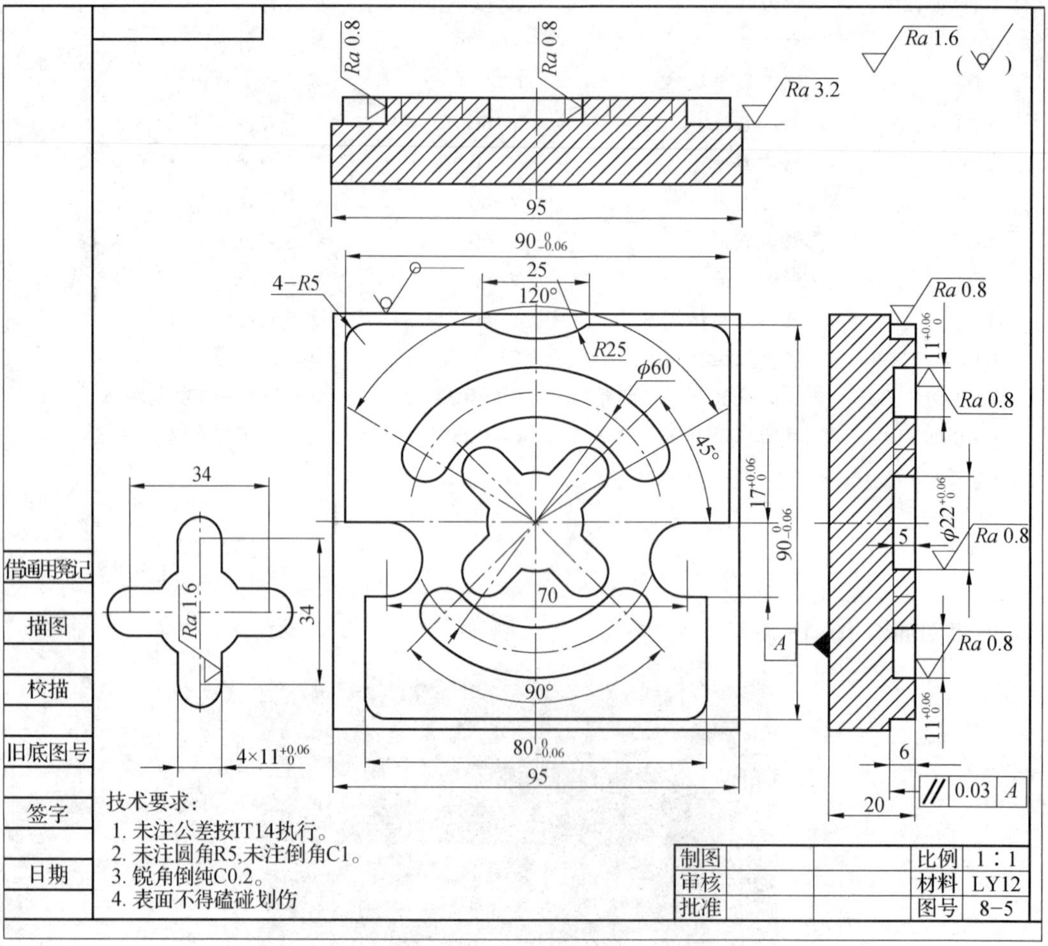

图 10−16　例题图

一、根据图纸分析加工步骤

(一) 图面分析

仔细阅读图纸，读懂图纸轮廓，尺寸标注是否完整、齐全。

(二) 装夹及编程零点设置

该零件上、下、左、右基本对称，编程零点设置在工件中心。

(三) 结构分析

该零件的加工内容有凸台、凹腔等，由于内腔需要加工，考虑到读者尚处于初学阶段，暂不考虑采用螺旋下刀及斜线下刀，故采用键铣刀。

(四) 表面粗糙度

加工表面粗糙度、精度要求较高，故粗加工后要精加工。

二、制定合理的工艺方案

（一）机床的选择

采用 FANUC-0i-MC 数控铣床。

（二）夹具的选择

考虑该零件为块类其装夹方法为平口钳夹持。

（三）刀具的选择

根据图纸，采用 ¢10 键槽铣刀，中心钻，¢9.8 钻头及 ¢12H7 铰刀。

（四）工量具选择

量程为 150 mm，精度为 0.02 mm 游标卡尺。

（五）切削用量

切削参数是根据刀具材料、被加工材料及加工深度来确定，由于加工的次数较少，要以安全为主，所以主轴转速采用 4 500 r/min，走刀量 F=500 mm/min。

具体数控加工工序卡如表 10-2 所示。

表 10-2　数控加工工艺卡

产品名称		零件名称	产品图号	使用设备			夹具名称	车间			
实训科目 5		衬底板	8-5	FANUC-0i-MC			平口钳	数控实训车间			
材料牌号		毛坯	种类：板材	刀具			切削用量				备注
LY12			规格：95×95×25	刀具号	刀具名称	刀补号	主轴转速 /(r·min⁻¹)	进给速度 V_t /(mm·min⁻¹)		背切刀量	
序号	工序名称	工步号	工序工步内容					X、Y	Z		
1	备料		备料 95×95×25								
2	数铣	1	外轮廓	T1	铣 刀	1	4500	500	350	6	
		2	中间圆	T1	铣 刀	2	4500	500	150	5	
		3	中间十字槽	T1	铣 刀	3	4500	500	150	5	
		4	上端圆弧槽	T1	铣 刀	4	4500	500	150	5	
		5	下端圆弧槽	T1	铣 刀	5	4500	500	150	5	
3	检验										
拟 定			审 核				批 准				

三、综合编程范例

1. 内、外轮廓，都采用 ¢10 键槽铣刀

程序如下：

```
%8205
G40G80G49G69G15
G90G0G54X0Y100Z50
M03S5000
Y70                     ;加工外轮廓
Z5
G01Z-8F500
G41X-12.5D01
Y45
G03X12.5R25
G01X40
G02X45Y40R5
G01Y0
X35
G03Y-17R8.5
G01X40
Y-40
G02X35Y-45R5
G01X-35
G02X-40Y-40R5
G01Y-17
X-35
G03Y0R8.5
G01X-45
Y40
G02X-40Y45R5
G01X0
```

```
G0Z5
G40X0Y0                 ;加工φ22圆
G68X0Y0R45              ;调用坐标系旋转令
G01Z-5F150
X5F500
G03I-5
```

G01G41X11D01
G03I-11

G01G40X0

G41X-5.5D03
Y-17
G03X5.5R5.5
G01Y17
G03X-5.5R5.5
G01Y5.5
X-17
G03Y-5.5R5.5
G01X17
G03Y5.5R5.5
G01X0
G40Y0

G0Z5
G69　　;取消坐标系旋转
G16　　;调用极坐标指令
X30Y30　　;加工上端圆弧槽
G01Z-5F150
G03Y150R30
G01G41X35.5D04
G03X24.5R5.5
G02Y30R24.5
G03X35.5R5.5
Y150R35.5
G01G40X30

G0Z5

X30Y225 ;加工下端圆弧槽

G01Z-5F150

G03Y315R30

G01G41X35. 5D05

G03X24. 5R5. 5

G02Y225R24. 5

G03X35. 5R5. 5

G03Y315R35. 5

G01G40X30

G0Z50

G15 ;取消极坐标指令

G90G0X0Y100

M30

%

当然，在加工前，数控系统中刀补都要设置加工余量，如图 10-17 所示。

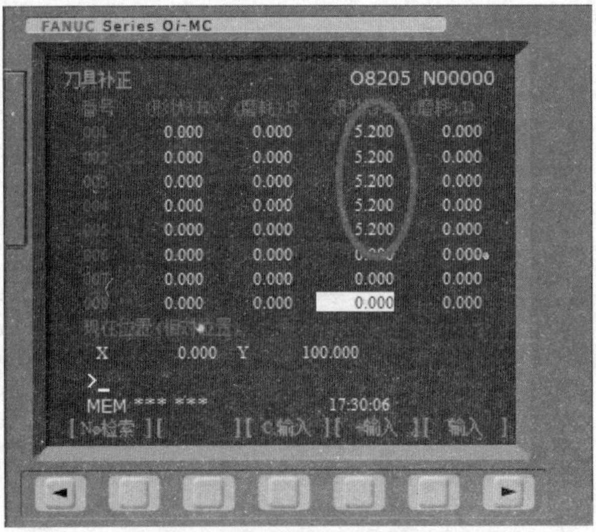

图 10-17 刀补地址图

由于该零件精度要求较高，在粗加工后，不要急于测量尺寸，重新按一下循环启动，使刀具的让刀因素消除掉，再进行测量并进计算刀补参数，再行加工，待零件合格后，才能拆下工件。

思考与练习

一、选择题

1. 坐标系旋转指令是（　　）。

A. G69　　B. G68　　C. G53　　D. G98

2. G68X0Y0R-30 表示坐标系旋转（　　）。

A. 顺时针 30°　　B. 顺时针 60°　　C. 逆时针 60°　　D. 逆时针 30°

3. G68 是（　　）

A. 模态指令　　B. 非模态指令　　C. M 功能　　D. 换刀指令

4. 数控系统的报警大体可以分为操作报警、程序错误报警、驱动报警及系统错误报警等。下列报警信息中，属于系统错误报警的是（　　）。

A. CMOS 存储器写出错　　B. 圆弧端点错误

C. 指令速率过大　　D. NO FEEDRATE COMMANDED

5. 生成数控加工轨迹的必要条件有（　　）。

A. 零件数据模型　　B. 零件材料

C. 加工坐标系　　D. 刀具参数

E. 装夹方案

6. 对于数控机床最具有机床精度特征的一项指标是（　　）。

A. 机床运动精度　　B. 机床的传动精度

C. 机床的定位精度　　D. 机床的几何精度

二、判断题

1. 坐标系旋转指令是 G69。（　　）

2. 在程序 G68R60，默认的旋转中心是现在的刀位中心。（　　）

3. 零件图是指导制造、加工零件的技术文件，它表示零件的结构形状、大小、有关的工艺要求和技术要求。（　　）

4. 刀具磨损分为初期磨损、正常磨损、急剧磨损三种形式。（　　）

5. 加工内孔时因受刀体强度、排屑状况的影响，相对于加工外圆切削深度要少一点，进给量要慢一点。（　　）

6. M99 与 M30 指令的功能是一致的，它们都能使机床停止一切动作。（　　）

三、编程题

完成如图 10-18 所示的零件图编程。

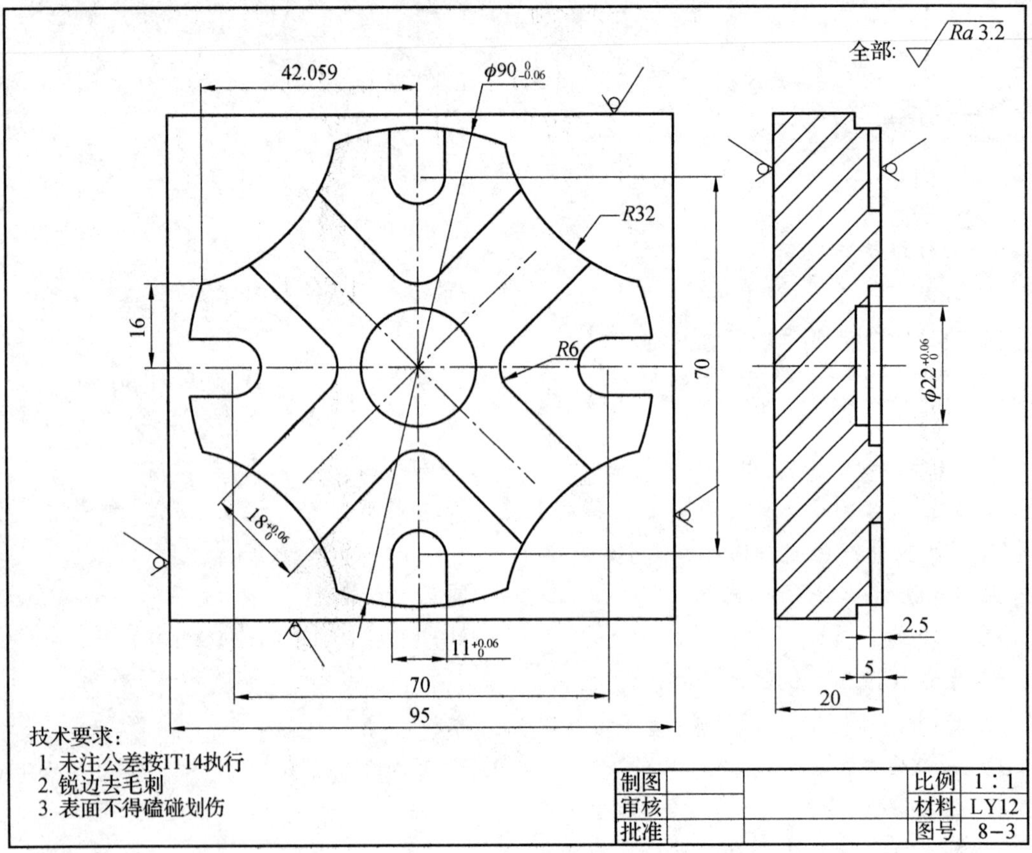

图 10-18　零件图

项目十一　FANUC 的用户宏程序

学习目标

知识目标

(1) 了解用户宏程序的概念、特点及应用。

(2) 了解变量的分类以及各种变量的功能。

(3) 掌握变量的表示、引用和运算方法。

(4) 掌握转移、循环等控制指令的格式和使用方法。

(5) 了解宏程序的非模态调用和模态调用。

能力目标

(1) 能够合理制定非圆曲线零件的加工工艺。

(2) 能够运用用户宏程序功能编写非圆曲线零件的数控加工程序。

(3) 能够在数控机床上独立加工出合格的零件。

任务一　用户宏程序的概念

用户宏程序的本体由变量、变量运算以及程序控制指令组成，可以实现某种加工功能。通常将其像子程序一样预先存入存储器中，然后用一个总指令（用户宏程序指令）来代表它们，在程序中只需给出这个总指令即可执行其功能。用户宏程序结构如图 11-1 所示。

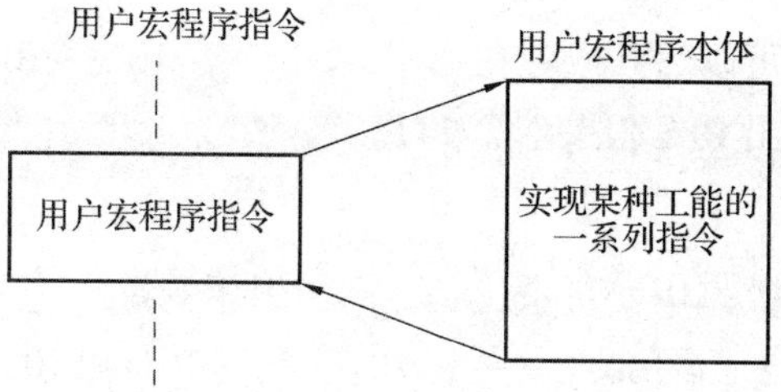

图 11-1　用户宏程序的结构图

在用户宏程序本体中允许使用变量，并可对变量进行赋值和运算，还可以使用转移和循环等控制功能。因此，宏程序的使用可以减少手工编程时烦琐的数值计算，提高手工编程效率，并使程序的应用更加灵活、方便。

用户宏程序较适用于图形轮廓相同，但尺寸不同的系列零件的编程；或者工艺路径相同，但位置数据不同的系列零件的编程；还能用于抛物线、椭圆和双曲线等未插补指令的非圆曲线编程。

FANUC 0i 系统提供了两种用户宏程序，即用户宏程序功能 A 和用户宏程序功能 B。其中，B 类宏程序直观通俗，应用较为方便，在本项目中只介绍 B 类宏程序的使用方法。

任务二　用户宏程序的编程方法

一、变量

（一）变量的表示

变量可以用符号“#”和后面的变量号表示。变量号可以是数字，例如，#1、#5，#101；也可以是表达式，表达式必须封闭在方括号中，如#［#1+#2-12］、#［#102-1］。

（二）变量的类型

根据变量号，变量可分为空变量、局部变量、公共变量和系统变量四种类型，其变量号和功能如表 11-1 所示。

表 11-1　变量的类型

变量号	变量类型	功　能
#0	空变量	该变量总是空的，没有值能赋给该变量
#1～#33	局部变量	局部变量只能用在宏程序中存储数据，如运算结果；当断电时，局部变量被初给化为空，调用宏时，自变量对局部蛮量赋值
#100～#199 #500～#999	公共变量	公共变量在不同的宏垂中的意义相同，当断电时，变量#100～#199 的数据初给化为空，变量#500～#999 的数据保存，断电也不丢失
#1000～#9999	系统变量	用于读和写 CNC 运行时的各种数据，如刀具当前位噴的糕点偿值

（三）变量的范围

局部变量和公共变量可以为 0 或者在 -10^{47}～-10^{-29}、10^{-29}～10^{47} 范围内取值。如果计算结果超出有效范围，则发出 P/S 报警 No. 111。

（四）变量的引用

将跟随在地址符后的数值用变量来代替，即为引用变量。

例如，程序段“G01 X［# 100］ Z-［#101］ F［#101 +#103］;”，当#100=100.0、#101=50.0、# 103=80.0 时，即表示为“G01 X100.0Z-50.0 F130;”。

变量引用时须注意以下几点：

（1）地址符 O、N、/等不能引用变量。

（2）对每个地址符来说，所引用的变量都应有具体的数值范围。例如#30 =1100时，M#30 是不允许的。

（3）当引用没有定义变量值的变量时，变量和地址符均被忽略。例如，程序段“G00 X［#1］Z［#2］;”，当#1=0，#2 未定义（即为空变量）时，执行结果为“G00 X0;”。

（五）变量的运算

用户宏程序的变量可以进行算数、逻辑以及函数运算，如表 11-2 所示。运算的优先顺序依次排列为［］→函数→乘除（*、/、AND）→加减（+、-、OR、XOR）。

表 11-2 变量的运算

函数	格式	备注
赋值	#i=#j	
求和 求差 乘积 求商	#i=#j+#k #i=#j-#k #i=#j * #k #i=#j/#k	
平方根 绝对值 四舍五入 向下取整 向上取整	#i=SQRT［#j］ #i=ABS［#j］ #i=ROUND［#j］ #i=FIX［#j］ #i=PUP［#j］	取整后的绝比原值大为向上取整，反之为向下取整
正弦 余弦 正切 反余切	#i=SIN#［j］ #i=COS［#j］ #i=TAN［#j］ #i=ATAN［#j］/［#K］	角度单位为度，如 90°30′表示为 90。5°
或 异或 与	#i=#j OK#K #i=#j XOR#K #i=#j AND#K	逻辑运算按二进制逐位执行
十一二进制转换 十一十进制转换	#i=BIN］#j］ #i=BCD［#j］	用天转换发送到 PMC 的信号或从 PMC 接收的信号

二、控制指令

在宏程序中可以使用控制指令控制程序的流向。

（一）无条件转移

格式：GOTO N;

说明：

（1）该语句控制程序无条件地转移到顺序号为“、”的程序段中。

(2) 格式中的“、”为顺序号，可直接用数值（1~99999）指定，如“GOTO 10;”也

可以用变量或表达式指定，如“GOTO#10”。

(二) 条件转移

格式 1：IF［条件表达式］GOTO N;

说明：当指定的条件表达式满足时，转移到顺序号为 n 的程序段，如果指定的条件表达式不满足时，则执行下个程序段。

格式 2：IF［条件表达式］THEN;

说明：当指定的条件表达式满足时，执行预先决定的宏程序语句，只执行一个宏语句。

例如，“IF［#1EQ#2］THEN #3=0;”（如果#1 和#2 的值相同，0 赋给#3）。

以上两种格式中的条件表达式由两个变量或一个变量一个常数中间的比较运算符组成，并封闭在一对方括号内。运算符由两个字母组成，用于两个值的比较，条件表达式使用的运算符如表 11-3 所示。

表 11-3　条件表达式使用的运算符

运算符	含义	英文注释
EQ	等于（=）	Equal to
NE	不等于（≠）	Not Equal to
GT	大于（>）	Greater Than
GE	大于等（≥）	Greater Than or
LT	小于（<）	Less Than
LE	小于等于（≤	Less Than Equal to

(三) 循环

格式：WHLIE［条件表达式］Dom ;　　m =（1, 2, 3）

……

END m;

说明：

(1) 当指定的条件表达式满足时，执行从 DO 到 END 之间的程序。否则，转而执行 END 之后的程序段。

(2) DO 后的数 m 和 END 后的数 m 为指定程序执行范围的标号，标号值为 1、2、3。若用 1 、2、3 以外的值会产生报警。

(3) 在 DO 至 END 循环中的标号（1 到 3）可根据需要多次使用，称为嵌套。嵌套规则如表 11-4 所示。

表 11-4　循环语句的嵌套规则

嵌套规则	标号（1~3）可多次使用	D0循环可以嵌套3级	D0的范围不能交叉
	WHILE【……】DO1 : END 1 : WHILE【……】DO1 : END 1	WHILE【……】DO1 WHILE【……】DO2 : WHILE【……】DO3 : END 3 : END 2 : END 1	WHILE【……】DO1 WHILE【……】DO2 END 1 END 2
嵌套规则	控制可以转到循环外边	转移不能进入循环区内	
	WHILE【……】DO1 : IF【……】GOTO N WHILE【……】DO1 : Nn	IF【……】GOTO n : WHILE【……】DO1 Nn : END 1	

三、宏程序的调用

（一）非模态调用 G65

格式：G65 P（p）L（∫）<自变量赋值>;

说明：

（1）非模态调用是指单次调用宏程序主体，即宏程序只在一个程序段内有效。其调用流程如图 11-2 所示。

（2）格式中 p 为要调用的程序号，L 为调用次数（默认为 1，范围 1~9999）。

（3）当指定 G65 时，以地址符 P 指定的用户宏程序被调用。数据（自变量）能传递到用户宏程序主体中，如图 11-2 所示是 G65 非模态调用流程图。

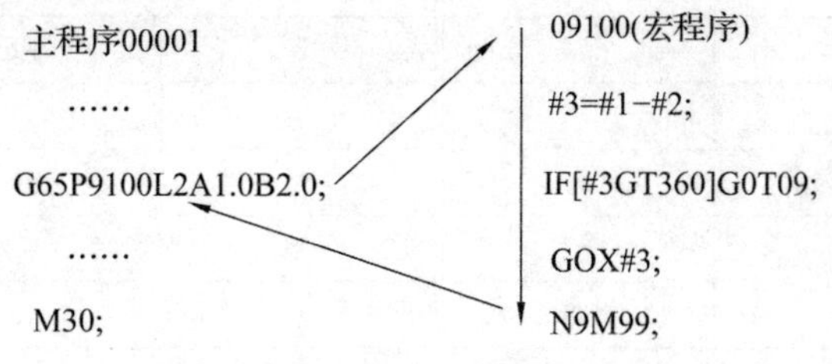

图 11-2　G65 非模态调用流程图

格式：G66 P（p）L（ｌ）<自变量赋值>；

G67；

说明：

（1）模态调用是指调用宏程序主体后，每执行一次移动指令，就调用一次前面所指定的宏程序。即机床在指定的多个位置循环执行宏程序，其调用流程如图 11-3 所示。

（2）G66 为指定模态调用，G67 为取消模态调用。

（3）格式中 P 为要调用的程序号，l 为调用次数（默认为 1>范围 1---9 999）。

```
O0001(主程序)                                                    O91009 宏程序)
……                                                               G01Z#1
G66P9100L2A1.0B2.0;         指定宏程序,不执行          G01Z#2F100;
X100.0Y-50.0;               执行指定的宏程序           ……
Y-80.0;                     执行指定的宏程序           M99;
……
G67
……
M30;
```

（二）自变量赋值

所谓自变量赋值，就是由用户宏指令调出的程序本体中，可给所用局部变量赋予的实际值。向用户宏程序本体传递数据时，必须由自变量赋值来指定，其值可以有符号和小数点，且与地址无关。自变量赋值有两种形式，与用户宏程序本体中局部变量的对应关系见表 11-5。

自变量赋值Ⅰ：用英文字母后加数值进行赋值，除了 G、L、O、N 和 P 之外，其余所有 21 个英文字母都可以给白变量赋值，每个字母赋值一次。

自变量赋值Ⅱ：使用字母 A，B，C，以及 Ii，Ji 和 Ki（i 为 1~10）进行赋值。

如表 11-5 所示为自变量赋值Ⅰ和自变量赋值Ⅱ与用户宏程序本体中局部变量的对应关系。

表 11-5　用户宏程序本体中局部变量对应关系

自变量赋值Ⅰ地址	自变量赋值Ⅱ地址	变量号	自变量赋值Ⅰ地址	自变量赋值Ⅱ地址	变量号
A	A	#1	R	K5	#18
B	B	#2	S	I6	#19
C	C	#3	T	J6	#20
I	I1	#4	U	K6	#21
J	J1	#5	V	I7	#22
K	K1	#6	W	J7	#23
D	I2	#7	X	K7	#24
E	J2	#8	Y	I8	#25

续表

自变量赋值 Ⅰ地址	自变量赋值 Ⅱ地址	变量号	自变量赋值 Ⅰ地址	自变量赋值 Ⅱ地址	变量号
F	K2	#9	Z	J8	#26
–	I3	#10		K8	#27
H	J3	#11		I9	#28
–	K3	#12		J9	#29
M	I4	#13		K9	#30
–	J4	#14		I10	#31
–	K4	#15		J10	#32
–	I5	#16		K10	#33
Q	J5	#17			

注：①自变量赋值时不必按字母顺序进行，但使用 I、J、K 时，必须按顺序进行。

②自变量赋值Ⅱ中的 I、J、K 的下标只表示组号，在实际编程时，不必标注。

③自变量赋值Ⅰ和Ⅱ可以混用，混用时较后周期值的自变量类型有效。

任务三　宏程序编制时的数学分析

如图 11-3 所示，使用宏程序加工的椭圆，椭圆的长轴半径是 30 mm，短轴半径是 16 mm，编程零点是椭圆中心，走刀方式采用顺铣，程序中并带有刀具半么补偿功能。

一、分析：细化编程原理

椭圆编程一般采用直线逼近法，一般有等距逼近法及角度逼近法，如图 11-4 所示为角度逼近法示意图。

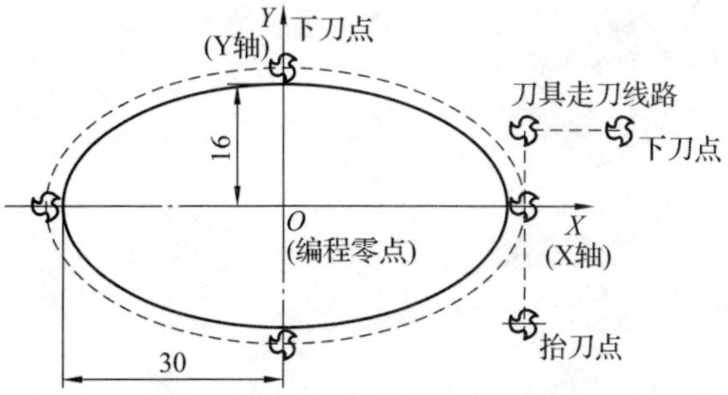

图 11-3　椭圆零件

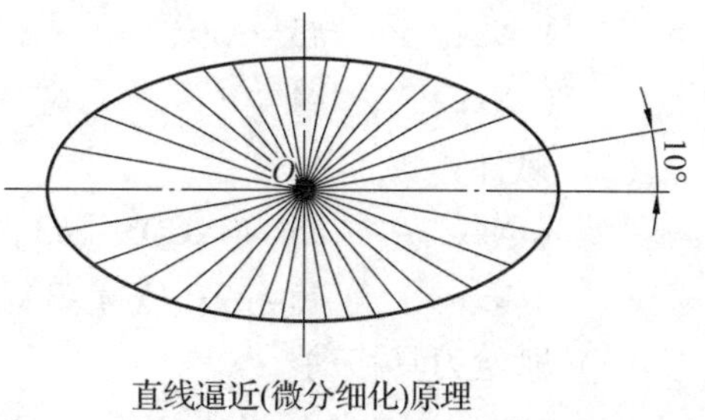

图 11-4　角度逼近法示意图

二、坐标点计算方法

根据椭圆公式 $\frac{x^2}{a^2}+\frac{y^2}{b^2}=1$ 推出，如图 11-5 所示是假设点在椭圆上某一点。

三、赋于椭圆尺寸

如图 11-6 所示，使用宏程序加工的椭圆。

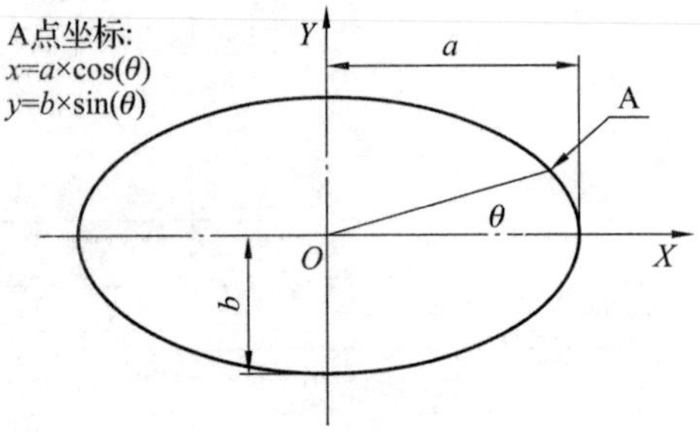

图 11-5　点在椭圆上

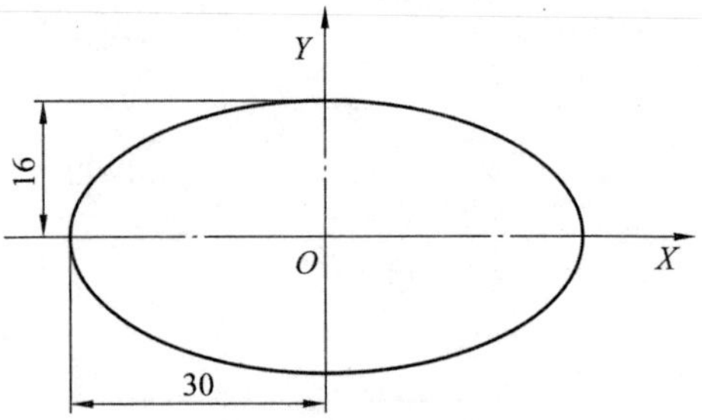

图 11-6　给定椭圆数据

四、编程步骤

1. 赋已知条件

$$a=30,\ b=16$$

2. 赋计算式

$$x = a\ x\ \cos(\varphi)$$
$$y = b\ x\ \sin(\varphi)$$

3. 赋给刀具移动

G1 Xx Yy

4. 编程格式

（1）赋已知条件。

```
Nxx        #1=30
Nxx        #2=16
Nxx        #3=359
Nxx        #4=0
```

（2）赋计算式。

```
Nxx        #5=#1xCOS [#3]
Nxx        #6=#2xSIN [#3]
```

（3）赋给刀具移动。

```
Nxx        G1 X [#XX]    Y [#XX]
```

（4）变量变化。

```
Nxx #3=#3-1
```

（5）有条件跳转再计算。

```
Nxx IF [#XXGEXX] GOTO xx
```

详细程序如下：

```
%
O9000
N1 G40G80G49G69;
N2 G90G0G54X0Y100Z30;
N3 M03S3500;
N4 X45Y15;
N5 Z5;
N6 G01Z-6F200;
N7 G01G41X30D01;
N8 Y0;
N9 #1=30;                        ;赋于长轴半径
N10 #2=16;                       ;赋于短轴半径
N11 #3=359;                      ;设定起给角度
N12 #4=0;                        ;设定终止角度
N13 #5=#1 * COS[#3];             ;计算第一点 X 点参数
N14 #6=#2 * SIN[#3];             ;计算第一点 Y 点参数
N15 G1 X[#5]  Y[#6];             ;赋给刀具移动
N16 #3=#3-1;                     ;计算第二点的参数,以每一度计算
N17 IF[#3GE#4]GOTO13;            ;如果,条件不满足,跳转到 N13
N18 G01Y-15;
N19 G0Z30;
N20 M05;
N21 G40X0Y100;
N22 M30;
%
```

如图 11-7 所示为程序运行后的仿真效果图。

图 11-7　运行程序后的结果

任务四　综合件的加工

加工内容：四角凸台、上下端凸台、中间椭圆、内腔、四角浅孔及四沉孔，如图 11-8 所示。

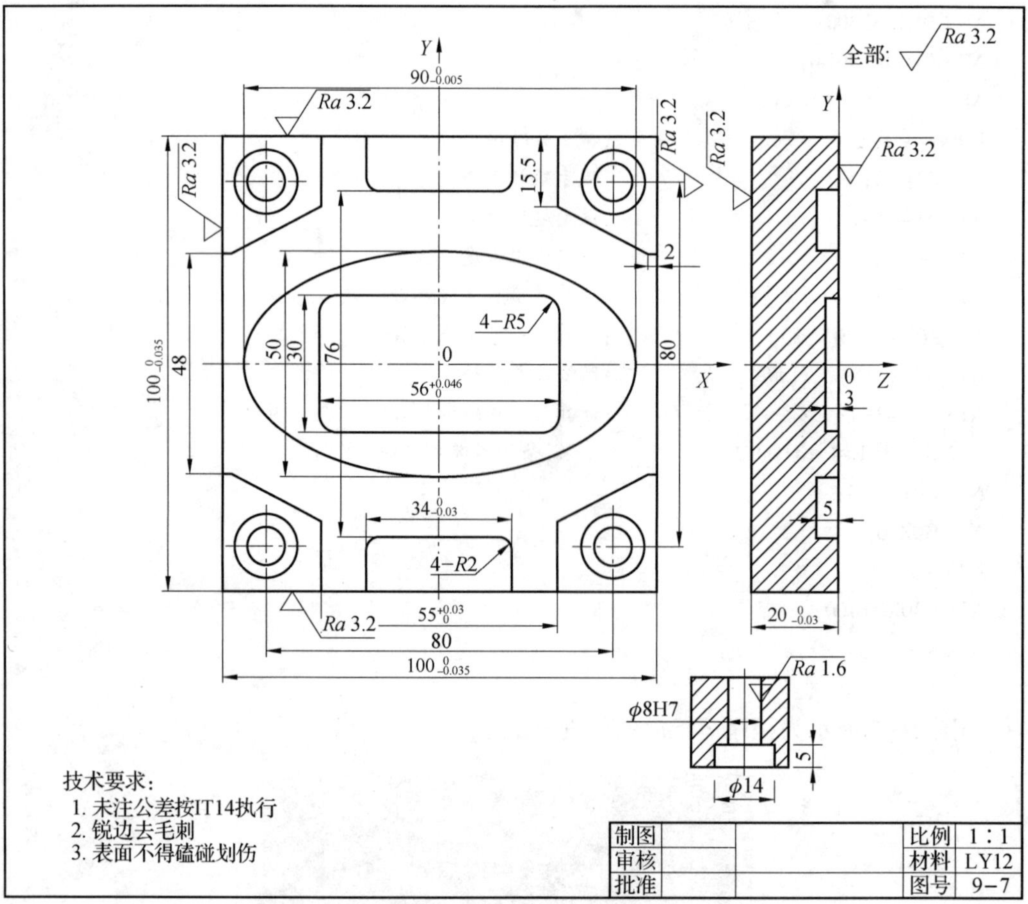

图 11-8　非圆曲线零件图

一、工艺分析

（一）图面分析

仔细阅读图纸，读懂图纸轮廓，尺寸标注是否完整、齐全。

（二）装夹及编程零点设置

该零件上、下、左、右基本对称，编程零点设置在工件中心。

（三）表面粗糙度

孔表面粗糙度、精度要求较高，故粗加工后要精加工。

本章是数控铣的最后一章，因此，本工艺按图纸要求，以及六方体全部加工的思路，来编本工艺及程序。

二、制定工艺方案

（一）机床的选择

采用 FANUC-0i-MC 数控铣床。

（二）夹具的选择

考虑该零件为块类其装夹方法为平口钳夹持。

（三）刀具的选择

（1）加工上表面及 100×100×20，故选择 ¢20 铣刀，上表面光出为止。

（2）根据图纸，内轮廓最小 R 为 6，当然，这零件可以采用多把刀进行加工，故采用 ¢10 键槽铣刀。

（3）¢2 中心钻。

（4）¢7.8 钻头。

（5）¢8H7 铰刀。

（6）选择 ¢20 加工反面，以达图纸总高要求。

（四）工量具选择

（1）量程为 150 mm，精度为 0.02 mm 游标卡尺。

（2）75~10 千公尺，精度为 0.01 mm。

（3）¢8H7 塞规。

（五）切削用量

切削参数根据刀具材料、被加工材料及加工深度确定，由于加工的次数较少，要以安全为主，故主轴转速采用 4 000 r/min，走刀量 F=500 mm/min。具体数控加工工序卡如表 11-6 所示。

表 11-6　数控加工工艺卡

<table>
<tr><td colspan="2">产品名称</td><td colspan="2">零件名称</td><td>产品图号</td><td colspan="3">使用设备</td><td>夹具名称</td><td colspan="4">车间</td></tr>
<tr><td colspan="2">实训科目 6</td><td colspan="2">腔板</td><td>9002</td><td colspan="3">FANUC-0i-MC</td><td>平口钳</td><td colspan="4">数控实训车间</td></tr>
<tr><td colspan="2">材料牌号</td><td rowspan="2">毛坯</td><td>种类</td><td>板材</td><td colspan="3">刀具</td><td colspan="4">切削用量</td><td rowspan="3">备注</td></tr>
<tr><td colspan="2">LY12</td><td>规格</td><td>105×105×30</td><td rowspan="2">刀具号</td><td rowspan="2">刀具名称</td><td rowspan="2">刀补号</td><td rowspan="2">主轴转速 /(r · min^{-1})</td><td colspan="2">进给速度 V_t /(mm · min^{-1})</td><td rowspan="2">背切刀量</td></tr>
<tr><td>序号</td><td>工序名称</td><td>工步号</td><td colspan="2">工序工步内容</td><td>X、Y</td><td>Z</td></tr>
<tr><td>1</td><td>备料</td><td colspan="3">备料 105×105×30</td><td></td><td></td><td></td><td></td><td></td><td></td><td></td><td></td></tr>
<tr><td>2</td><td>数铣</td><td>1</td><td colspan="2">上表面及四方</td><td>T1</td><td>铣刀</td><td>1</td><td>3 500</td><td>1 200</td><td>300</td><td>26</td><td></td></tr>
<tr><td></td><td></td><td>2</td><td colspan="2">四角及上、下凸台</td><td>T2</td><td>铣刀</td><td>2</td><td>4 000</td><td>500</td><td>300</td><td>5</td><td></td></tr>
</table>

续表

		3	加工非圆曲线（椭圆）	T2	铣刀	3	4 000	400	300	5	
		4	加工内腔	T2	铣刀	4	4 000	300	100	3	
		5	加工 4-ϕ14 台阶孔	T2	铣刀	5	4 000	150	100	5	
		6	点中心孔	T3	中心钻	/	3 500	/	100	/	
		7	4-ϕ8H7 底孔	T4	钻头	/	1 000	/	120	/	
		8	4-ϕ8H7 铰孔	T5	铰刀	/	60	/	50	/	
		9	反面加工总高	T1	铣刀	1	3 500	1 200	300	3	
3	检验										
拟 定			审 核				批 准				

三、复杂零件的编程

(1) 加工上表面及四周，上表面光出为止，余量留反面加工，以供装夹使用。

程序如下：

```
%
O9201
N1 G40G80G49G69;
N2 G90G0G54X0Y100Z50;
N3 M03S3500;
N4 X-60Y42;
N5 Z5;
N6 G01Z0F1200;
N7 X55;
N8 Y25;
N9 X-55;
N10 Y8;
N11 X55;
N12 Y-8;
N13 X-55;
N14 Y-25;
N15 X55;
N16 Y-42;
N17 X-60;
N18X-80Y-80;
N19 Z-22;
N20 G01G41X-50D01;                ;加工四边形,用 1 号刀补
N21 Y50;
N22 X50;
N23 Y-50;
```

```
N24 X-60;
N25 G0Z50;
N26 M05;
N27G40 X0Y100;
N28M30;
%
```

(2) 加工四角及上、下凸台、非圆曲线及四沉孔。

程序如下:

```
%
O9202
N1 G40G80G49G69;
N2 G90G0G54X0Y100Z30;
N3 M03S4000;
N4 X-15Y60;
N5 Z5;
N6 G01Z-5F300;
N7 G41X-27.5D01;              ;加工外轮廓,用2号刀补
N8 Y34.5;
N9 X-48Y24;
N10 X-56;                     ;为了保证尺寸48清角,要至少多一个刀具半径
N11 Y-24;
N12 X-48;
N13 X-27.5Y-34.5;
N14 Y-56;                     ;为了保证尺寸55清角,要至少多一个刀具半径
N15 X-17;
N16 Y-38;
N17 G02X-15Y-36R2;
N18 G01X15;
N19 G02X17Y-38R2;
N20 G01Y-56;                  ;为了保证尺寸55清角,要至少多一个刀具半径
N21 X27.5;
N22 Y-34.5 ;
N23 X48Y-24;
N24 X56;                      ;为了保证尺寸48清角,要至少多一个刀具半径
N25 Y24;
N26 X48;
N27 X27.5Y34.5;
N28 Y56;                      ;为了保证尺寸55清角,要至少多一个刀具半径
N29 X17;
N30 Y38;
N31 G02X15Y36R2;
N32G01X-15;
```

```
N33 G02X-17Y38R2;
N34 G01Y56;
N35 G0Z5;
N36 G40X55Y10;
N37 G01Z-5F300;
N38 G01G41X45D02;                ;加工椭圆,用3号刀补
N39 Y0;
N40 #1=45;
N41 #2=25;
N42 #3=359;
N43 #4=0;
N44 #5=#1*COS[#3];
N45 #6=#2*SIN[#3];
N46 G01X[#5]Y[#6];
N47 #3=#3-1;                     ;以每一度进行运算
N48 IF[#3GE#4]GOTO44;            ;如果条件不满足,跳回到N44再执行
N49 G01Y-10;
N50 G0Z5;
N51 G40X0Y0;
N52 G01Z-3F100;
N53 G41X-22Y15D03F400;           ;加工内腔,用4号刀补
N54 G03X-28Y9R6;
N55 G01Y-9;
N56 G03X-22Y-15R6;
N57 G01X22;
N58 G03X28Y-9R6;
N59 G01Y9;
N60 G03X22Y15R6;
N61 G01X-22;
N62 /G01G40Y4;                   ;使用跳段,在精加工是没有残余量,可以不执行
N63 /X22;
N64 /Y-4;
N65 /X-22
N66 G0Z5;
N67 G40X-40Y-40;
N68 M98P9203;                    ;用子程序加工四沉孔
N69 G90X40Y-40;
N70 M98P9203;
N71 G90G0X40Y40;
N72 M98P9203;
N73 G90G0X-40Y40;
N74 M98P9203;
```

```
N75 G90G0Z30;
N76 M05;
N77 X0Y100;
N78 M30;
%
```

(3) 子程序（加工 4-¢14 沉孔）。

程序如下：

```
%
O9203
N1 G91G0Z-10F100;
N2 G01G41X7D05;                        ;加工沉孔,用5号刀补
N3 G03I-7;
N4 G01G40X-7;
N5 G0Z10;
N6 M99;
%
```

(4) 点中心孔。

程序如下：

```
%
O9204
N1 G40G80G49G69;
NG2 G90G0G54X0Y100Z50;
N3 M03S800;
N4 X40Y40;
N5 Z20;
N6 G98G81Z-7R3F100;
N7 Y-40;
N8 X-40;
N9 Y40;
N10 G80Z50;
N11 M05;
N12 X0Y100;
N13 M30;
%
```

(5) 点好中心孔后，粗加工 4-¢8H7 底孔。

程序如下：

```
%
O9205
N1 G40G80G49G69;
NG2 G90G0G54X0Y100Z50;
N3 M03S800;
```

```
N4 X40Y40;
N5 Z20;
N6 G98G83Z-30R3Q4F100;
N7 Y-40;
N8 X-40;
N9 Y40;
N10 G80Z50;
N11 M05;
N12 X0Y100;
N13 M30;
%
```

(6) 钻好孔后，即可以铰孔。

程序如下：

```
%
O9206
N1 G40G80G49G69;
NG2 G90G0G54X0Y100Z50;
N3 M03S60;
N4 X40Y40;
N5 Z20;
N6 G98G81Z-30R3F50;
N7 Y-40;
N8 X-40;
N9 Y40;
N10 G80Z50;
N11 M05;
N12 X0Y100;
N13 M30;
%
```

(7) 正面全部加工完成后，零件翻面装夹，加工总高。

程序如下：

```
%
O9201
N1 G40G80G49G69;
N2 G90G0G54X0Y100Z50;
N3 M03S3500;
N4 X-60Y42;
N5 Z5;
N6 G01Z0F1200;
N7 X55;
N8 Y25;
N9 X-55;
```

```
N10 Y8;
N11 X55;
N12 Y-8;
N13 X-55;
N14 Y-25;
N15 X55;
N16 Y-42;
N17 X-60;
N18 G0Z50;
N19 M05;
N20 X0Y100;
N30 M30;
%
```

在加工前必须在 FANUC 系统的刀具偏置补偿中预先设定刀具半径偏置，并要留有一定的精加工余量，以便达到图纸公差要求；如图 11-9 所示为修改完成刀补量的示意图。在长度补偿地址修改图中有数据存在，可以不管，因为没调用长度补偿指令。其操作过程与项目六相同，此处不再展示加工过程。

在仿真软件上运行后仿真加工效果图如图 11-9 所示。

图 11-9　验证刀轨

思考与练习

一、选择题

1. 在 FANUC 0i 系统中，假设#1=1.2，#2= -1.2，则以下（　　）是正确的。

A. #3=FUP [#1] = 2.0，#4=FIX [#2] = -2.0

B. #3=FUP [#1] = 2.0，#4=FIX [#2] = -1.0

C. #3=FIX [#1] = 1.0，#4=FUP [#2] = -1.0

D. #3=FIX [#1] = 1.0，#4=FUP [#2] = -2.0

2. 在 FANUC 0i 系统中，自变量赋值 I 的地址 R 所对应的变量是（　　）。

A. #16　　B. #17　　C. #18　　D. #19

3. 用户宏程序就是（　　）。

A. 由准备功能指令编写的子程序，在主程序需要时可使用呼叫子程序的方式随时调用

B. 使用宏指令编写的程序，程序中除使用常用准备功能指令外，还使用了用户宏指令实现变量运算、判断、转移等功能

C. 工件加工源程序，通过数控装置运算、判断处理后，转变成工件的加工程序，由主程序随时调用

D. 一种循环程序，可以反复使用多次

4. 关于宏程序的特点描述正确的是（　　）。

A. 提高加工质量　　B. 只适合于简单工件编程

C. 可用于加工不规则形状零件　　D. 无子程序调用语句

5. 宏程序的（　　）起到控制程序流向作用。

A. 控制指令　　B. 程序字　　C. 运算指令　　D. 赋值

6. 用户宏程序中，LE 表示（　　）。

A. 小于　　B. 大于或等于　　C. 小于或等于　　D. 大于

二、判断题

1. 宏程序中，SQRT 是表示开平方根。（　　）
2. 宏程序利用系统自动计算功能进行加工。（　　）
3. 宏程序只能加工二维，不能加工三维曲面。（　　）
4. 宏程序不能当子程序使用。（　　）
5. 宏程序只能往前跳转，不能往后跳转。（　　）
6. 控制指令 IF［<条件表达式>］GOTO n 表示：若条件成立，则转向段号为（n3+2）的程序段。

三、编程题

完成如图 11-10 的零件编程。

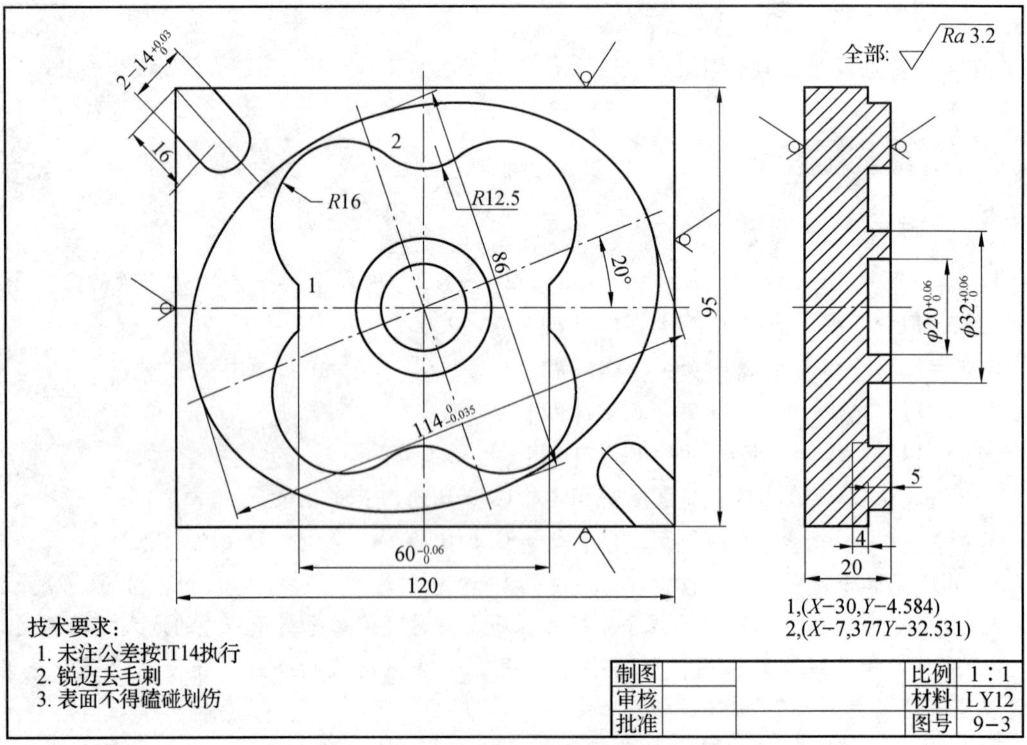

制图		比例	1∶1
审核		材料	LY12
批准		图号	9-3

图 11-10　零件图

项目十二　加工中心的编程与操作

学习目标

知识目标

(1) 了解并掌握加工中心的概念、特点及应用。

(2) 掌握加工中心工艺分析方法。

(3) 掌握换刀指令及应用。

能力目标

(1) 掌握加工中心的对刀。

(2) 掌握加工中心所有刀具的作用。

(3) 能正确测量刀与基准的差值。

(4) 掌握所有 G 指令的运用。

任务一　数控加工中心及其组成

一、加工中心的类型及其组成

加工中心是带有刀库和自动换刀装置的数控机床，又称为自动换刀数控机床或多工序数控机床。其特点是数控系统能控制机床自动地更换刀具，连续地对工件各加工表面自动进行钻削、扩孔、铰孔、镗孔、攻丝、铣削等多种工序的加工，工序高度集中。这种机床一般具有刀库和自动换刀装置，有的还具有分度工作台或双工作台。适用于加工叶轮、缸体缸盖、箱体、支架、盖板、模具等复杂型面的零件，如图 12-1 所示。

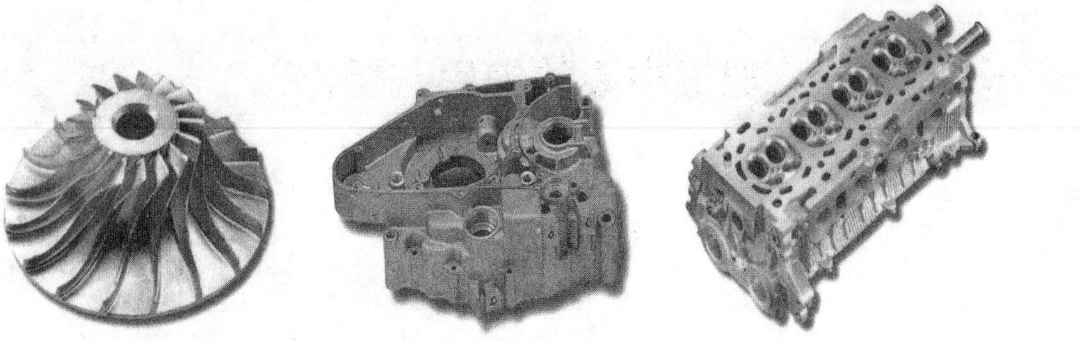

(a) (b) (c)

图 12-1　加工中心所加工的零件类型

（一）按功能特征分类

（1）镗铣加工中心。有一般立式、卧式镗铣加工中心和龙门式加工中心。以镗铣为主，适用于加工箱体、壳体以及各种复杂零件的特殊曲线和曲面轮廓的多工序加工。适用于多品种小批量的生产方式，如图 12-2 所示为加工中心类型。

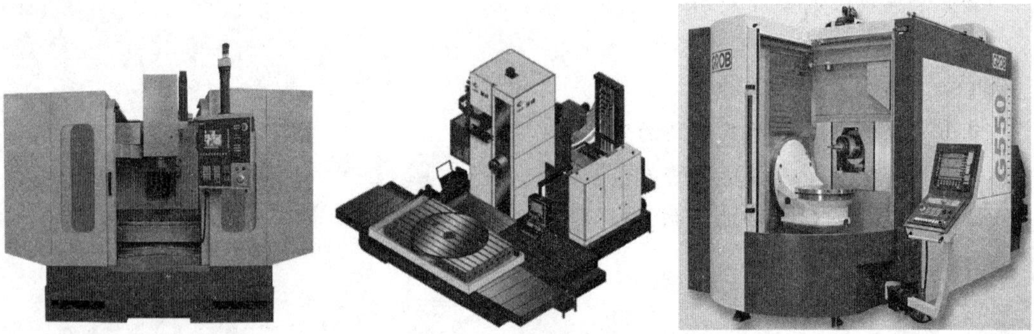

(a)立式加工中心　(b)卧式加工中心　(c)多轴加工中心

图 12-2　加工中心类型

（2）钻削加工中心。以钻削为主，刀库形式以转塔头形式为主。适用于中小零件的钻孔、扩孔、铰孔、攻丝及连续轮廓铣削等多工序加工，如图 12-3 所示为钻削中心。

图 12-3　钻削中心

（3）复合加工中心。主要指五轴复合加工，可自动回转主轴头，进行立卧加工。在主轴自动回转后，在水平和垂直面实现刀具自动交换，如图 12-4 所示为多轴加工中心。

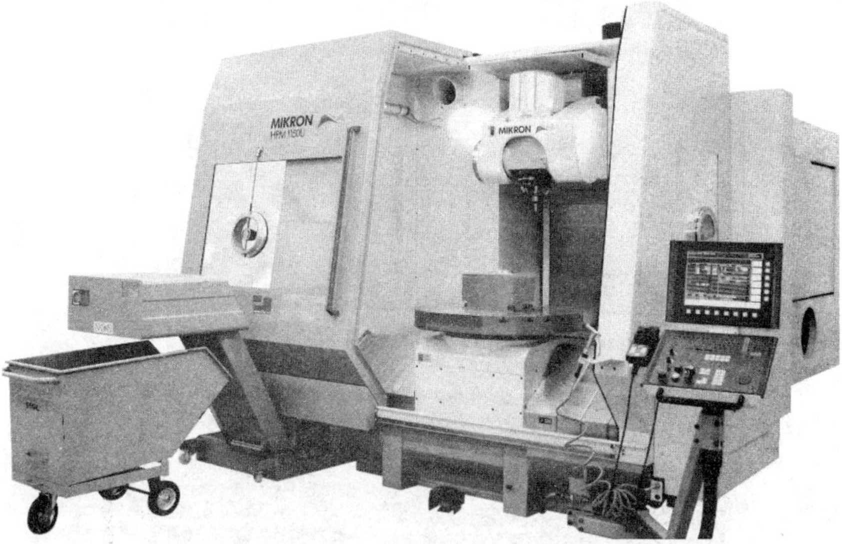

图 12-4　多轴加工中心

（二）按所用自动换刀装置分类

（1）转塔头（斗笠式）加工中心。转塔头加工中心分为立式和卧式两种。主轴数一般为 6~12 个，换刀时间短、数量少、主轴转塔头定位精度要求较高，如图 12-5 所示为转塔式加工中心。

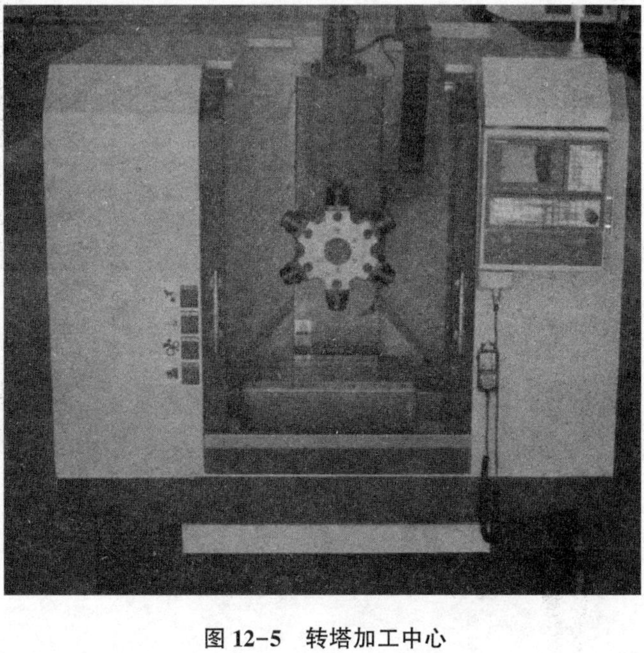

图 12-5　转塔加工中心

（2）刀库+主轴换刀加工中心。这种加工中心特点是无机械手式主轴换刀，利用工作台运动及刀库转动，并由主轴箱上下运动进行选刀和换刀。如图 12-6 所示的加工中心属于此种类型。

图 12-6　斗笠式加工中心

（3）刀库+机械手+主轴换刀加工中心。这种加工中心结构多种多样，由于机械手卡爪可同时分别抓住刀库上所选的刀和主轴上的刀，换刀时间短。并且选刀时间与切削加工时间重合，因此得到广泛应用。如图 12-7 所示为卧式加工中心多类机械手式换刀装置。

图 12-7　机械手换刀式加工中心

另外还可按所用工作台结构特征分为单、双工作台和多工作台式加工中心。按主轴种类分为单轴、双轴、三轴及可换主轴箱的加工中心等，如图 12-8 所示为卧式双工作台加工中心。

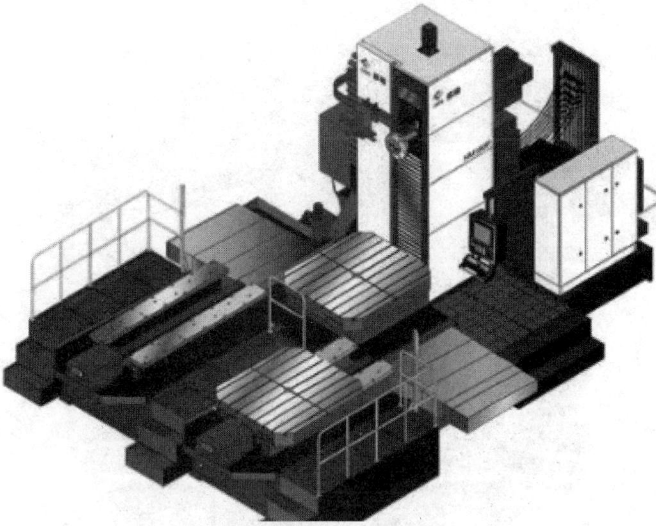

图 12-8　卧式双工作台加工中心

加工中心机床的结构和数控铣床相比，加工中心主要增加了刀库及换刀装置。当然，基于性价比等方面的考虑，加工中心机床多采用半闭环或闭环数控系统。

二、加工中心的自动换刀装置

自动换刀装置的用途是按照加工需要，自动地更换装在主轴上的刀具。自动换刀装置是一套独立、完整的部件。

（一）自动换刀装置的形式

自动换刀装置的结构取决于机床的类型、工艺、范围及刀具的种类和数量等。自动换刀装置主要有回转刀架和带刀库的自动换刀装置两种形式。

回转刀架换刀装置的刀具数量有限，但结构简单，维护方便。如车削中心上的回转刀架。

带刀库的自动换刀装置是镗铣加工中心上应用最广的换刀装置，主要有机械手换刀和刀库换刀两种方式。其整个换刀过程较复杂，首先把加工过程中所需要使用的全部刀具分别安装在标准刀柄上，在机外进行尺寸预调后，按一定的方式放入刀库；换刀时，先在刀库中进行选刀，并由机械手从刀库和主轴上取出刀具，或直接通过主轴以及刀库的配合运动来取刀，然后进行刀具交换，再将新刀具装入主轴，把旧刀具放回刀库。存放刀具的刀库具有较大的容量，它既可以安装在主轴箱的侧面或上方，也可以作为独立部件安装在机床以外。

（二）刀库的形式

刀库的形式较多，结构各异。加工中心常用的刀库有盘轮式和链式刀库两种。

盘轮式刀库结构简单且紧凑，应用较多。一般存放刀具不超过 32 把，如图 12-9 所示。

图 12-9　盘轮式刀库

链式刀库多为轴向取刀，适于要求刀库容量较大的数控机床。如图 12-10 所示为加工中心机床所使用的链式刀库。

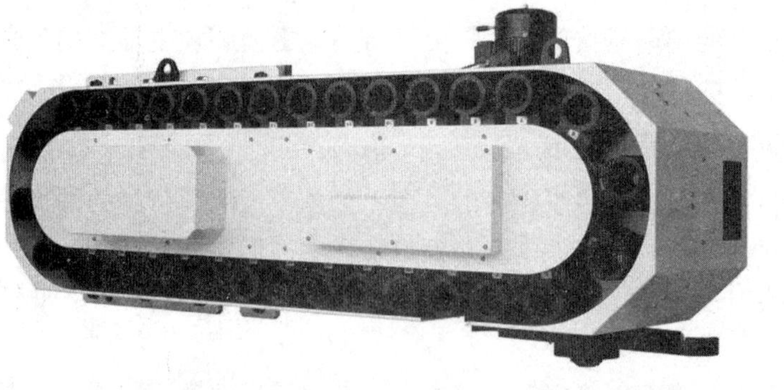

图 12-10　链式刀库

（三）换刀过程

自动换刀装置的换刀过程由选刀和换刀两部分组成。当执行 Txx 指令即选刀指令后，刀库自动将需要用的刀具移动到换刀位置，完成选刀过程，为后续换刀做好准备；当执行到 M06 指令时即开始自动换刀，把主轴上用过的刀具取下，将选好的刀具安装在主轴上。

1. 选刀

选刀方式常分为顺序选刀方式和任选方式两种。

顺序选刀方式是将加工所需要的刀具，按照预先确定的加工顺序依次安装在刀座中，换刀时，刀库按顺序转位。这种方式的控制及刀库运动简单，但刀库中刀具排列的顺序不能出现错误。

任选方式是对刀具或刀座进行编码，并根据编码选刀。它可分为刀具编码和刀座编码两种方式。刀具编码方式是利用安装在刀柄上的编码元件（如编码环、编码螺钉等）预先对刀具编码后，再将刀具放在刀座中；换刀时，通过编码识别装置根据刀具编码选刀。采用这种方式编码的刀具可以放在刀库的任意刀座中；刀库中的刀具不仅可在不同的工序中多次重复使用，而且换下来的刀具也不必放回原来的刀座中。刀座编码方式是预先对刀库中的刀座（用编码钥匙等方法）进行编码，并将与刀座编码相对应的刀具放入指定的刀座中；换刀时，根据刀座编码选刀，使用过的刀具也必须放回原来的刀座中。目前应用最多的是计算机记忆式选刀。这种方式的特点为：刀具号和存刀位置或刀座号对应地记忆在计算机的存贮器或可编程控制器内，无论刀具存放在哪个地址，计算机都始终记忆着它的踪迹；在刀库上装有位置检测装置，这样刀具可以任意取出，任意送回；刀具本身不必设置编码元件，结构大为简化，控制也十分简单，计算机控制的机床几乎全都采用这种选刀方式。在刀库上设有机械原点，每次选刀运动正反向都不会超过 180°的范围。当选刀动作完成后，即处于等待状态，一旦执行到自动换刀的指令，立即开始换刀动作。

2. 换刀

有通过机械手换刀和通过刀库-主轴移动式换刀两种方式。对通过机械手换刀的立式加工中心（如 VCL1100），其换刀动作如图 12-11 所示，具体分解如下：

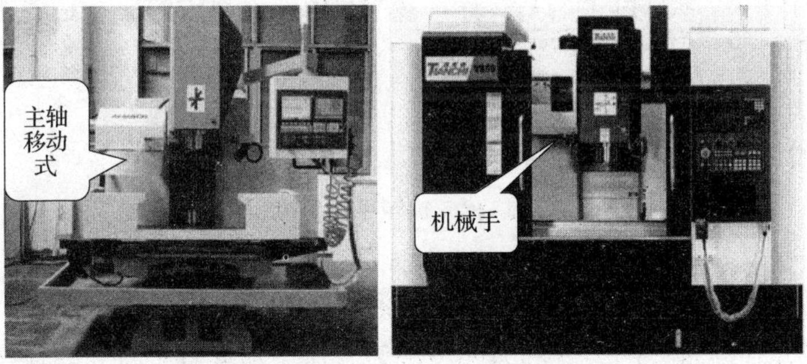

(a)斗立式加工中心　　(b)机械手换刀加工中心

图 12-11　换刀

（1）机械手换刀，通过机械手换刀的立式加工中心（见图 12-12），其机械手换刀过程具体分解如下：

①主轴箱回到最高处（Z 坐标零点），同时实现“主轴准停”。即主轴停止回转并准确停止在一个固定不变的角度方位上，保证主轴端面的键也在一个固定的方位，使刀柄上的键槽恰好能对正端面键，如图 12-12（a）所示。

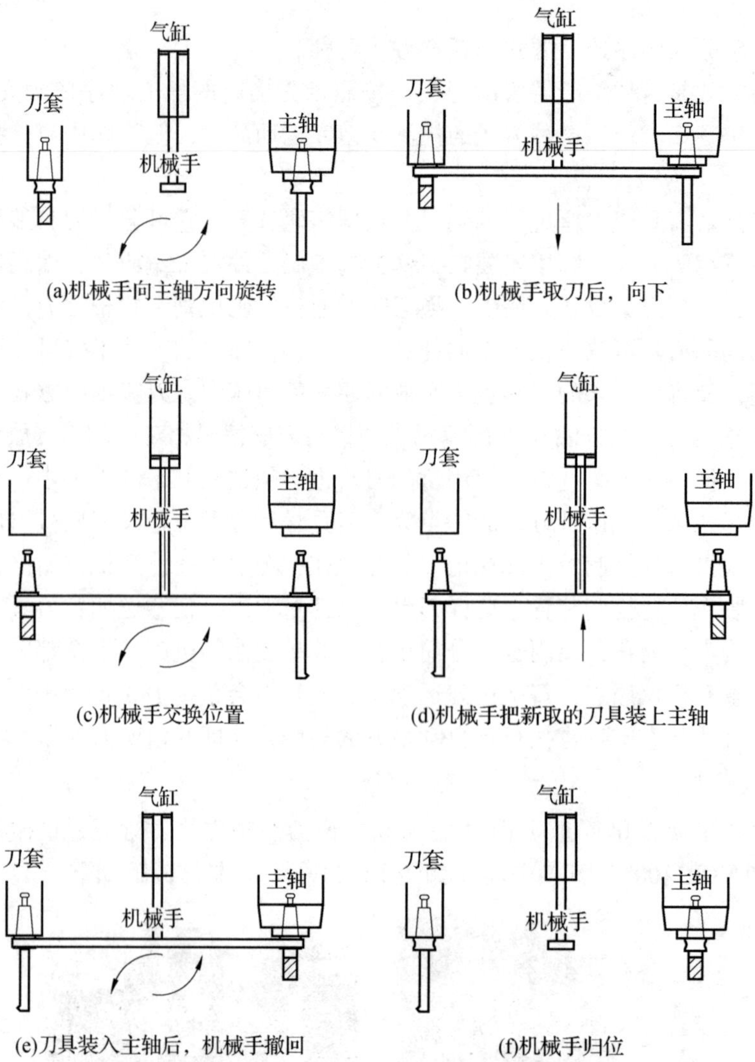

图 12-12　机械手换刀过程

②机械手旋转，抓住主轴上和刀库上的刀具，如图 12-12（b）所示。

③当机械手抓住主轴上的刀具和刀库中的刀具后，活塞杆推动机械手下行，从主轴和刀库上取出刀具，达到换到点下限，如图 12-12（c）所示。

④机械手回转 180°，交换刀具位置，如图 12-12（d）所示。

⑤将更换后，活塞杆收缩，活塞杆带动机械手上升，将刀具装入主轴和刀库，如图 12-12（e）所示。

⑥机械手反方向旋转，机械手放开主轴和刀库上的刀具后复位。限位开关发出“换刀完毕”的信号，主轴自由，可以开始加工或其它程序动作，如图 12-12（f）所示。

（2）主轴移动式加工中心，对如 VMC600 型的立式加工中心，换刀采用的是主轴移动式，其换刀过程动作如图 12-13 所示，具体分解如下：

①主轴准停，主轴箱沿 Z 轴上升。主轴到达换刀点，同时，斗笠式刀库上刀位的空挡正对着交换位置对准主轴，如图 12-13（a）所示。

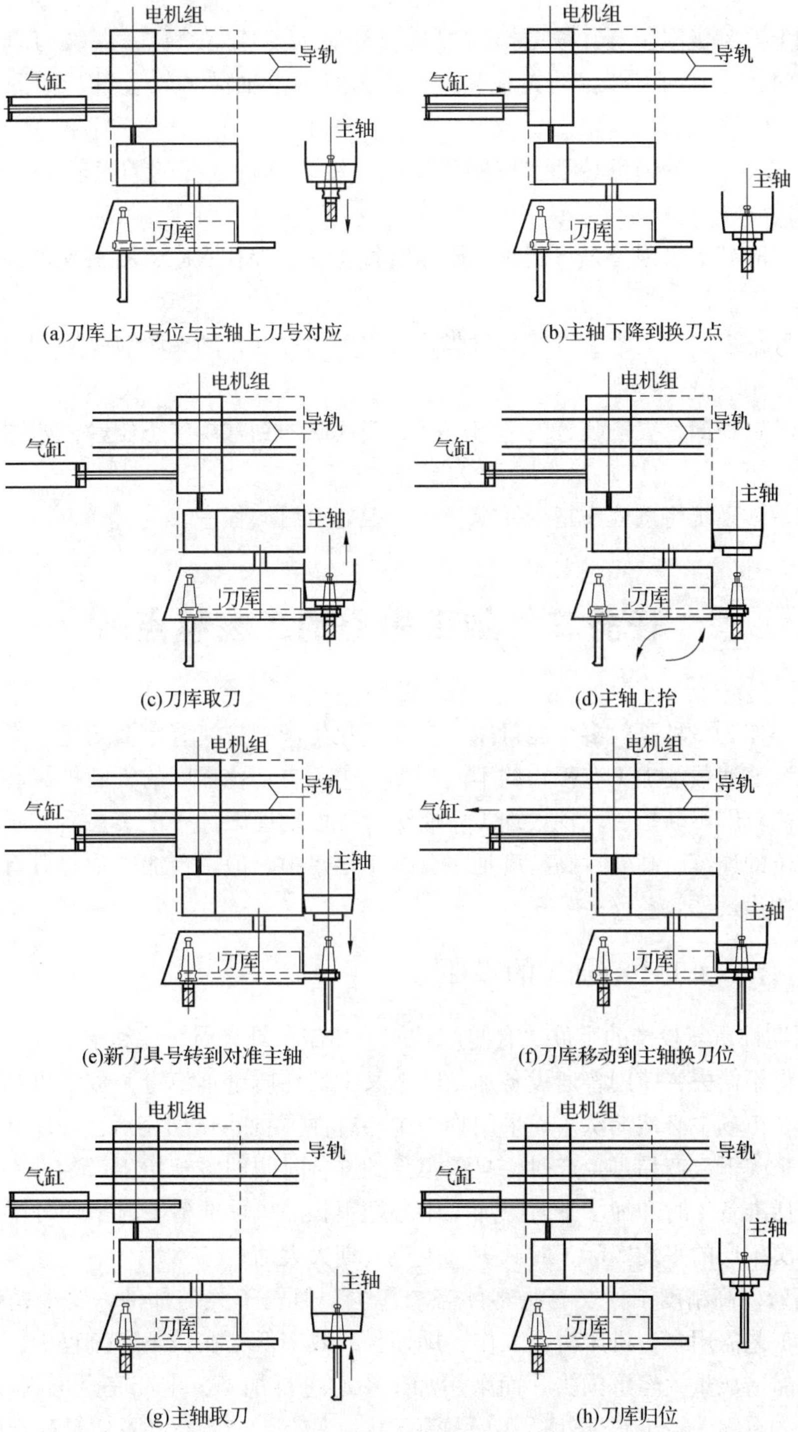

图 12-13　主轴移动式换刀过程

②根据系统判断，卸刀时，主轴下降到下限位点，如图 12-13（b）所示。

③换刀气缸向主轴推进，刀库上装卡刀具的卡爪打开，卡口卡住刀具，如图 12-13（c）所示。

④主轴上升到极限位置，被更换的刀具刀杆进入刀库空刀位，即被刀具定位卡爪钳住，与此同时，主轴内刀杆自动夹紧装置放松刀具，主轴沿 Z 轴上升。如图 12-13（d）所示。

⑤斗笠式刀库上的刀盘转动，按照程序指令要求，将选好的刀具转到主轴下方的位置，如图 12-13（e）所示。

⑥主轴下降到下极限位置，同时，压缩空气将主轴锥孔吹净，将待换的新刀装入主轴中，如图 12-13（f）所示。

⑦换刀气缸缩回，夹紧装置的卡口张开，主轴内刀杆自动夹紧装夹紧刀具将刀具留在主轴中，如图 12-13（g）所示。

⑧换刀气缸缩回，夹紧装置的卡口张开，刀库收缩到常规状态位置，如图 12-13（h）所示。

换好刀后，系统将按程序指令要求，执行换好刀后的程序。

任务二　加工中心的工艺特点

加工中心作为一种高效多功能机床，在现代化生产中扮演着重要角色，它的制造工艺与传统工艺及普通数控加工有很大的不同。加工中心自动化程度的不断提高和工具系统的发展使其工艺范围不断扩展。现代加工中心更大程度地使工件一次装夹后实现多表面、多特征、多工位的连续、高效、高精度加工，即工序集中。但一台加工中心只有在合适的条件下才能发挥出最佳效益。

一、适合于加工中心加工的零件

（1）周期性重复投产的零件。有些产品的市场需求具有周期性和季节性，如果采用专门生产线会得不偿失，使用普通设备加工效率又太低，质量不稳定，数量也难以保证，以上两种方式在市场中必然淘汰。而采用加工中心首件（批）试切完后，程序和相关生产信息可保留下来，下次产品再生产时，只需很少的准备时间即可开始生产。进一步说，加工中心工时包括准备工时和加工工时，加工中心把很长的单件准备工时平均分配到每一个零件上，使每次生产的平均实际工时减少，生产周期大大缩短。

（2）高效、高精度工件。有些零件需求甚少，但属于关键部件，要求精度高且工期短，用传统工艺需用多台机床协调工作，周期长、效率低，在长工序流程中，受人为影响容易产出废品造成重大经济损失。而采用加工中心进行加工，生产完全由程序自动控制，避免了长工艺流程，减少了硬件投资及人为干扰，具有生产效益高及质量稳定的特点。

（3）具有合适批量的工件。加工中心生产的柔性不仅体现在对特殊要求的快速反应上，而且可以快速实现批量生产，拥有并提高市场竞争能力。加工中心适合中小批量生产，特别是小批量生产，在应用加工中心时，尽量使批量大于经济批量，以达到良好的经济效果。随着加工中心及辅具的不断发展，经济批量越来越小，一些复杂零件就可以进行生产，甚至在单件生产时也可考虑用加工中心。

（4）多工位和工序可集中工件。

（5）形状复杂的零件。四轴联动、五轴联动加工中心的应用以及 CAD/CAM 技术的成熟和发展使加工零件的复杂程度大幅提高。DNC 的使用使同一程序的加工内容足以满足各种加工需要，使复杂零件的自动加工成为可能。

（6）难测量零件。

二、工序集中带来的问题

加工中心的工序集中加工方式固然有其独特的优点，但也带来一些问题，如：

（1）粗加工后直接进入精加工阶段，工件的温升来不及回复，冷却后尺寸变动。

（2）工件由毛坯直接加工为成品，一次装夹中金属切除量大、几何形状变化大，没有释放应力的过程，在加工完成一段时间后内应力释放，使工件变形。

（3）切削不断屑，切屑的堆积、缠绕等会影响加工的顺利进行及零件表面质量，甚至使刀具损坏、工件报废。

（4）装夹零件的夹具必须满足既能克服粗加工大的切削力又能在精加工中准确定位的要求，而且零件夹紧变形要小。

（5）由于 ATC 的应用，使工件尺寸、大小和高度都受到一定的限制，钻孔深度、刀具长度、刀具直径、重量等也要予以考虑。

三、各种加工中心的功能特点

（1）立式加工中心：立式加工中心装夹工件方便，便于操作，找正容易，宜于观察切削情况，调试程序容易，占地面积小，应用广泛。但它受立柱高度及 ATC 的限制，不能加工太高的零件，也不适于加工箱体。

（2）卧式加工中心：一般情况下卧式加工中心比立式加工中心复杂、占地面积大，有能精确分度的数控回转工作台，可实现对零件的一次装夹多工位加工，适合于加工箱体类零件及小型模具型腔。但调试程序及试切时不宜观察，生产时不宜监视，装夹不便，测量不便，加工深孔时切削液不易到位（若缺少内冷却钻孔装置时）。

由于许多不便使卧式加工中心准备时间比立式更长，但加工件数越多，其多工位加工、主轴转速高、机床精度高的优势就表现得越明显，所以卧式加工中心适合于批量加工。

（3）带 APC 的加工中心：立式加工中心、卧式加工中心都可带有 APC 装置，交换工作台可有两个或多个。在部分制造系统中，工作台在各机床上通用，通过自动运送装置工作台带着装夹完成的工件在车间内形成物流，因此这种工作台也叫托盘。因为装卸工件不占机时，因此其自动化程度更高，效率也更高。

（4）复合加工中心：复合加工中心兼有立式和卧式加工中心的功能，工艺范围更广，使本来需要两台机床完成的任务要在一台上完成，工序更加集中。由于没有二次定位，精度也更高，但价格昂贵。

任务三　加工中心的工艺设计

一、工序和工步的划分

在数控机床上加工零件，工序应尽量集中，一次装夹应尽可能完成大部分工序。数控加工工序的划分有下列方法：

（一）按加工内容划分工序

对于加工内容较多的零件，按零件结构特点将加工内容分成若干部分，每一部分可用典型刀具加工。例如加工内腔、外型、平面或曲面等。加工内腔时，以外型夹紧；加工外腔时，以内腔的孔夹紧。

（二）按所用刀具划分工序

这样可以减少换刀次数，压缩空行程和减少换刀时间，减少换刀误差。部分零件虽然能在一次安装后加工出很多待加工面，但考虑到程序太长，会受到某些限制，如控制系统的限制（主要是内存容量），机床连续工作时间的限制（如一道工序在一个班内不能结束）等。此外，程序太长会增加出错率，导致查错与检索困难。因此程序不能太长，一道工序的内容不能太多。

（三）按粗、精加工划分工序

对于易发生加工变形的零件，通常粗加工后需要进行矫形，这时粗加工、精加工作为两道工序，即先粗加工再精加工，可用不同的机床或不同的刀具进行加工。

综上所述，在划分工序时，一定要视零件的结构与工艺性、机床的功能、零件数控加工内容的多少、安装次数及本部门生产组织状况等灵活变通。各类型零件宜采用工序集中的原则还是采用工序分散的原则，也要根据实际需要和生产条件确定，要力求合理。加工顺序的安排应根据零件的结构和毛坯状况，以及定位安装与夹进的需要来考虑，重点是工件的刚性不被破坏。顺序安排一般应按下列原则进行：

（1）上道工序的加工不能影响下道工序的定位与夹紧，若中间穿插有通用机床加工工序的也要综合考虑。

（2）先进行内腔加工工序，后进行外型加工工序。

（3）在同一次安装中进行的多道工序，应先安排对工件刚性破坏小的工序。

（4）以相同定位、夹紧方式或同一把刀具加工的工序，最好连续进行，以减少重复定位次数、换刀次数与挪动压板次数。为了便于分析和描述较复杂的工序，在工序内又可划分工步，工步的划分主要从加工精度和效率两方面考虑。如零件在加工中心上加工，对于同一表面按粗加工、半精加工、精加工依次完成，整个加工表面按先粗后精加工分开进行；对于既有铣面又有镗孔的零件，可先铣面后镗孔，以减少因铣削切削力大，造成零件可能发生变形而对孔的精度产生的影响；对于具有回转工作台的加工中心，若回转时间比换刀时间短，可采用按刀具划分工步，以减换刀次数，提高加工效率。但数控加工按工步划分后，三检制度（自检、互检、专检）不方便执行，为了避免零件发生批次性质量问题，应采用分工步交检，而不是加工完整个工序之后再交检。

二、加工路线的确定

在数控加工中，刀具刀位点相对于工件运动的轨迹称为加工路线，它是编程的依据，直接影响加工质量和效率。在确定加工路线时要考虑下面几点：

（1）保证零件的加工精度和表面质量，且效率要高；

（2）减少编程时间和程序容量；

（3）减少空刀时间和在轮廓面上的停刀，以免划伤零件；

（4）减少零件的变形；

（5）位置精度要求高的孔系零件的加工应避免机床反向间隙的带入而影响孔的位置精度；

（6）复杂曲面零件的加工应根据零件的实际形状、精度要求、加工效率等多种因素来确定是行切还是环切，是等距切削还是等高切削的加工路线等。

以下是几种典型加工的刀具路径：

（一）孔加工路线的确定

如图 12-14 所示，精镗 4-ϕ30H7 的孔，由于孔位置精度要求较高，采用如图 12-15（a）所示的方案时，由于Ⅳ孔与Ⅰ、Ⅱ、Ⅲ孔的定位方向相反，X 向的间隙会使定位误差增加，而影响Ⅳ孔与Ⅲ的位置精度。采用如图 12-15（b）所示的方案在工件外增加一个刀具折返点，这样，几个孔的定位方向一致，可避免反向间隙的引入，提高孔距精度。

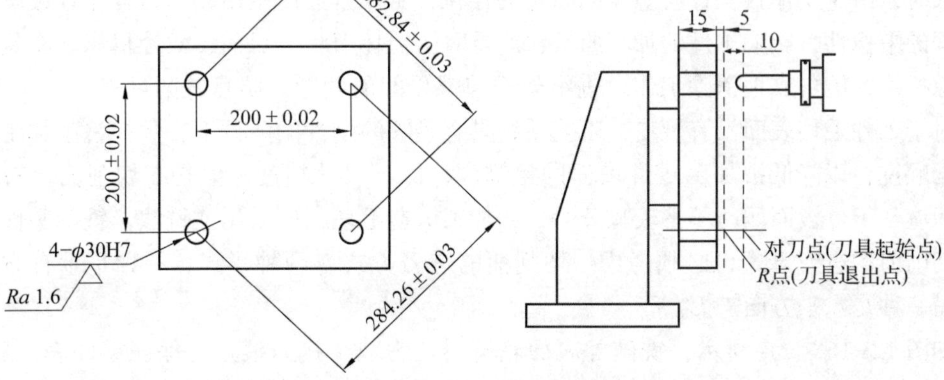

图 12-14　示意要加工的孔

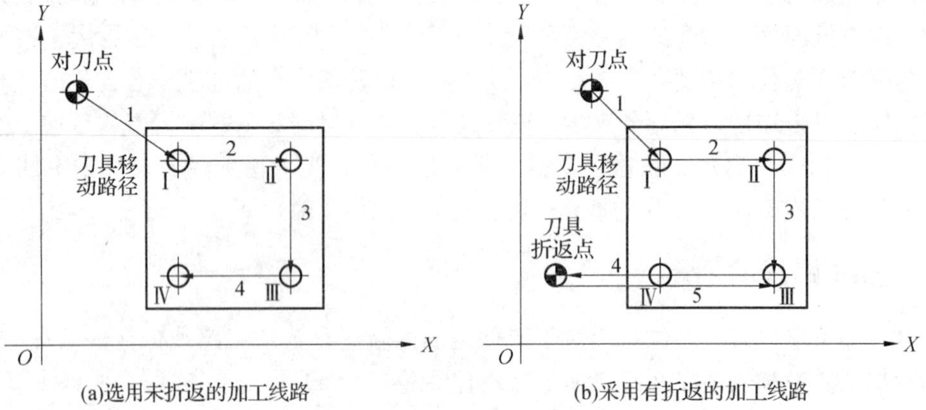

图 12-15　孔结构示意图

（二）铣削平面的加工路线

铣削平面零件时，一般采用立铣刀侧刃进行切削。因刀具的运动轨迹和方向不同，可能是顺铣或逆铣，其不同的加工路线所得的零件表面质量也不同。

逆铣时，每个刀的切削厚度都是由小到大逐渐变化的，刀齿从已加工表面切入，对铣刀的使用有利。但由于铣刀的刀齿接触工件后不能马上切入金属层，而是在工件表面滑动一小段距离，在滑动过程中，由于强烈的磨擦，就会产生大量的热量，同时在待加工表面易形成硬化层，降低了刀具的耐用度，影响工件表面粗糙度，给切削带来不便。

顺铣时，切削厚度是由大到小逐渐变化的，刀齿开始和工件接触时切削厚度最大，且从表面硬质层开始切入，刀齿受很大的冲击负荷，铣刀变钝较快，但刀齿切入过程中没有滑移现象。顺铣的功率消耗要比逆铣时小，在同等切削条件下，顺铣功率消耗要低 5%～15%（铣削碳钢时，功率消耗可减少 5%，铣削难加工材料时可减少 14%），同时顺铣也更加有利于排屑，但由于水平铣削力的方向与工件进给运动方向一致，当刀齿对工件的作用力较大时，由于工作台丝杆与螺母间间隙的存在，工作台会产生窜动，这样不仅破坏了切削过程的平稳性，影响工件的加工质量，严重时会损坏刀具。目前，数控机床通常具有间隙消除机构，能可靠地消除工作台进给丝杆与螺母间的间隙，防止铣削过程中产生振动。因此对于工件毛坯表面没有硬皮，工艺系统具有足够的刚性的条件下，数控铣削加工应尽量采用顺铣，以降低被加工零件表面的粗糙度，保证尺寸精度。但是在切削面上有硬质层、积渣、工件表面凹凸不平较显著时，如加工锻造毛坯，应采用逆铣法。铣削平面零件时，切削前的进刀方式也必须考虑。切削前的进刀方式有两种形式：一种是垂直方向进刀，另一种是水平方向进刀。

如图 12-16（a）所示，铣削外表面轮廓时，为减少接刀痕迹，保证零件表面质量，铣刀的切入点和切出点应沿零件轮廓曲线上某点的切线延长线来切入和切出零件表面。如果切入和切出距离受限，可采用先直线进刀再圆弧过渡的加工路线，如图 12-16（b）所示；铣削内轮廓表面时，可以采用同样方法处理，如图 12-17 所示。

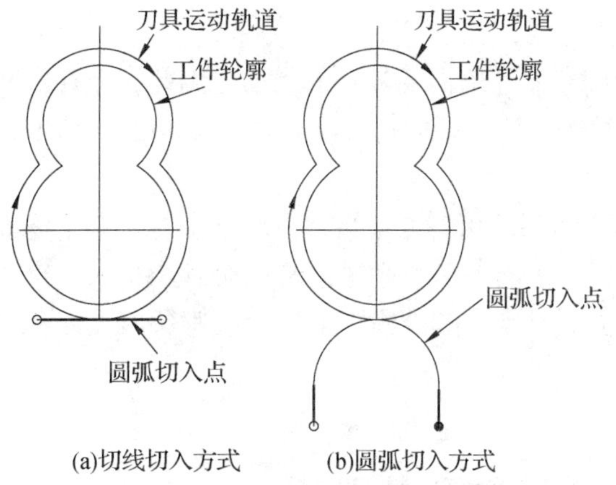

图 12-16　铣削外圆时的加工路线

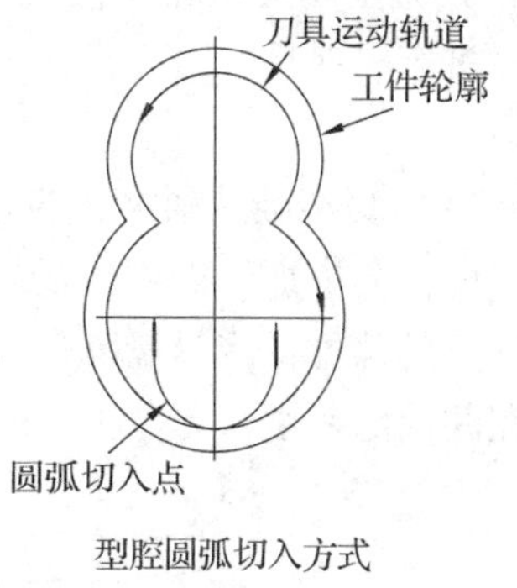

图 12-17　铣削内圆时的加工路线

(三) 曲面铣削

(1) 粗铣。粗铣时应根据被加工曲面给出的余量，用立铣刀按等高面逐层铣削，这种铣削方式效率高。粗铣后的曲面类似于山坡上的阶梯田。台阶的高度视粗铣精度而定。粗加工给半精加工留有 0.5~1.0 mm 余量。

(2) 半精铣。半精铣目的是铣掉“梯田”的台阶，使被加工表面更接近于理论曲面，采用球头铣刀或圆弧刀加工，一般为精加工工序留出 0.2~0.5 的加工余量。半精加工的行距和步长可比精加工大。

(3) 精加工。最终加工出理论曲面。用球头铣刀精加工曲面时，一般采用行切法。对于开敞性比较好的零件而言，行切的接近点应选在曲面的外面，即在编程时，应把曲面向外延伸一些。对开敞性不好的零件表面，由于折返时切削速度的变化，很容易在已加工表面上及检查面上留下由于停顿和振动产生的刀痕。所以在加工和编程时，一是要在折返时降低进给速度，二是被加工曲面折返点应稍离开检查面。对曲面与检查面相贯线应单作一个清根程序另外加工，这样就会使被加工曲面与检查面光滑连接，而不致产生很大的刀痕。

(4) 球头铣刀在铣削曲面时，其刀尖处的切削速度很低，如果用球刀垂直于被加工面铣削比较平缓的曲面时，球刀刀尖切出的表面质量比较差，所以应适当地提高主轴转速，另外还应避免用刀尖切削。

(5) 避免垂直进刀，平底立铣刀可有两种，一种是端面有顶尖孔，其切削刃不过中心；另一种是端面无顶尖孔，端刃相连且过中心。在铣削曲面时，有顶尖孔的立铣刀绝对不能像钻头似的向下垂直进刀，除非预先钻有工艺孔，否则会把铣刀顶断。如果用无顶尖孔的立铣刀可以垂直向下进刀，但由于刀刃角度太小，轴向力很大，所以也应尽量避免。最好的办法是向斜下方进刀，进到一定深度后再用侧刃横向切削。在铣削凹槽面时，可以预钻出工艺孔以便进刀。用球头铣刀垂直进刀的效果虽然比平底的端铣刀好，但也因轴向力过大，影响切削效果，最好不使用此种进刀方式。

(6) 铣削曲面零件时，如果发现零件材料热处理不佳、有裂纹、组织不均匀等现象时，应及时停止加工，以免浪费工时。

(7) 在铣削模具型腔比较复杂的曲面时，一般需要较长的周期，因此，在每次开机铣削前应对机床、夹具、刀具进行适当的检查，以免在中途发生故障，影响加工精度，甚至产出废品。

(8) 在模具型腔铣削时，应根据加工表面的粗糙度适当掌握修锉余量。对于铣削比较困难的部位，如果加工表面粗糙度较差，应适当多留些修锉余量；而对于平面、直角沟槽等容易加工的部位，应尽量降低加工表面粗糙度，减少修锉工作量，避免因大面积修锉而影响型腔曲面的精度。

任务四　加工中心的对刀

一般加工厂中心加工的零件，批量较大，少则 3~5 把指导刀具，多则要一百多把刀具，特别是加工汽车的发动机，以及机床的鞍座及床身等。由于加工中心刀具种类及数量繁多，且长度参差不一，如图 12-18 所示，众多的刀具在刀库中，所有刀具刀尖部位，都要跟工件坐标系上表面所设定的 Z0 设置的高度一致。

图 12-18　刀具在斗笠式刀库中

现代测量刀具长度的手段很多，有机内对刀仪、机外对刀仪、还有简易的光电寻刀器与 Z 轴设定仪组合使用。下面分别介绍几种对刀仪。

一、机内对刀仪

机内对刀仪主要是用红宝石探头。这种机内对刀仪，都是机床外挂，相关参数完全融入在数控机床的参数中，当机床的程序在执行对刀程序时通过红外线探测装置，当刀具移动至红外线探测最佳位置时，机床会自动记录此时刀具的相关数据，但红宝石探头在操作中很容易碰伤或损坏，更换后，这些数据不一定可靠，且数控机床在运行一段时间后，由于受地基及其他因素影响，可能会有误差出现，这时候很难分清是机床位移还是红宝石探头出现误差，所以一般情况下，每台外挂的机内对刀系统都配一基准蕊棒，操作手册上还注明，定期要对机床的对刀系统进行校验，蕊棒在出厂时，均打上蕊棒精度，如图 12-19 所示。

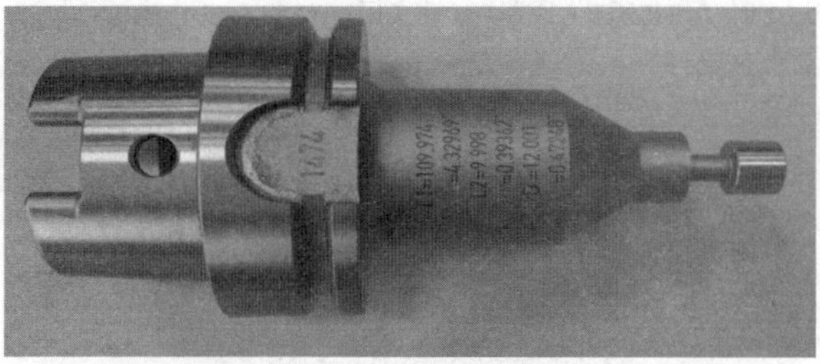

图 12-19　带有长度及直径数据的基准蕊棒

在对刀前或使用一定时间后，必须用基准棒在机床上进行校正，一可以削除累积误差，二可以提高零件在机床内的位置精度，如图 12-20 所示为在校正基准蕊棒。

图 12-20　为在校正基准蕊棒

这些数据是输入数控系统中的，在使用机内对刀仪时，红宝石先对机内对刀仪进行比对，比对后，再进行工件的对刀，当然，在工件对刀时，系统会自动记录工件在机床中的数据，不需要人工输入。当刀具按照工艺文件上的刀具列表依次装入刀库后，先进行刀具的长度与直径测量，并依此记录在刀具的长度补偿及半径补偿中。这些都是近几年机床的系统，数控系统中要有相应的参数接口，对于一些陈旧的系统，这些外挂还按装不上，以上内容，初学者只需了解就行，要达到一定程度，方可去接触机内对刀仪的使用，不然，会对数控机床或系统造成损伤。如图 12-21 所示为红宝石探头在机床内准备进行对刀。

图 12-21　红宝石探头

首先，在对刀前，最好先让系统校验一下红宝石探头的基本参数，把这些参数输入数控系统的参数中，这样工件在机床中占的位置精度比较高。如图 12-22 所示为系统对红宝石探头做一个校验。

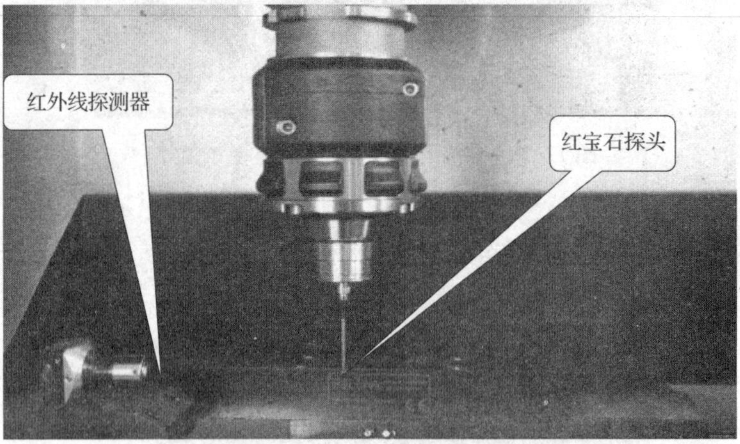

图 12-22　红宝石探头做一个校验

校验后，红宝石探头移动到工件处，对工件进行对刀。对刀过程与前面所述对刀原理相同，但这里所做的对刀过程，系统会自动记录到相关参数存储地址中。如图 12-23、图 12-24 所示分别为 *X*、*Y* 轴分别进行对刀。

图 12-23　*X* 轴方向对刀

图 12-24　*Y* 轴方向对刀

当 *X*、*Y* 轴对好刀后，刀具移动到工件上方，进行 *Z* 轴的对刀，如图 12-25 所示为 Z 轴对刀示意图。

然后，在对刀后，可以查看坐标系中的数据有无改变，若未改变，说明对刀未能完成，需重新对刀，如图 12-26 所示为所用刀具在机床内的机床对刀系中。

图 12-25　Z 轴对刀

图 12-26　需用刀具准备对刀

比如，如图 12-26 所示为 2 号刀，这时当刀具完全附合外挂对刀仪位置要求时，系统会记录这把刀在 2 号刀刀位的刀具信息，如图 12-27 所示。

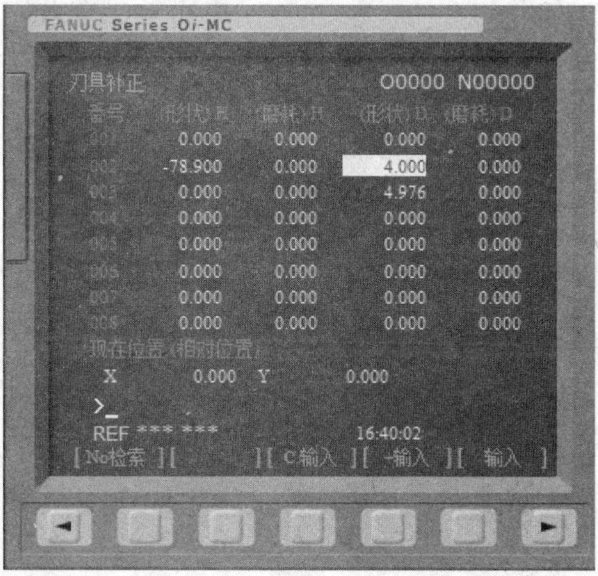

图 12-27　刀具数据记录在 2 号刀所有参数

如图 12-28 所示，比如是 3 号刀，当刀具调用 3 号刀后，系统接收到调用检测 3 号刀的程序指令，刀具就移动到外挂红外线机内对刀仪外，通过设定的运行程序，刀具慢慢移动到合适位置，这时，系统会记录此时 3 号刀的相关数据，并记录在 3 号刀位的相应位置，如图 12-29 所示。

图 12-28　3 号刀在机内对刀

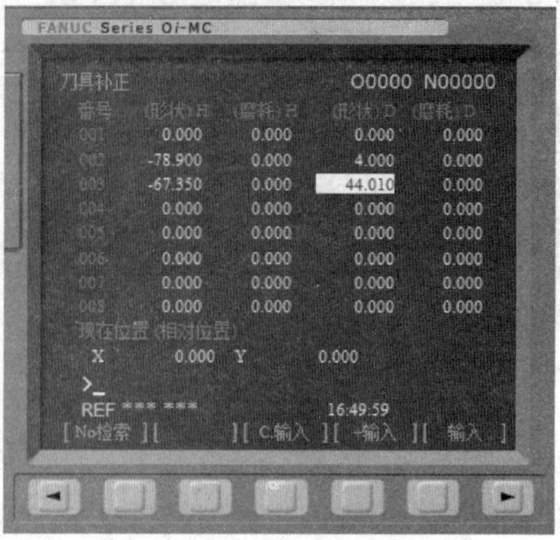

图 12-29　记录 3 号刀的参数

如图 12-30 所示为 4 号刀具，其过程以此类推，不再赘述。

图 12-30　4 刀具在机内对刀仪测量参数

以上这些，都是根据红宝石探头对工件坐标系中的工件上表面为零点，根据红宝石探头与各种刀具测量出来的误差，然后输入数控系统的长度补偿及半径补偿中，这是刀具在加工中进行补偿量的重要参数。

二、机外对刀仪

机外对刀仪可分为两种：一种是红外线的，另一种是机械光学的对刀系仪，下面，介绍机械光学对刀系，其零件在机床坐标系中的位置与数控铣类似，主要测量出刀具直径精度与长度误差，如图 12-31 所示。

图 12-31　机械式光学对刀仪

与机械式对刀系也有一配套的标准棒，其式样如图 12-32 所示，在基准棒上也标有其精度数据，如图 12-33 所示。

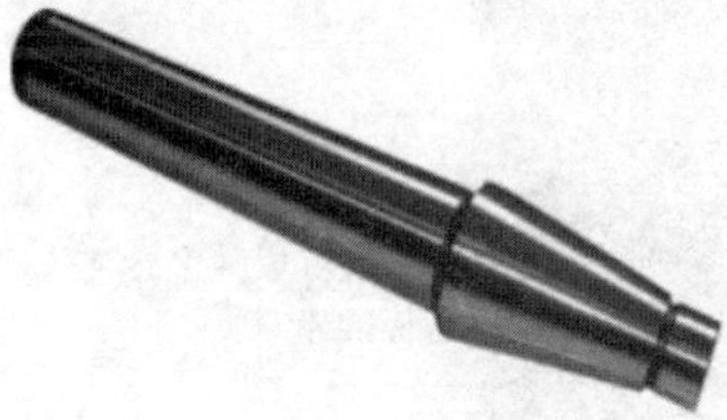

图 12-32　莫氏五号基准棒

图 12-33　标准棒上的出厂参数

在对刀前，或开启机外对刀仪后，必须每次先校验基准棒数据，其操作为：基准棒放入机内对刀仪中，先校准基准棒在机内对刀仪中的位置，主要是基准棒的最上端对准光学放大镜中的水平线，直径侧母线对准垂直线，如图 12-34 所示。

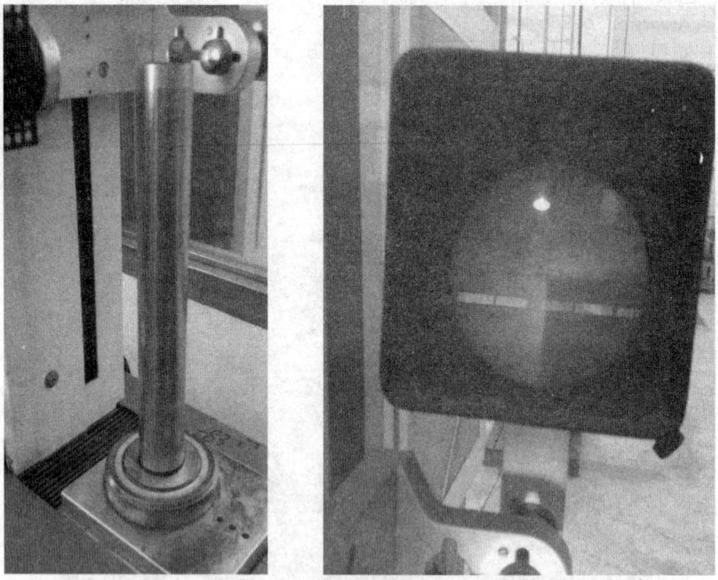

图 12-34　标准基础柄在机外对刀仪中

然后，在显示直径及长度处输入标准棒所标的数据，譬如现标准棒直径 40 mm，长度为 300 mm，那在对刀仪上方输入“40”，下方输入“300 mm”。当然，也可以根据按加工中心操作习惯上方输入 20，由于一般刀具半径补偿是按半径，这里输入“40”，如图 12-35 所示。

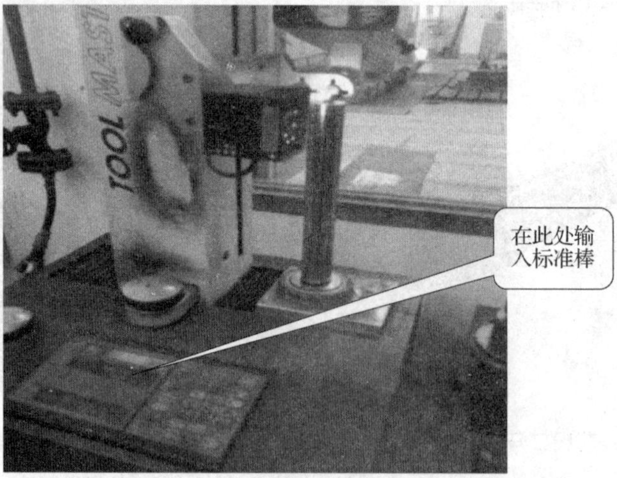

图 12-35　校正测量标准棒输入标准棒数据

校正好蕊棒后装入根据所要加工零件清单所列的刀具表，按刀具表中的刀，依次装在机外对刀仪中测量刀具参数，如图 12-36 所示。

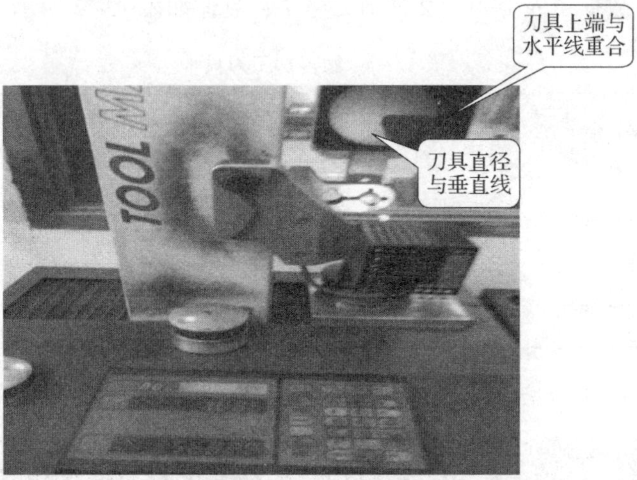

图 12-36　刀具的顶端对准

然后，刀具的顶端对准放大镜的水平线，刀具侧母线对准六大镜的垂直线，再依据加工中心工艺上的刀具清单，按刀具清单上的刀具一一进行测量，如现在是 1 号刀，如图 12-36 所示。这刀对好后，这时下方的读数器中会显示数据，只要把相关数据记录在刀具清单上的 1 号刀所填处，如表 12-1 所示。

表 12-1　数控加工刀具卡

数控加工刀具卡			产品名称	零件名称	零件图号
			×××	×××	×××
序号	刀具号	刀具名称	长度补偿量	刀具半径	备注
1	T1	¢8 指铣刀	-56.83	7.686	
2					

这时假设换另一刀，如图 12-37 所示。

图 12-37　另一刀测出的数据

这时，把相关数据填入上表的 2 号刀刀号中，具体如表 12-2 所示。

表 12-2　数控加工刀具卡

数控加工刀具卡			产品名称	零件名称	零件图号
			×××	×××	×××
序号	刀具号	刀具名称	长度补偿量	刀具半径	备注
1	T1	¢8 指铣刀	-56.83	7.686	
2	T2	¢28 指铣刀	-152.034	28	
3					

假设如图 12-38 所示是 3 号刀。

图 12-38　对刀仪中的 3 号刀及刀的测量数据

同理，也要把 3 号刀的相关数据填入刀具卡单上，数据如表 12-3 所示。

表 12-3　数控加工刀具卡

数控加工刀具卡			产品名称	零件名称	零件图号
			×××	×××	×××
序号	刀具号	刀具名称	长度补偿量	刀具半径	备注
1	T1	¢8 指铣刀	-56.83	7.686	
2	T2	¢28 指铣刀	-152.034	28	
3	T3	¢40 粗镗刀	-14.135	40	
4					

以此类推，把所用的刀都逐一测量并填入表格中，再根据生产安排将刀具及工艺、加工路线单、刀具卡等交由操作人员，操作人员会把这些刀按照刀号，依次装入加工中心的刀库，并在相应的刀补处输入相应数据，如图 12-39 所示。

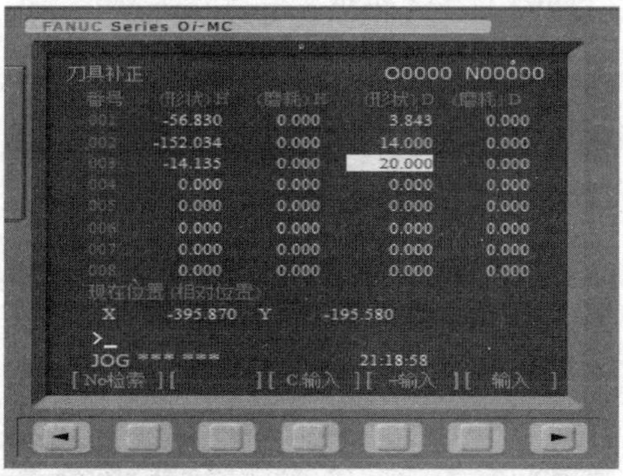

图 12-39　以上图测出的数据，输入机床的刀被中

这里需再说明的是，测出来的是刀具直径，一般的加工中心，输入的是半径，所以需除二。

三、光电寻边器与 Z 轴设定仪对刀

光电寻边器与 Z 轴设定仪，作为加工中心的对刀是最经济的对刀，机内对刀仪与机外对刀仪价格昂贵，对于一般的零件加工的对刀，完全可以满足其功能。如图 12-40 所示为光电寻边器。对刀过程及数据收集与机外对对仪相同，以下只说明对刀过程，刀具填入刀具表格的过程省略。

光电寻边器是按电流导通原理来实现其功能，当光电寻边器接触到工件表面或侧面时，电流循环导通，中间的一个发光二极管开给发光，但它唯一缺点是：所加工的零件必须是金属，否则无论如何接触工件，由于非金属不能电流导通，发光二极管始终不会发光。

首先把光电寻边器装在基础柄中，如图 12-41 所示。

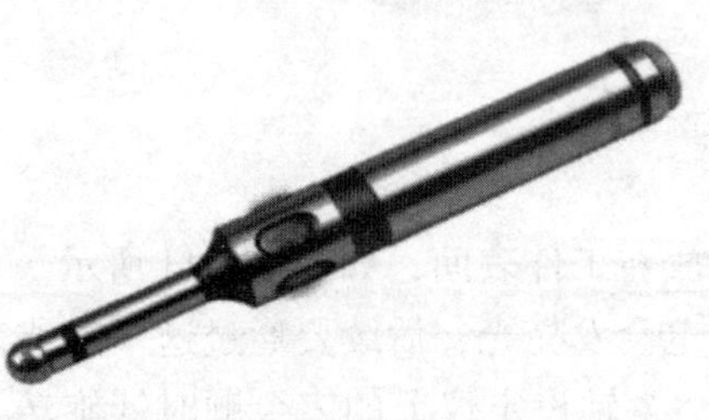

图 12-40　光电寻边器

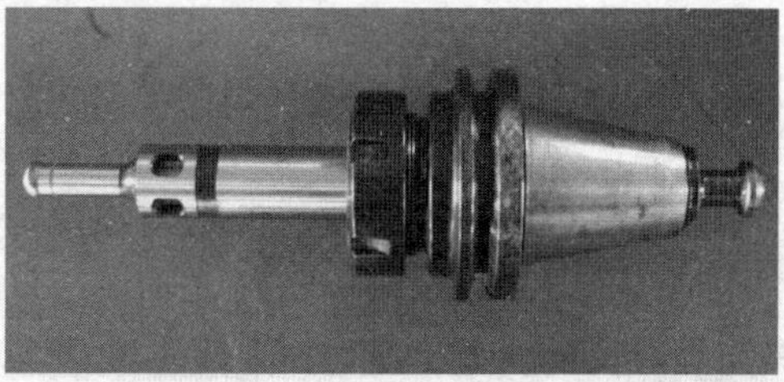

图 12-41　装入基础柄中的光电寻边器

根据所用刀具，寻边器以最长的长度，装在基础柄内，在长度补偿时，始终以负值是最佳状态。

X、*Y* 轴对刀，与其他对刀无区别，主要是光电寻边器前端球头直径部位一定要低于工件平面，以直径最大处接触工件，尽量避免所产生的对刀误差。*Z* 轴对刀，只要光电寻边器前端球头部份接触到工件表面即可，当量 0.01 mm 即只存在 0.01 mm 的误差，一般

钢性导轨已是最佳的状态，如图 12-42 所示。

图 12-42　寻边器在对 Z 轴

如手轮脉冲以 0.01 当量时，其精度可以达 0.01 mm。当运用于加工中心时，还不能完全满足，由于各刀具都是刚性，所以它还需要 Z 轴设定仪来配合使用。如图 12-43 所示为 Z 轴设定仪。

图 12-43　Z 轴设定器

当光电寻边仪对完刀后，再用 Z 轴设定仪安放在工件表面，如图 12-44 所示。

此时，光电寻边仪刚接触到 Z 轴设定仪时，也会发亮光，后续要通过这一方式来测出刀具与寻边仪的误差，所以，要将主轴往下移动，Z 轴设定仪上的表会顺时针旋转，以本人经验，最好指针在六点或十二点方向为最佳，因为，假设在三点或九点方向，人有一定高度，视觉会有 0.001 左右的角度偏差，故六点或十二点方向是最佳，如图 12-45 所示。

图 12-44　用 Z 轴设定仪来配合使用

图 12-45　用 Z 轴设定仪来设置一个基准点

再清掉 FANUC 显示屏相对坐标的数据，如图 12-46 所示。

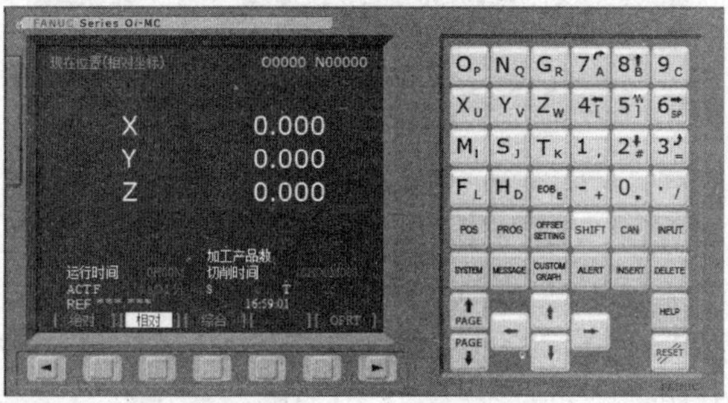

图 12-46　FANUC 显示介面

当然，此时的 Z 轴设定仪可以在工件上方，也可在平口钳上方，或在工作台上，但表的指针最好在 12 点或 6 点的方向，如图 12-47 所示。先用光电寻边器设定一个零点（可以在平口钳上，也可以在工作台上，如图 12-46 所示）。

(a)安放在平口钳上　　(b)安放在工作台上

图 12-47　Z 轴设定仪安放位置

此时，当指针在12点钟方向或6点钟方向时，FANUC系统的相对坐标系面板上也要清零，由于以下所测数据，都是光电寻边器作为基准长度，以下刀具与对边器都会有误差，所产生的误差需要补偿的刀具长度补偿量。

假设，如图12-48所示是2号刀，把刀尖压着Z轴设定仪中间位置，表刻度与光电寻边器一样，指针指向6点钟方向，即刻度为50时，如图12-48所示。

图12-48　当面铣刀在Z轴设定器上

这时，FANUC面板上的相对坐标系中的数据显示如图12-49所示。

然后，可以把数据填入相应的刀具表中2号刀的长度补偿中，或直接输入2号刀的补偿地址中，如图12-50所示。

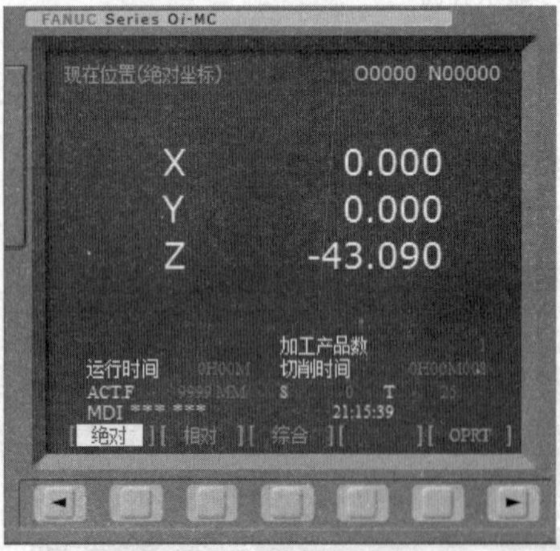

图12-49　现显示的是与光电寻边误差

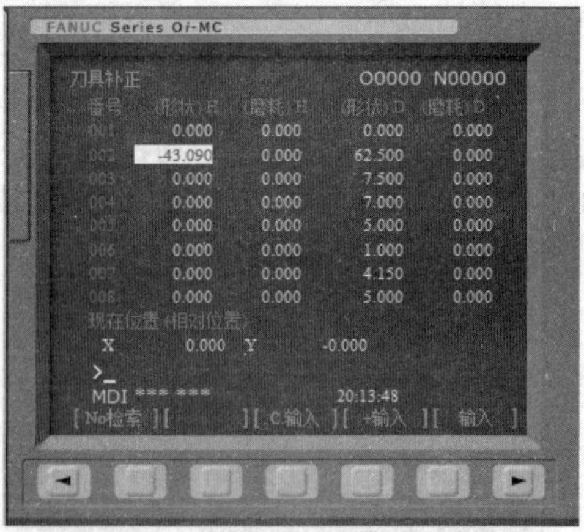

图12-50　把误差值记录在刀补中

假设，现在是3号刀，同样，刀具压着Z轴设定仪，表刻度与刚才一样在50位置处。FANUC面板上的相对坐标系数据如图12-51所示。

FANUC面板上的相对坐标系数据输入3号长度补偿中，如图12-52所示。

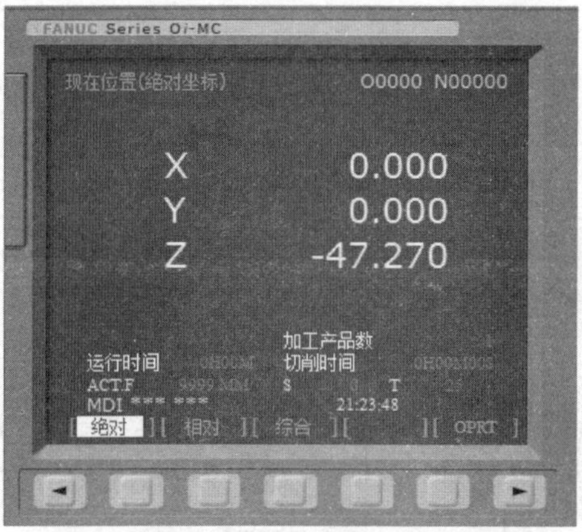

图 12-51　3 号码刀与寻边器的误差

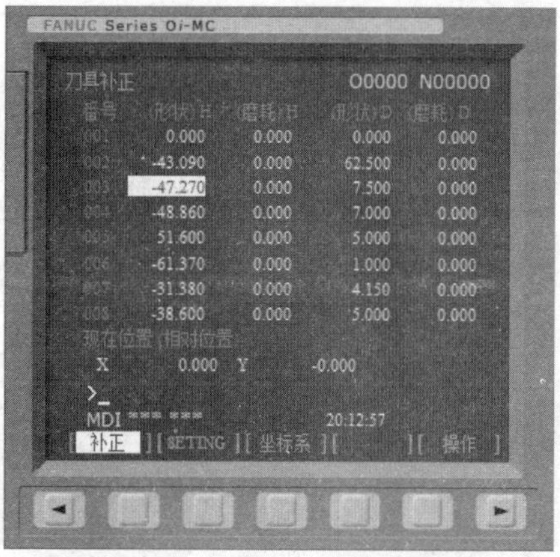

图 12-52　长度补偿中输入数据

各种刀具如铣刀（见图 12-53）、中心钻（见图 12-54）长度补偿对刀，依此类推。

图 12-53　铣刀对刀

图 12-54　中心钻对刀

任务五　加工中心编程格式

如图 12-55 所示，图示需加工内容为：上表面、中间凸台、4-¢12H7、4-¢18 沉孔、¢45H7 孔、2-12H7 螺纹，用加工中心进行加工。

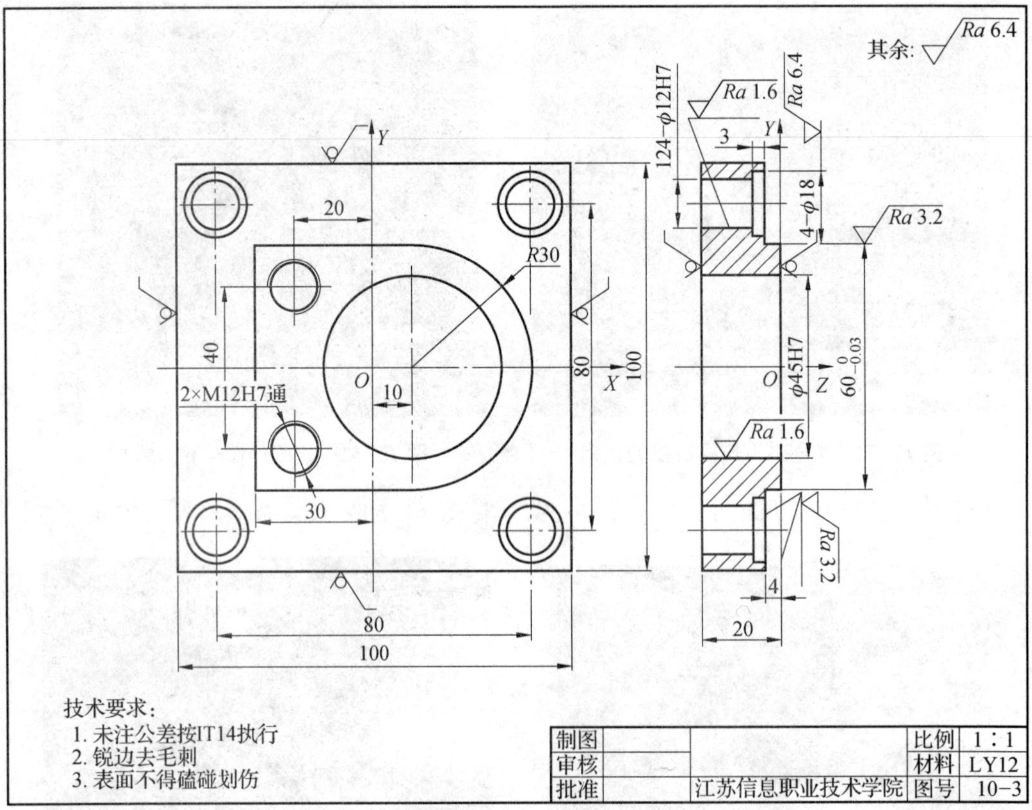

图 12-55　例题图

编程例题，程序如下：

```
%
O0101
N1 G40G80G49G69;
N2 T2M06(D120 面铣刀);
N3 G90G0G54X0Y100Z100;
N4 M03S2500;
N5 G43Z30H02;                        ;2 号刀,调用 2 号长度补偿
N6 X120Y0;
N7 Z5;
N8 G01Z0F600;
N9 X-120F1000;
N10 G0Z30;
N11 X0Y100;
N12 M05;
N13 G49Z100;                         ;取消长度补偿
N14 T3M06(D36 指铣刀粗加工台凸);
```

```
N15 G90G0G54X0Y100Z100;
N16 M03S3500;
N17 G43Z300H03;                  ;3 号刀调用 3 号长度补偿
N18 X-70Y30;
N19 Z5;
N20 G01Z-3.6F500;
N21 G41X55D03;                   ;3 号刀,调用 3 号刀刀具半径补偿
N22 X10;
N23 G02Y-30R30;
N24 G01X-30;
N25 Y50;
N27 G0Z30;
N28 X0Y100;
N29 M05;
N30 G49Z100;                     ;取消长度补偿
N31 T4M06(D36 铣 刀精加工凸台);
N32 G90G0G54X0Y100Z100;
N33 M03S3500;
N34 G43Z300H04;                  ;4 号刀,调用 4 号长度补偿
N35 X-70Y30;
N36 Z5;
N37 G01Z-4F500;
N38 G41X55D04;                   ;4 号刀,调用 4 号刀刀具半径补偿
N39 X10;
N40 G02Y-30R30;
N41 G01X-30;
N42 Y50;
N43 G0Z30;
N44 X0Y100;
N45 M05;
N46 G49Z100;                     ;取消长度补偿
N47 T5M06(中心钻);
N48 G90G0G54X0Y100Z100;
N49 M03S3000;
N50 G43Z30H05;                   ;5 号刀,调用 5 号长度补偿
N51 X-400Y40;
N52 G98G81Z-6R3F100;             ;调用循环加工指令(在台阶面上点中心孔)
N53 Y-40;
N54 X40;
N55 Y40;
N56 G80;
```

```
N57 X-20Y20;
N58 G98G81Z-2R3F100;              ;调用循环加工指令(在上表面上点中心孔)
N59 Y-20;
N60 X10Y0;
N61 G80Z40;
N62 X0Y100;
N63 M05;
N64 G49Z100;                      ;取消长度补偿
N65 T6M06(D11.8 钻头);
N66 G90G0G54X0Y100Z100;
N67 M03S700;
N68 G43Z20H06;                    ;6号刀,调用6号长度补偿
N69 X-40Y40;
N70 G98G83Z-25R3Q4F100;           ;调用啄循环加工指令,每次钻深4 mm
N71 Y-40;
N72 X40;
N73 Y40;
N74G80Z30;
N75X0Y100;
N76 M05;
N77 G49Z100;                      ;取消长度补偿
N78 T7M06 (D10 铣刀加工四沉孔);
N79 G90G0G54X0Y100Z100;
N80 M03S2800;
N81 G43Z30H07;                    ;7号刀,调用7号长度补偿
N82 X40Y40;
N83 Z5;
N84 M98P0111;                     ;调用子程序,子程序号为0111
N85 G90G0X-40Y-40;
N86 M98P0111;                     ;调用子程序,子程序号为0111
N87 G90X40Y-40;
N88 M98P0111;                     ;调用子程序,子程序号为0111
N89 G90G0X40Y40;
N90 M98P0111;                     ;调用子程序,子程序号为0111
N91 G90G0Z30;
N92 X0Y100;
N93 M05;
N94 G49Z100;                      ;取消长度补偿
N95 T8M06(D12H7 铰刀);
N96 G90G0G54X0Y100Z100;
N97 M03S60;
```

```
N98  G43Z20H08;                 ;8号刀,调用8号长度补偿
N99 X-40Y40;
N100 G98G81Z-26R3F60;           ;调用循环加工指令
N101 Y-40;
N102 X40;
N103 Y40;
N104 G80Z30;
N105 X0Y100;
N106 M05;
N107 G49Z100;                   ;取消长度补偿
N108 T9M06(M12 螺纹底孔);
N109 G90G0G54X0Y100Z100;
N110 M03S800;
N111 G43Z20H09;                 ;9号刀,调用9号长度补偿
N112 X-20Y20;
N113 G98G83Z-23R3Q4;            ;调用啄循环加工指令,每次钻深4 mm
N114 Y-20;
N115 G80Z30;
N116 X0Y100;
N117 M05;
N118 G49Z100;                   ;取消长度补偿
N119 T10M06(M12 丝锥);
N120 M03S300;
N121 G43Z20H010;                ;10号刀,调用10号长度补偿
N122 X-20Y20;
N123 G98G84Z-25R5F525;          ;调用攻丝循环指令,进行攻牙
N124 Y-20;
N125 G80Z30;
N126 X0Y100;
N127 M05
N128 G49Z100;                   ;取消长度补偿
N129 T11M06(D43 钻头);
N130 G90G0G54X0Y100Z100;
N131 M03S550;
N132 G43Z20H11;                 ;11号刀,调用11号长度补偿
N133 X10Y0;
N134 G98G83Z-26R3Q3F80;         ;调用啄循环加工指令,每次钻深3 mm
N135 G80Z30;
N136 X0Y100;
N137 M05;
N138 G49Z100;                   ;取消长度补偿
```

```
N139 T12M06(D45H7 粗镗刀);
N140 G90G0G54X0Y100Z100;
N141 M03S2200;
N142 G43Z20H12;                    ;12 号刀,调用 12 号长度补偿
N143 X10Y0;
N144 G98G76Z-21R2Q0.1F120;         ;调用精镗孔循环指令,准停后偏移 0.2 mm
N145 G80Z30;
N146 X0Y100;
N147 M05;
N148 G49Z100;                      ;取消长度补偿
N149 T13 M06(D45H7 精镗刀);        ;13 号刀,调用 13 号长度补偿
N150 G0G0G54X0Y100Z100;
N151 M03S2500;
N152 G43Z20H13;
N153 X10Y0;
N154 G98G76Z-21R1Q0.2F100;         ;调用精镗孔循环指令,准停后偏移 0.2 mm
N155 G80Z30;
N156 X0Y100;
N157 M05;
N158 G49Z100;                      ;取消长度补偿
N159 T1M06(换回空刀);
N160 M30;
%
```

子程序

```
%
O0111
N1 G91G01Z-12F300;
N2 G01X9D07;
N3 G03I-9;
N4 G01G40X-9;
N5 G0Z12;
N6 M99;
%
```

注：FANUC-0i MC 系统不必用 G91G28Z0 G91G28X0Y0 回换刀点进行换刀。

任务六　加中心的实操与训练

加工内容：如图 12-56 所示。

包括上表面、外轮廓凸台、内腔、10-M10H7、4-ϕ8H7 及 2-ϕ24H7。

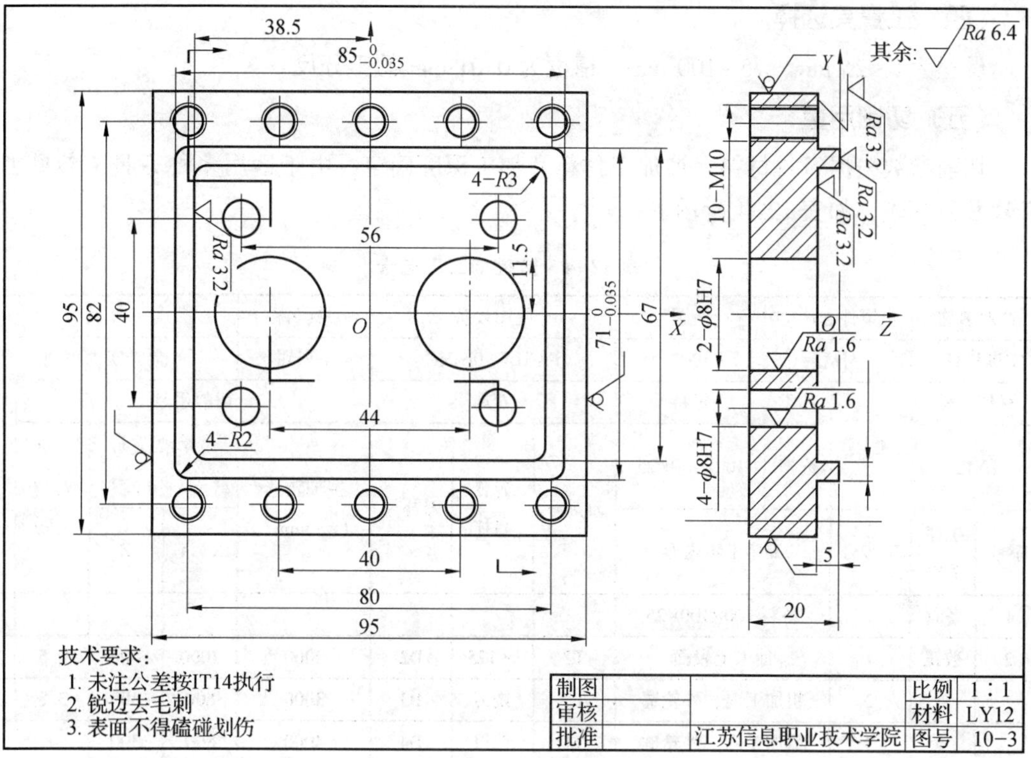

图 12-56　加工中心典型零件图

一、工艺分析

（一）图面分析

仔细阅读图纸，读懂图纸轮廓，尺寸标注是否完整、齐全。

（二）装夹及编程零点设置

该零件上、下、左、右基本对称，编程零点设置在工件中心。

（三）表面粗糙度

孔表面粗糙度、精度要求较高，故粗加工后要精加工。

二、制定工艺方案

（一）机床的选择

采用 FANUC-0i-MC 数控铣床。

（二）夹具的选择

考虑该零件为块类，其装夹方法为平口钳夹持。

（三）刀具的选择

根据图纸，采用多把刀具进行加工。

(四) 工量具选择

量程为 0~25 mm，75~100 mm，精度为 0.01 mm 的千分尺。

(五) 切削用量

切削参数根据刀具材料、被加工材料及加工深度确定，由于运用多种刀具，参见工艺卡片及刀具表，如表 12-4 所示。

表 12-4　数控加工工艺卡

产品名称		零件名称		产品图号	使用设备			夹具名称	车间			
实训科目 7		外壳		1002	FANUC-0i-MC			平口钳	数控实训车间			
材料牌号		毛坯	种类	板材	刀具			切削用量				备注
LY12			规格	100×100×25	刀具号	刀具名称	刀补号	主轴转速 /(r·min^{-1})	进给速度 V_t /(mm·min^{-1})		背切刀量	
序号	工序名称	工步号	工序工步内容						X、Y	Z		
1	备料		备料 100×100×25									
2	数铣	1	加工上表面		T2	ϕ125	D2	2000	1000	400	0.5	
		2	粗加工内、外轮廓		T3	铣刀	D3	3000	800	300	3.8	
		3	精加工内、外轮廓		T4	铣刀	D4	4000	800	300	4	
		4	精加工内腔 4R3		T5	铣刀	D5	5000	500	100	4	
		5	定所有孔的位置		T6	中心钻	D6	4000		100	2	
		6	钻 10-M10 底孔		T7	钻头	D7	750		100		
		7	攻 10-M10 螺孔		T8	丝攻	D8	300		450		
		8	钻 4-ϕ8H7 底孔		T9	钻头	D9	800		100		
		9	铰 4-ϕ8H7 孔		T10	铰刀	D10	60		50		
		10	粗镗 2-ϕ24H7 孔		T11	粗镗刀	D11	1800		120		
		11	精镗 2-ϕ24H7 孔		T12	精镗刀	D12	2500		120		
		12	反面加工总为		T2	ϕ125	D2	2000	1000	400	4	
3	检验											
拟　定			审　核			批　准						

根据上述工艺卡，进行刀具配置，配置完成后，依据刀具号分别填入表格，具体如表 12-5 所示。

表 12-5 数控加工刀具卡

数控加工刀具卡			产品名称	零件名称	零件图号
序号	刀具号	刀具名称	长度补偿量	刀具半径	备注
1	T2	面铣刀 ϕ 125			
2	T3	ϕ 14 指铣刀			
3	T4	ϕ 14 指铣刀			
4	T5	ϕ 5 指铣刀			
5	T6	ϕ 2 中心钻			
6	T7	ϕ 8.3 钻头			
7	T8	M10 丝锥			
8	T9	ϕ 7.8 钻头			
9	T10	ϕ 8H7 铰刀			
10	T11	ϕ 23 粗镗刀			
11	T12	ϕ 24H7 精偿刀			
12					
13					
14					

编制		审核		批准		共 页	第 页

三、工件装夹与对刀

装夹完成后用光电图寻边器对刀，对刀原理与用刀具试切法相同，在此不再赘述，*Z* 方向的对刀过程如图 12-57 所示。

要点是：*X*、*Y* 已分别输入 G54 的坐标系中，光电寻边器在接触工件上表面时，光电寻边器只能在似亮非亮的情况下，当主轴往上抬一丝时，光电寻边器不亮，当光电寻边器向下移一丝时，光电寻边器发出亮光，此时，是 *Z* 轴的零点，然后，把 *Z* 轴的机械坐标系数据输入 G54 坐标系中，也可以在下图的方式，输入 Z0 并测量，具体如图 12-58 所示。输入数据后，由于有可能零件的平面度较差，因此，可以用 *Z* 轴设定器移动到平口钳上，如图 12-59 所示。

图 12-57 Z 方向对刀

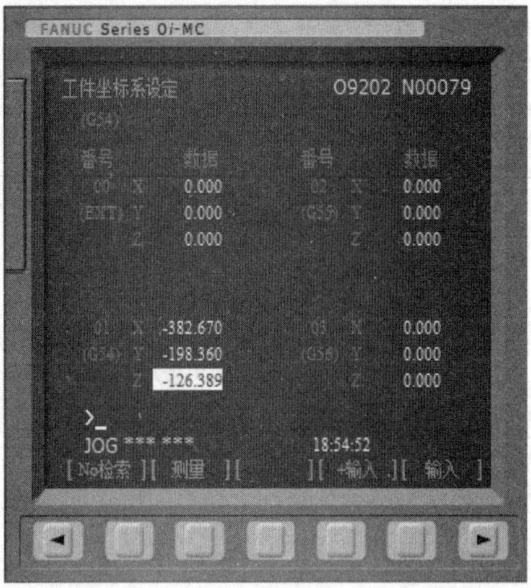

图 12-58　把机械坐标系 Z 轴参数记录在 G54 坐标系中

图 12-59　在不同地点校准零点

此时，当光电寻边器刚接触到 Z 轴设定器时，光电寻边噪的发光二极管会亮，我们可以不管，要到达 Z 轴设定器的指针反映向 12 点或 6 点方向，在相对坐标系清为零，如图 12-60 所示。换下光电对边器刀柄，装上面铣刀，然后以手轮方式，把刀移动到 Z 轴设定器上，同样，指针对着 6 点（刚才也是 6 点钟方向，因此，以后一直也是以 6 点钟方向来执行），如图 12-61 所示。

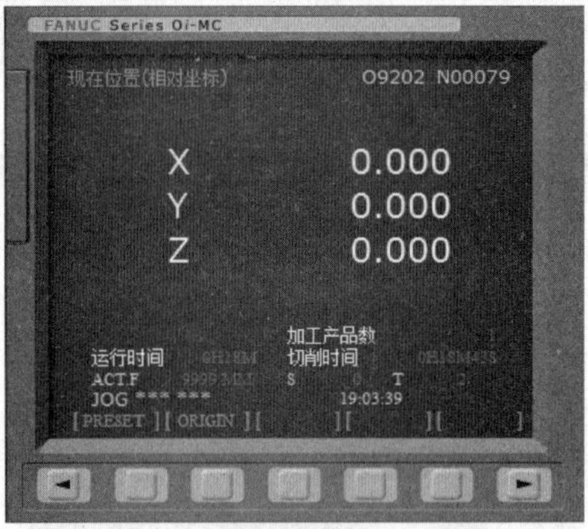

图 12-60　相对坐标系清零

图 12-61　面铣刀

此时，FANUC 面板上的相对坐标系中有一数据，如图 12-62 所示。

然后，把数据填入刀具卡中的长度补偿中，并在刀具半径中也填入“62.5”，注意，从现在起，相对坐标不能再清零，然后再换上 ¢14 铣刀，用手轮移动到 Z 轴设定器上方，指针与刚才一样，指向 6 点钟（50）处，如图 12-63 所示。此时，FANUC 面板上的相对坐标系中有一数据，如图 12-64 所示。然后，把现在相对坐标系中的数把记录在刀具卡的 3 号刀长度补偿中，刀具半径也可填入“7.2”，然后换 4 号刀，4 号刀也是把 ¢14 铣刀，最好要区别开来，以免弄错刀具，如 3 号刀用长基础柄，4 号刀用短一点的基础柄。数据如图 12-65 所示。

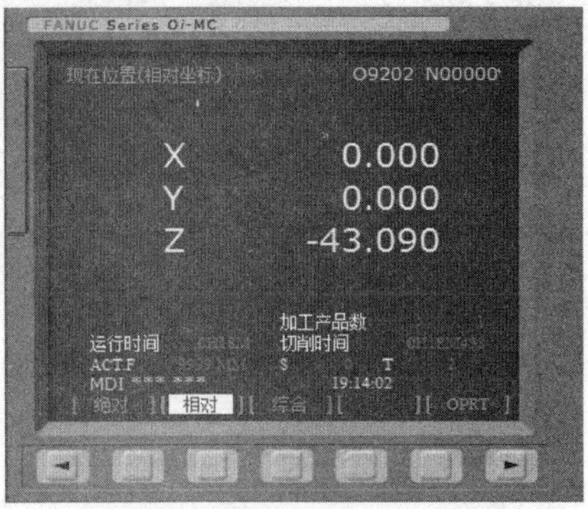

图 12-62　面铣刀与寻边器的误差

图 12-63　3 号立铣刀

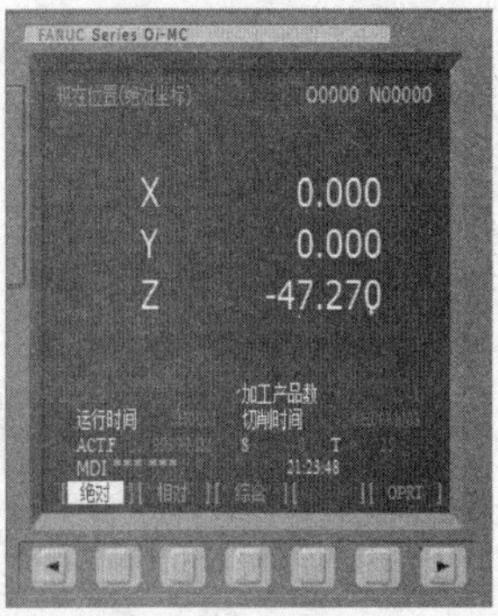

图 12-64　4 号铣刀与寻边器的误差

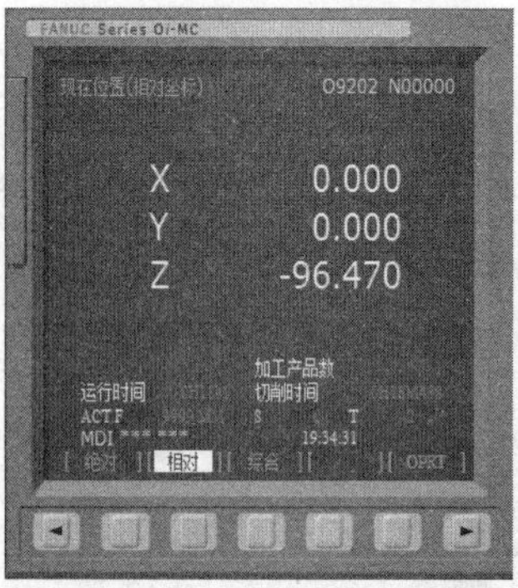

图 12-65　5 号铣刀与寻边器的误差

同样，把上述数据记录在刀具卡上刀具半径填“7 mm”，然后换上 ¢ 5 指铣刀，如图 12-66 所示，以同样的方法，移动刀具到 *Z* 轴设定器上面的 6 点钟点方向，此时，相对坐标系也出现一数据，如图 12-67 所示。

图 12-66　6 号刀

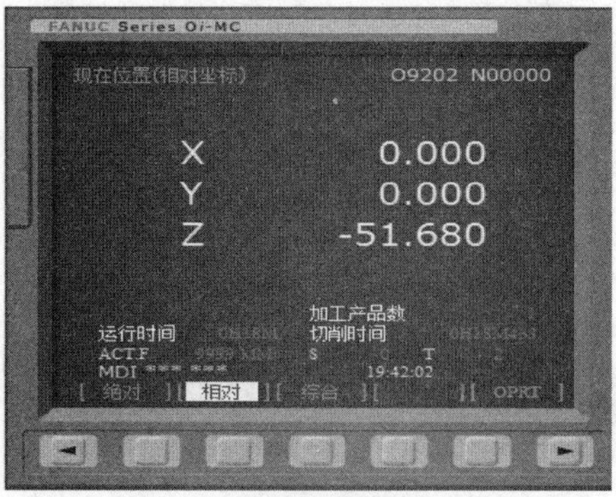

图 12-67　6 号铣刀与寻边器的误差

还是与前面一样，把此数据记录在刀具卡的 5 号刀中，半径填“2. 5”并换上中心钻刀具。如图 12-68 所示。相对坐标系中的数据如图 12-69 所示。

图 12-68　中心钻

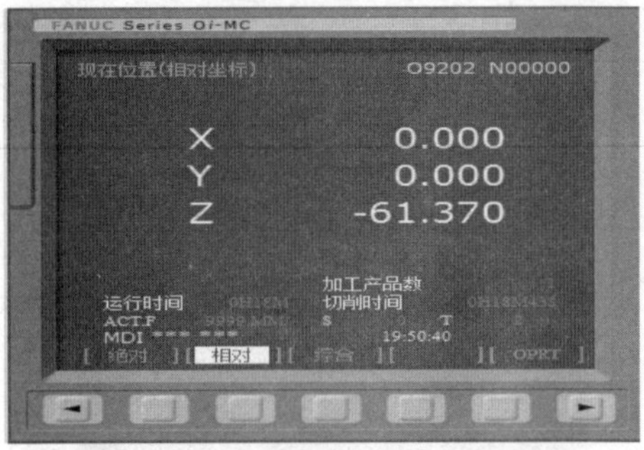

图 12-69　中心钻与寻边器的误差

同样，把数据填入 6 号刀的长度补偿栏中，并换好 7 号刀，7 号刀是 ϕ 8.3 钻头，以同样的手法，移动到 *Z* 轴设定器同样的指针处，如图 12-70 及图 12-71 所示。

图 12-70　钻头

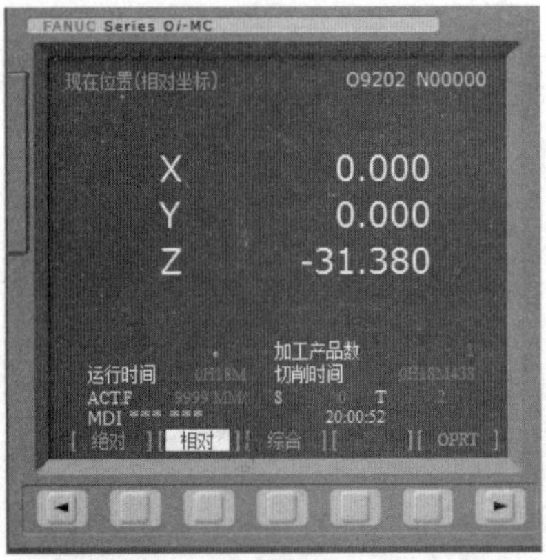

图 12-71　钻头与寻边器的误差

同样，把数据填入 7 号刀的长度补偿栏中，并换好 8 号刀，8 号刀是 M10 丝锥，移动到 *Z* 轴设定器同样的指针处，如图 12-72 及图 12-73 所示。

图 12-72　丝攻

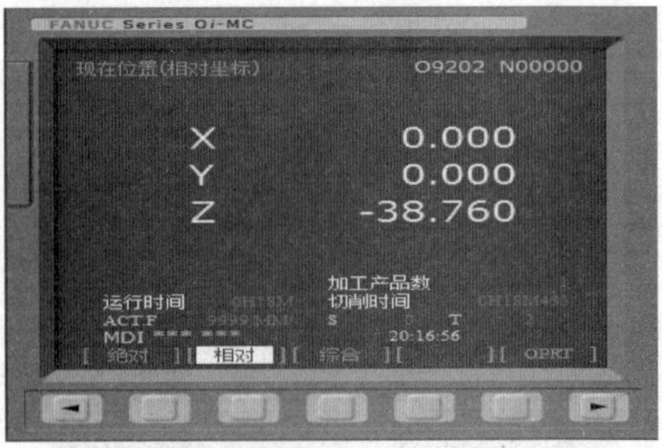

图 12-73　丝攻与寻边器的误差

把数据填入 8 刀的长度补偿栏中，并换好 9 刀，9 号刀是 M10 丝锥，移动到 *Z* 轴设定器同样的指针处，如图 12-74 及图 12-75 所示。

图 12-74　¢11.8 钻头

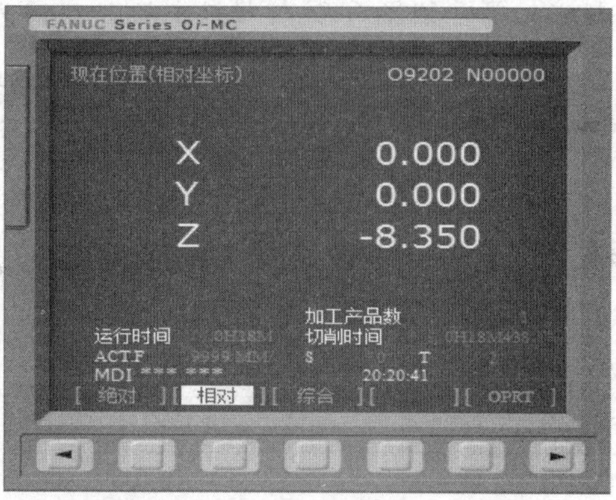

图 12-75　钻头与寻边器的误差

同理，把数据填入 9 号刀的长度补偿栏中，并换好 10 号刀，10 号刀是 ¢8H7 铰刀，移动到 *Z* 轴设定器同样的指针处，如图 12-76 及图 12-77 所示。

图 12-76　铰刀

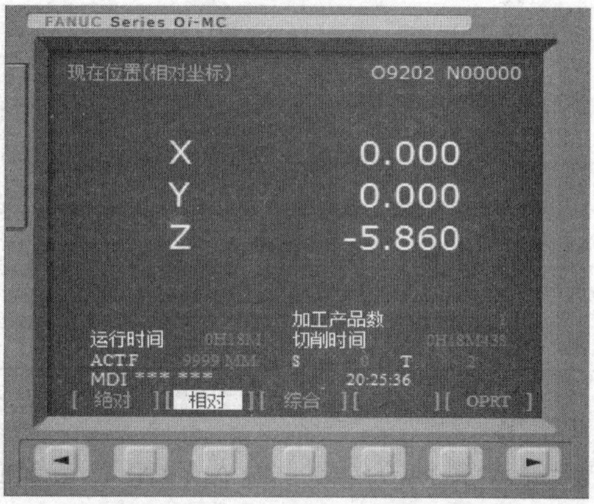

图 12-77　铰刀与寻边器的误差

同样，把这数据要填入 10 号刀的长度补偿栏中，并换好 11 号刀，11 号刀是 ¢23H7 粗镗刀，移动到 *Z* 轴设定器同样的指针处如图 12-78 所示，与镗刀一样，不再以图表达，其数据如图 12-79 及图 12-80 所示。

图 12-78　镗刀

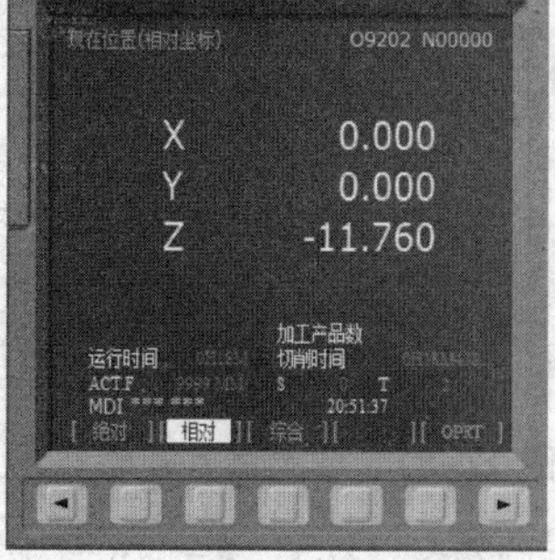

图 12-79　镗刀与寻边器的误差

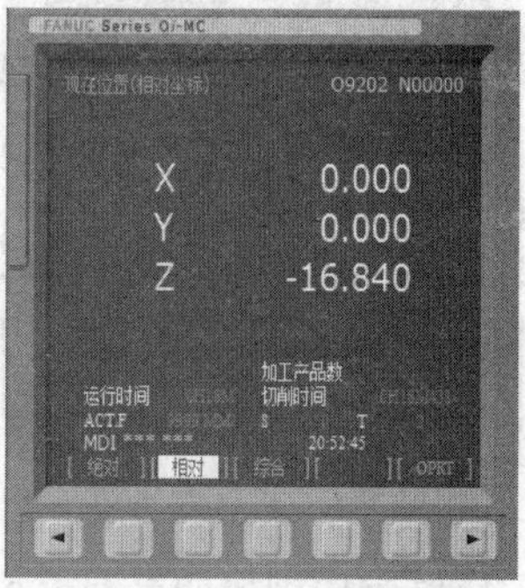

图 12-80　镗刀与寻边器的误差

测量完这些数据并填入刀具卡后，具体刀具表，如表 12-6 所示。

表 12-6　数控加工刀具卡

数控加工刀具卡			产品名称	零件名称	零件图号
序号	刀具号	刀具名称	长度补偿量	刀具半径	备注
1	T2	面铣刀 ¢ 125	-43.09	62.5	
2	T3	¢ 14 指铣刀	-47.27	7.2	
3	T4	¢ 14 指铣刀	-96.47	7	
4	T5	¢ 5 指铣刀	-51.68	2.5	
5	T6	¢ 2 中心钻	-61.37	1	
6	T7	¢ 8.3 钻头	-31.38	4.15	
7	T8	M10 丝锥	-38.76	5	
8	T9	¢ 7.8 钻头	-8.35	3.9	
9	T10	¢ 8H7 铰刀	-5.86	4	
10	T11	¢ 23 粗镗刀	-11.76	11.5	
11	T12	¢ 24H7 精偿刀	-16.84	12.5	
12					
13					
14					
编制		审核		批准		共　页	第　页

注：长度补偿量是与基准棒或光电寻边器所产生的误差。

把上表，依据刀号表，输入 FANUC 系统的长度补偿中，切记不能出现错误，一旦有错误将直接导致加工过程中的撞刀，如图 12-81 所示是打开的界面，如图 12-82 及图 12-83 所示是下一页的数据，为输入完参数的图。

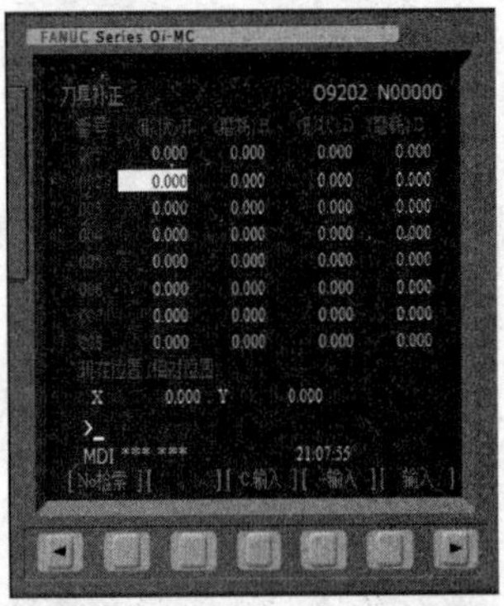

图 12-81　长度补偿界面

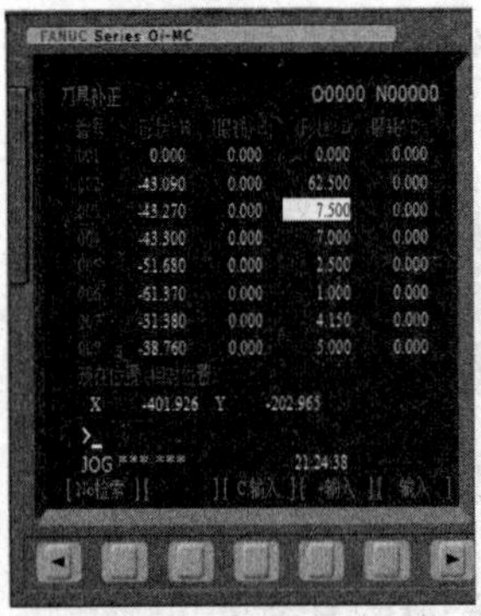

图 12-82　依次输入补偿

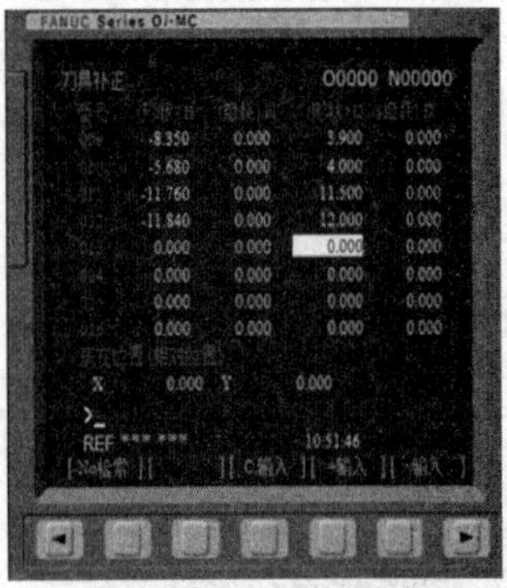

图 12-83　下一页的补偿

这里要特别说明的是，3 号刀补现输入的是“7.5”，表示在编程时使用了刀具偏置方式，因此，留有单边 0.5 mm 的加工余量，还有刀补号 2、6、7、8、9、10、11、12 号刀补中，可以不输入半径量，是因为没调用到这参数，但输入后可以方便查看这是几号刀及刀具半径。输入参数后，根据刀号依次装入刀库中，斗笠式刀库一般是以手动方式装入，在装 2 号刀的面铣刀时，先在 MDI 方式，输入一把别的刀号，输入的刀号最好远一点，多隔几把刀，以便验证，如图 12-84 所示。然后按“循环启动”按钮。

再在 MDI 方式下输入如图 12-85 所示的程序，再次按“循环启动”按钮，这时确保主轴上的刀是 2 号刀具。然后用手动把 2 号刀装在主轴孔内，再在 MDI 方式下输入“T3M06”，再次按“循环启动”按钮，后换装上 3 号刀，依此类推，把所有的刀具都装在刀库中，如图 12-86 所示。

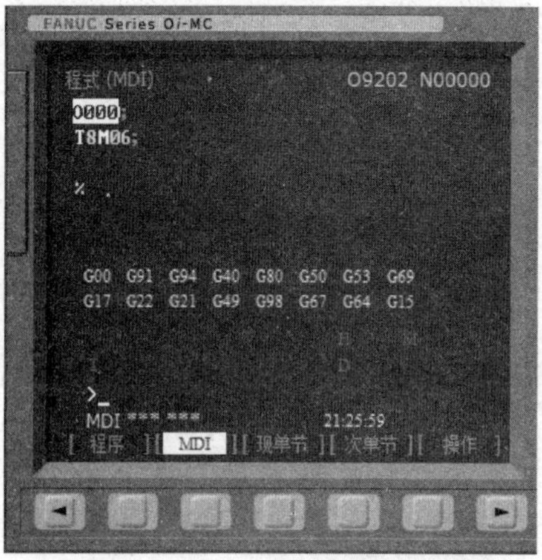

图 12-84　输入一把空刀号

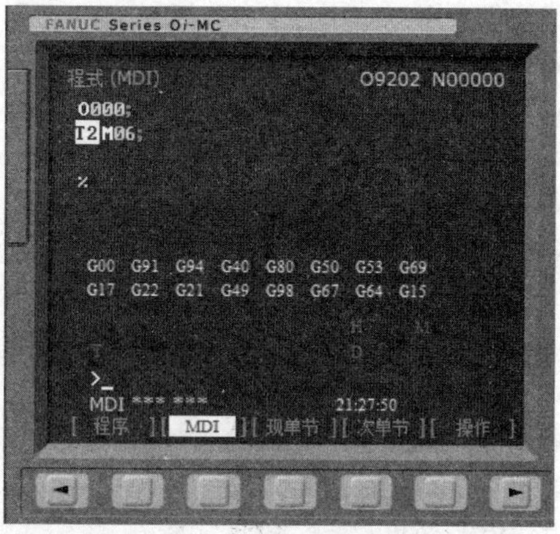

图 12-85　验证后换上 2 号刀

图 12-86　所有的刀全装入刀库

装好刀具后把下面的程序输入系统中，可以调试程序，调试程序过程，在此不再赘述。

注：刮号内的字请勿输入。

四、加工中心编程

(1) 加工上表面所有加工内容。

程序如下:

```
%
O1002
N1 G40G80G49G6944;
N2 T2M06;(D125 面铣刀)
N3 G90G0G54X0Y100Z100;
N4 M03S2200;
N5 G43Z30H02;                ;2 号刀,调用 2 号长度补偿
N6 X120Y0;
N7 Z5;
N8 G01Z0F500;
N9 X-120F800;
N10 G0Z30;
N11 X0Y100;
N12 M05;
N13 G49Z100;                 ;取消 2 号刀长度补偿
N14 T3M06;                   ;3 号刀,D14 指铣刀,粗加工内、外轮廓
N15 G90G0X0Y100Z100;
N16 M03S3500;
N17 G43Z30H03;               ;3 号刀,调用 3 号长度补偿
N18 X47.5Y90;                ;粗加工四周轮廓
N19 G01Z-26F300;
N20 G41Y60D02;               ;3 号刀,调用 3 号刀具半径补偿
N21 Y-47.5;
N22 X-47.5;
N23 Y47.5;
N24 X60;
N25 G0Z5;
N26 G40X30Y70;               ;取消刀补
N27 Z5;
N28 G01Z-5F500;
N29 G41Y33.5D03;             ;加工台阶外轮廓,还是用 3 号刀,刀具半径补
N30 X40.5;
N31 G02X42.5Y31.5R2;
N32 G01Y-31.5;
N33 G02X40.5Y-33.5R2;
N34 G01X-40.5;
```

```
N35 G02X-42.5Y-31.5R2;
N36 G01Y31.5;
N37 G02X-40.5Y33.5R2;
N38 G01X55;
N39 G0Z5;
N40 G40X0Y0;
N41 G01Z-5F200;
N42 G01G41X-30Y30D03;          ;加工内轮廓,3号刀,调用3号刀具半径补偿
N43 X-38.5F600;
N44 Y-30;
N45 X38.5;
N46 Y30;
N47 X-30;
N48 G01G40Y11.5;               ;取消刀补,加工残余部分
N49 X30;
N50 Y5.5;
N51 X-30;
N52 Y-5.5;
N53 X30;
N54 Y-11.5;
N55 X-30;
N56 G0Z5;
N57 X-22Y0;
N58 G01Z-5F200;
N59 G01G41Y11D03;              ;用螺旋下刀方式,粗加工2-ϕ24H7粗孔
N60 G03Z-8J-11;
N61 Z-11J-11;
N62 Z-14J-11;
N63 Z-17J-11;
N64 Z-21J-11;
N65 J-11;
N66 G01G40Y0;
N67 G0Z5;
N68 X22;
N69 G01Z-5F200;
N70 G01G41Y11D03;              ;同上
N71 Z-8J-11;
N72 Z-11J-11;
N73 Z-14J-11;
N74 Z-17J-11;
N75 Z-21J-11;
```

```
N76 J-11;
N77 G01G40Y0;
N78 G0Z30;
N79 X0Y100;
N80 M05
N81 G49Z100;                          ;取消刀具长度补偿
N82 T4M06;                            ;D14,指铣刀,精加工内、外轮廓
N83 G90G0X0Y100Z100;
N84 M03S3500;
N85 G43Z30H04;                        ;4 号刀,调用 4 号长度补偿
N86 X47.5Y90;
N87 G01Z-26F300;
N88 G41Y60D02;                        ;精加工四周,4 号刀,用 4 号刀具半径补偿
N89 Y-47.5;
N90 X-47.5;
N91 Y47.5;
N92 X60;
N93 G0Z5;
N94 G40X30Y70;
N95 Z5;
N96 G40X30Y70;                        ;取消刀补
N97 Z5;
N98 G01Z-5F500;
N99 G41Y33.5D04;                      ;精加工台阶外轮廓,调用 4 号刀具半径补偿
N100 X40.5;
N101 G02X42.5Y31.5R2;
N102 G01Y-31.5;
N103 G02X40.5Y-33.5R2;
N104 G01X-40.5;
N105 G02X-42.5Y-31.5R2;
N106 G01Y31.5;
N107 G02X-40.5Y33.5R2;
N108 G01X55;
N109 G0Z5;
N110 G40X0Y0;
N111 G01Z-5F200;
N112 G01G41X-30Y30D04;                ;精加工内轮廓,调用 4 号刀具半径补偿
N113 X-38.5F600;
N114 Y-30;
N115 X38.5
N116 Y30;
```

```
N117 X-30;
N118 G01G40Y11.5;
N119 X30;
N120 Y5.5;
N121 X-30;
N122 Y-5.5;
N123 X30;
N124 Y-11.5;
N125 X-30;
N126 G0Z30;
N127 X0Y100;
N128 M05;
N129 G49Z100;                  ;取消刀具长度补偿
N130 T5M06;                    ;5 号刀,D5 指铣刀,清角,精铣 4-R3 内圆弧
N131 G90G0G54X0Y100Z100;
N132 M03S4500;
N133 G43Z30H05;                ;5 号刀,调用 5 号长度补偿
N134 X-30Y11.5;
N135 Z5;
N136 G01Z-5F300;
N137 G41Y30D05F500;            ;5 号刀,调用 5 号刀具半径补偿
N138 X-35.5;
N139 G03X-38.5Y27R3;
N140 G01Y-27;
N141 G03X-35.5Y-30R3;
N142 G01X35.5;
N143 G03X38.5Y-27R3;
N144 G01Y27;
N145 G03X35.5Y30R3;
N146 G01X-35.5;
N147 G0Z30;
N148 G40X0Y100;
N149 M05;
N150 G49Z100;                  ;取消长度补偿
N151 T6M06;                    ;6 号刀,D2 中心钻
N152 G90G0G54X0Y100Z100;
N153 M03S4000;
N154 G43Z20H06;                ;6 号刀,调用 6 号长度补偿
N155 X-40Y41;
N156 G98G81Z-7R5F100;          ;调用循环加工指令
N157 X-20;
```

```
N158 X0;
N159 X20;
N160 X40;
N161 Y-41;
N162 X20;
N163 X0;
N164 X-20;
N165 X-40;
N166 X-28Y-20;
N167 X28;
N168 Y20;
N169 X-28;
N170 G80Z30;
N171 X0Y100;
N172 M05;
N173 G49Z100;                  ;取消长度补偿
N174 T7M06;                    ;7 号刀,D8.3 钻头,加工 M10 螺纹底孔
N175 G90G0G54X0Y100Z100;
N176 M03S900;
N177 G43Z20H07;                ;7 号刀,调用 7 号长度补偿
N178 X-40Y41;
N179 G98G81Z-24R3Q4F100;       ;调用循环加工指令
N180 X-20;
N181 X0;
N182 X20;
N183 X40;
N184 Y-41;
N185 X20;
N186 X0;
N187 X-20;
N188 X-40;
N189 G80Z30;
N190 X0Y100;
N191 M05;
N192 G49Z100;                  ;取消长度补偿
N193 T8M06;                    ;8 号刀,M12 丝锥
N194 M03S300;
N195 G43Z20;                   ;8 号刀,调用 8 号长度补偿
N196 X-40Y41
N197 G98G84Z-25R3F450;         ;调用循环加工指令
N198 X-20;
```

```
N199 X0;
N200 X20;
N201 X40;
N202 Y-40;
N203 X20;
N204 X0;
N205 X-20;
N206 X-40;
N207 G80Z30;
N208 X0Y100;
N209 M05;
N210 G49Z100;                  ;取消长度补偿
N211 T9M06;                    ;9 号刀,D7.8 钻头
N212 M03S800;
N213 G43Z20H09;                ;9 号刀,调用 9 号长度补偿,加工 D8H7 粗孔
N214 X-28Y20;
N215 G98G83Z-25R3Q4F100;       ;调用循环指令
N216 Y-20;
N217 X28;
N218 Y20;
N219 G80Z30;
N220 X0Y100;
N221 M05;
N222 G49Z100;                  ;取消长度补偿
N223 T10M06;                   ;10 号刀,铰刀
N224 M03S60;
N225 G43Z20H10;                ;10 号刀,调用 10 号长度补偿
N226 X-28Y20;
N227 G98G81Z-25R3F50;          ;调用循环加工指令
N228 Y-20;
N229 X28;
N230 Y20;
N231 G80Z30;
N232 X0Y100;
N233 M05;
N234 G43Z100;                  ;取消长度补偿
N235 T11M06;                   ;11 号刀,半精镗,加工 2-φ24H7 孔
N236 M03S2000;
N237 G43Z20H11;                ;11 号刀,调用 11 号长度补偿
N238 X-22Y0;
N239 G98G76Z-21R2Q0.2F150;     ;调用循环加工指令
```

```
N240 X22;
N241 G80Z30;
N242 X0Y100;
N243 M05;
N244 G49Z100;                    ;取消长度补偿
N245 T12M06;                     ;12 号刀,精加工 2-φ24H7 孔
N246 M03S2200;
N247 G43Z20H12;                  ;12 号刀,调用 12 号长度补偿
N248 X-22Y0;
N249 G98G76Z-21R5Q0.2F120;       ;调用循环加工指令
N250 X22;
N251 G80Z30;
N252 X0Y100;
N253 M05;
N254 G49Z100;                    ;取消长度补偿
N255 T1M06;                      ;换 1 号刀,空刀
N256 M30;
%
```

（2）正面加工好后零件反转装夹，加工总高，达图纸要求。

程序如下：

```
%
O1002
N1 G40G80G49G69;
N2 T2M06;(D125 面铣刀)
N3 G90G0G54X0Y100Z100;
N4 M03S2200;
N5 G43Z30H02;                    ;2 号刀,调用 2 号长度补偿
N6 X120Y0;
N7 Z5;
N8 G01Z0F500;
N9 X-120F800;
N10 G0Z30;
N11 X0Y100;
N12 M05;
N13 G49Z100;                     ;取消 2 号刀长度补偿
N14 T1M06;                       ;换回空刀
N15 M30;                         ;程序结束
%
```

五、对刀检验

（1）如检验 4 号刀，在 MDI 方式下输入程序，如图 12-87 所示。

（2）然后按“循环启动”按钮，运行程序，4 号刀换到当前的主轴上，然后在 MDI 方式下，输入程序，如图 12-88 所示。再按“循环启动”按钮，运行程序。

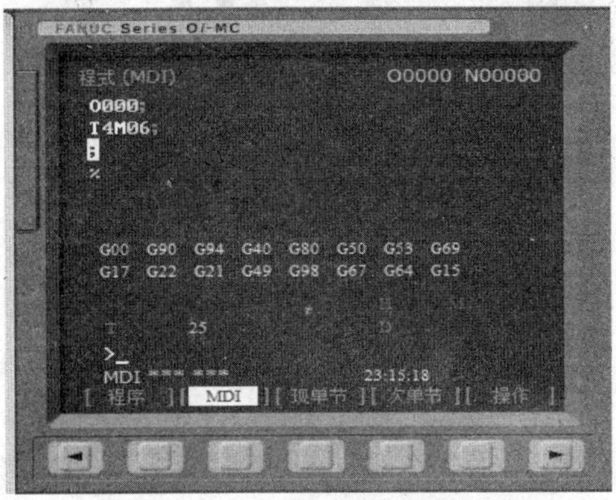

图 12-87　在 MDI 方式下输入程序

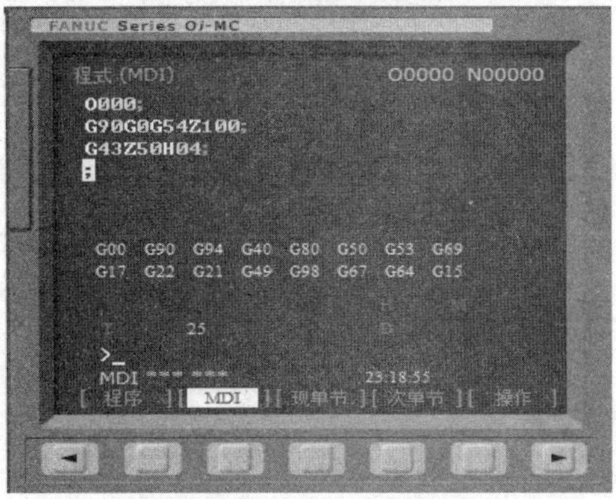

图 12-88　输入验刀程序

（3）这时，相对坐标系的 *Z* 轴清为零，如图 12-89 所示。

（4）这时，主轴转速设为 100 r/min，用手轮方式移动 *Z* 轴，看到刀具碰到工件表面，要是刀具长度对的话，此时，相对坐标系刚好是-50，如图 12-90 所示。

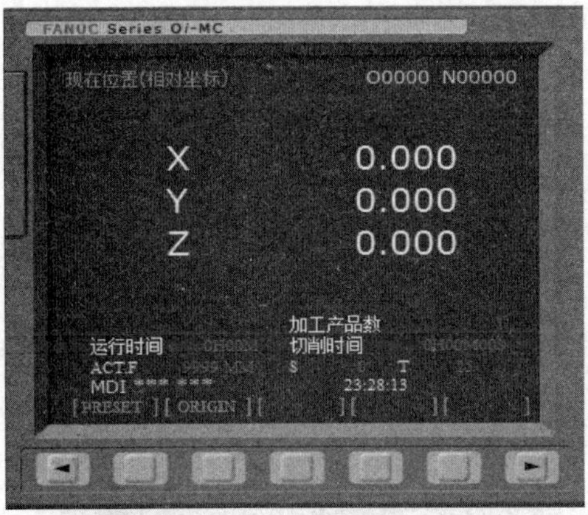

图 12-89　相对坐标系 Z 归零

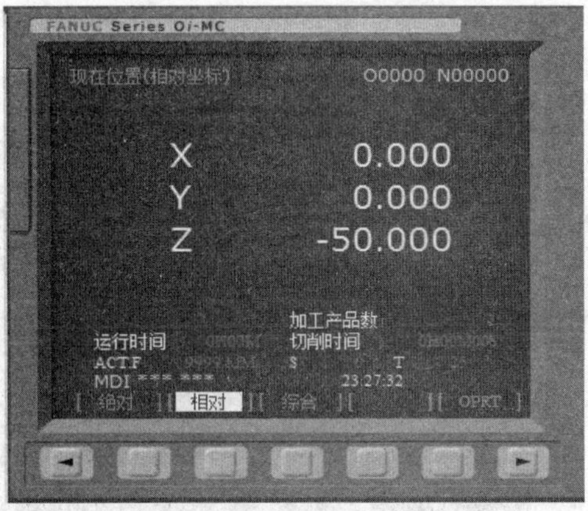

图 12-90　刀具到工件表面，刚好是 50 mm

（5）校验完成后，以手轮方式抬刀，抬到安全高度，再以 MDI 方式，输入：

G49Z100；

T1M06；（换回空刀），按“循环启动”按钮，运行程序。当前，主轴上是空刀。若再校验其它刀号，以同样方式进行。

当检验完刀具后，可以调度程序，此时，在 EXT 坐标系中要加一定的安全系数，当全部调试完后才能加工。

注意，要是零件属单件，此时，如图 12-91 所示的光电寻边器可以拆卸，要是量产，要到所有的零件全部加工完成后才能拆卸。

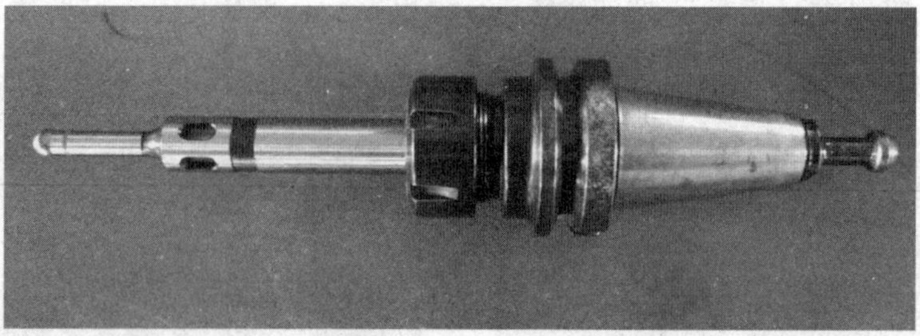

图 12-91　此刀柄，现是作为基准

六、更换磨损刀具

当在加工批量零件时，有可能在加工中间出现刀具损坏现象，那此时换刀，可以按下面步骤执行：

（1）把损坏的刀具更换好。

（2）先把光电寻边器换上主轴，在工件表面放上 Z 轴设定仪，用手轮方式，移动当光电寻边器接触到 Z 轴设定仪时，跟上面说过的一样，X 轴设定仪上的指针对准 12 点钟方向或 6 点钟方向，在相对坐标系清零，如图 12-92 所示。

现在再校验一下零点，清完零的相对坐标系如 12-93 所示。

图 12-92　以基准，重新设置相对坐标系零点

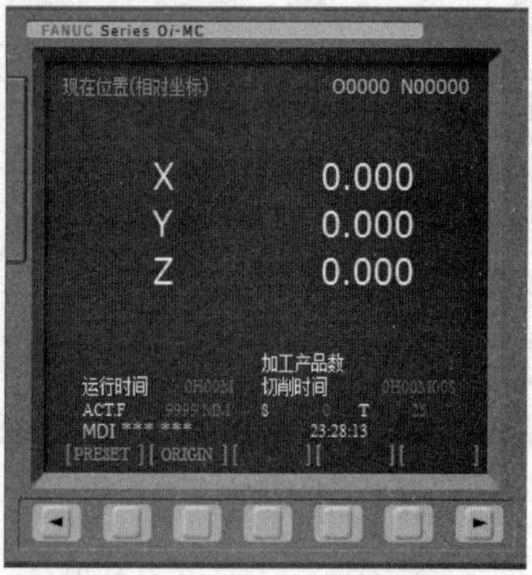

图 12-93　相对坐标系归零

（3）换上更换好的刀具，与刚才一样，用手轮方式，移动 Z 轴，当刀具接触到与刚才校验零点一样，指针指向 12 点钟方向或 6 点钟方向，如图 12-94 所示。这时，相对坐标系中有数据如图 12-95 所示。

图 12-94　指针还是到 6 点钟方向

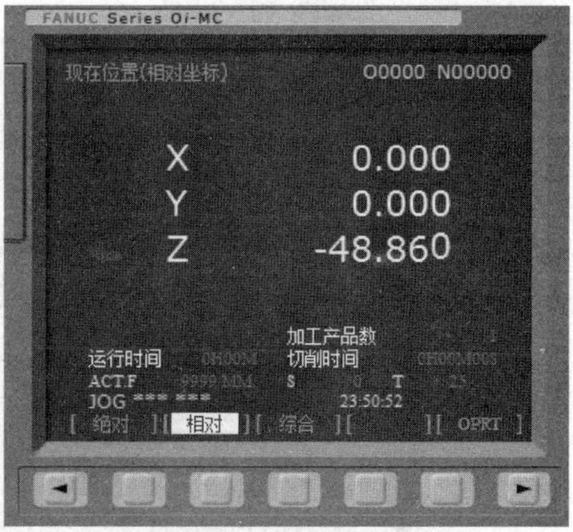

图 12-95　重新出现新误差

假设，现在换的刀具是 4 号刀，那就在 4 号刀的长度偏置中更改参数，如图 12-96 所示。

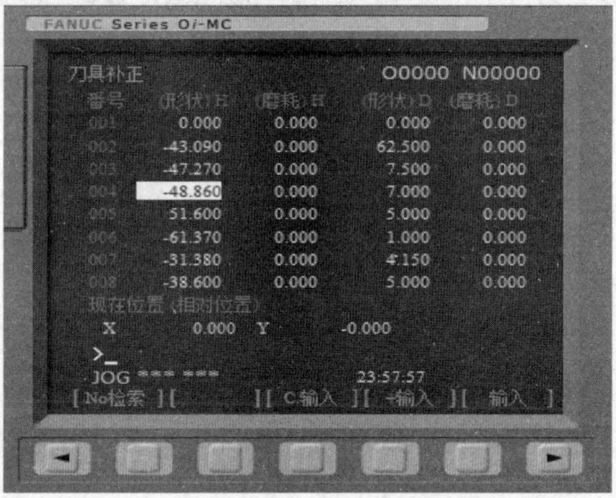

图 12-96　替找数据

（4）换回 1 号刀，使主轴上为空刀。此时，损坏的刀具更换完毕。

在加工中心加工零件时，需要注意的是，在某一刀具可以加工几个轮廓时，可能会出现公差不同，此时，不同于数控铣加工时可以使用 D01、D02、D03 等来区分不同的轮廓，要是采用此方法进行区分，会出现重大产品质量事故。假设由于受到刀库刀位数量限制，一定要一把刀加工几个不同公差的轮廓，那么，刀具偏置一定要避开相关前后刀补，如刀库数是 16 把刀位的，现在在用的是 5 号刀，那么，第二个刀补号要用 D25 来设定，假设两个刀补号仍不够，还需要第三个刀补号，要使用 D45。以此类推，望读者切记。值得注意的是，加工中心每调用下一把刀时，一定要先取消在用刀具的长度补偿，在调用新的刀号后，也一定要重新调用当前刀具的长度补偿，否则，很容易出事故，把刀具撞坏或更有可能出现重大设备事故。

仿真后的效果图如图 12-97 所示。

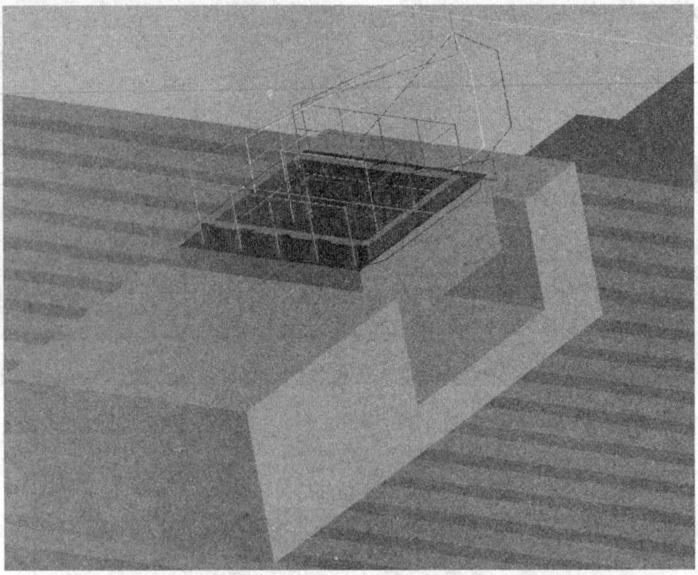

图 12-97　仿直效果图

思考与练习

一、选择题

1. 下列（　　）指令不能取消刀具补偿。

A. G49　　B. G40　　C. H00　　D. G42

2. 在正确使用刀具半径补偿指令情况下，当所用刀具与理想刀具半径出现偏差时，可将偏差值输入到（　　）。

A. 长度补偿形状值　　B. 长度、半径磨损补偿值

C. 半径补偿形状值　　D. 半径补偿磨损值。

3. 按（　　）键可以进入刀具补偿参数输入界面。

A. POS　　B. OFFSET SETTINGC. INPUT

4. 刀具补偿界面中，“形状 H”对应的刀具补偿参数是刀具的（　　）。

A. 直径　　B. 半径　　C. 长度

5. 加工中心按照功能特征分类，可分为复合、（　　）。

A. 刀库+主轴换刀加工中心　　B. 卧式加工中心

C. 镗铣和钻削加工中心　　D. 三轴加工中心

6. 加工中心和数控铣床的主要区别是（　　）。

A. 数控系统复杂程度不同 B 机床精度不同

C. 有无刀库和自动换刀系统

7. 设 H01=6 mm，则“G91 G43 G01 Z -15.0;”执行后的实际移动量为（　　）。

A. 9.0 mm　　B. 1.0 mm　　C. 15.0 mm　　D. 6.0 mm

二、判断题

1. 编制数控加工程序时，一般以机床坐标系作为编程的坐标系。（　　）

2. 工件坐标系指令 G54~G59 和 G92 一样必须在程序段中给出坐标值。（　　）

3. 在轮廓的铣削加工中，若采用刀具半径补偿指令编程，刀补的建立与取消应在轮廓上进行，这样的程序才能保证零件的加工精度。（　　）

4. 加工中心执行“G90 G01G43 Z- 50.0 H01F100;”（H01 补偿值为-2.0 mm）程序后，钻孔深度是50。（　　）

5. 在加工中心上，可以同时预置多个加工坐标系。（　　）

6. 当使用刀具补偿时，刀具号必须与刀具偏置号相同。（　　）

三、编程题

完成如图 12-98 所示的零件图编程。

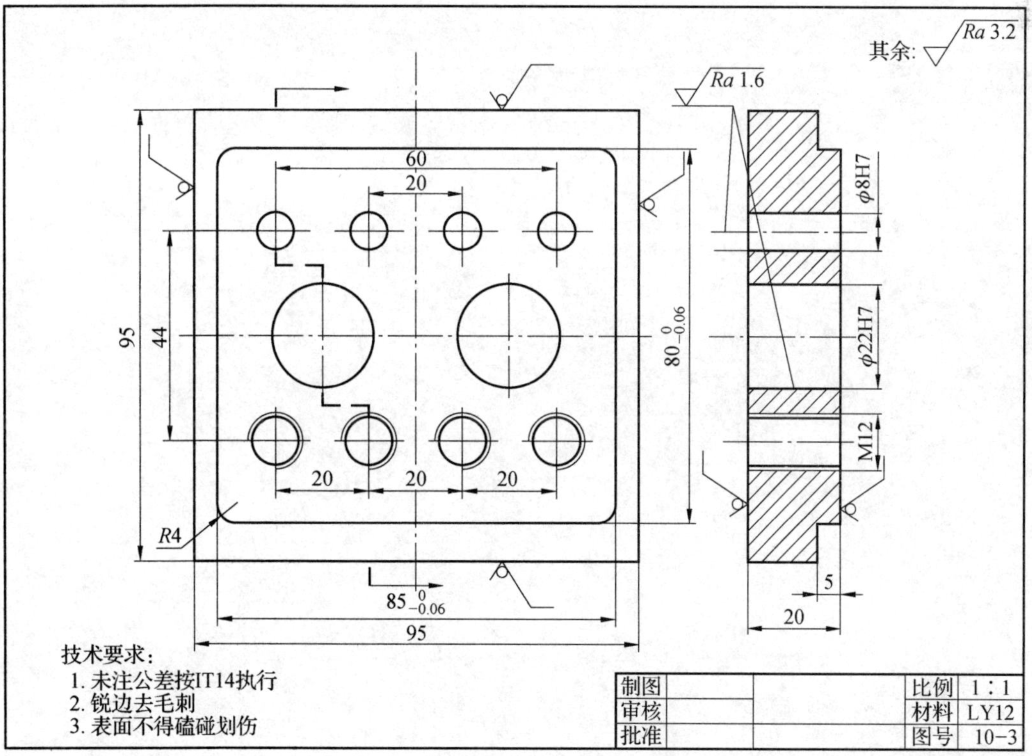

图 12-98　零件图

参考文献

[1] 刘美玲 . 数控加工编程与实训 [M]. 北京：清华大学出版，2018.

[2] 候先勤，高光明，杨海琴 . 数控铣床编程与实训 [M]. 北京：清华大学出版社，2010.

[3] 全晓春，肖中涛，任清海 . 数控铣床及加工中心编程 [M]. 北京：兵器工业出版社，2015.

[4] 朱建平，郁志纯 . 数控编程与加工一体化教程 [M]. 北京：清华大学出版社，2009.